石油和化工行业“十四五”规划教材

高等职业教育本科教材

无机及分析化学实验

傅深娜　郭立达　主编　　曾玉香　副主编

杨永杰　主审

化学工业出版社

·北京·

内容简介

《无机及分析化学实验》内容包括基础知识与基本技能、无机化学实验、分析化学实验和综合设计实验四大模块，共10个项目、59个任务。根据学生的认知规律和学科特点，每个任务由实验对象的实际应用或案例导入，并提出具体的工作任务。此外，为直观地展示实验过程及现象，通过二维码添加了丰富的数字资源，打造线上线下相适应的一体化教材。

本教材可作为化学、化工、医学、药学、食品、环境、材料、生物、农学、林学、动物学等专业基础化学实验的教材或参考书，也可供行业企业相关人员参考。

图书在版编目（CIP）数据

无机及分析化学实验 / 傅深娜，郭立达主编 ; 曾玉香副主编. -- 北京 : 化学工业出版社，2025. 3.
（石油和化工行业“十四五”规划教材）（高等职业教育本科教材）. -- ISBN 978-7-122-47150-5

Ⅰ. O61-33；O65-33

中国国家版本馆CIP数据核字第2025H2Q063号

责任编辑：王海燕　刘心怡　提　岩　　文字编辑：杨凤轩　师明远
责任校对：王鹏飞　　装帧设计：关　飞

出版发行：化学工业出版社
（北京市东城区青年湖南街13号　邮政编码100011）
印　　装：中煤（北京）印务有限公司
787mm×1092mm　1/16　印张22　字数537千字
2025年5月北京第1版第1次印刷

购书咨询：010-64518888　　售后服务：010-64518899
网　　址：http://www.cip.com.cn
凡购买本书，如有缺损质量问题，本社销售中心负责调换。

定　　价：45.00元

前言

《无机及分析化学实验》是职教本科学生的第一门化学实验课，肩负着传授化学实验基本方法和技能，引导学生通过实验操作和现象分析来巩固和加深对理论知识理解的任务。为贯彻《全国大中小学教材建设规划（2019—2022）》的基本精神，深入落实《国家职业教育改革实施方案》和《职业院校教材管理办法》，培养学生的精益求精的工匠精神和诚实勤奋的劳动精神，同时结合职业特点，培养学生的安全意识、责任意识和法治意识，本书重构教学内容，深挖思政元素，创新教材形态，致力于培养熟练掌握技术原理规范与规则并具备技术突破与创新能力的高层次技能型复合人才。

本教材的编写围绕职业教育本科高层次技术技能人才培养的定位，突出技术原理、标准规范以及经验性的技术知识的内容，着重通过工作任务中经验性的技术知识积累，形成理论化、概括化的技术知识体系。教材将系统、科学、实用、适用和新颖相结合，添加了丰富的二维码资源，形成融媒体立体化教材，满足了教师和学生“时时学、处处学”的需求。教材内容包括基础知识与基本技能、无机化学实验、分析化学实验和综合设计实验四大模块，全书包括 10 个项目，共 59 个任务。根据学生的认知规律和学科特点，每个任务由实验对象的实际应用或案例导入，并提出具体的工作任务。本教材具有以下特色：

1. 围绕职教本科的特点，基于学生的认知规律，由浅入深、循序渐进，强调“厚基强能”，对教学内容进行重构，重点在于提升学生利用经验性的技术知识在工作任务中进行创新实践的能力。实验任务中设计了“技术总结与拓展”板块，培养学生对经验性的技术知识总结和概括的能力。

2. 行业专家参与教材开发，校企合作，“岗课赛”充分融合。教材根据化学检验的岗位需求，对接课程标准和世界技能大赛化学实验技术、世界职业院校化学实验技术技能大赛的要求，重构教学内容，引入技能大赛的部分赛项内容和评分标准，提升学生技能的同时，也培养学生健康、安全、环保的意识。

3. 引入融媒体资源，将实验原理和仪器构造等通过多维动画资源展示，典型工作过程通过操作视频演示讲解，各种思政资源如榜样力量、新技术应用、知识拓展等全部通过二维码展示，满足读者“时时学、处处学”的需求，更好地理解和掌握原理方法和实践操作等知识。本书的教学课件等资源可从化学工业出版社教学资源网（www.cipedu.com.cn）中免费下载。

本书由重庆工业职业技术学院傅深娜和天津渤海职业技术学院郭立达任主编，天津渤海职业技术学院曾玉香任副主编，东营职业学院李凤芹、重庆工业职业技术学院李莎莎和赵洋洋、重庆市食品药品检验检测研究院薛源明、河北工院云环境检测技术有限公司段晓晨参编，天津渤海职业技术学院杨永杰教授主审。傅深娜负责项目一、二、五、九、二维码资源和全书统稿，郭立达负责项目四、十和附录的编写；曾玉香负责项目六中任务 7～15 和项目七的编写；李凤芹负责项目八的编写；李莎莎负责项目三的编写；赵洋洋负责项目六中任务 1～6 的编写；薛源明负责二维码资源中案例的编写；段晓晨负责教材附录的编写。傅深娜和郭立达负责整书的策划、编排。感谢陈朝辉、吴朝华制作的在线课程资源的支持。

由于编者的学识和能力有限，书中难免存在不妥之处，恳请读者批评指正。

编者

2025 年 2 月

目录

任务工单目录

配套二维码资源目录

续表

模块一 基础知识与基本技能

项目一 实验常识

【项目导言】

本项目包含 4 个任务，通过任务 1 进入无机及分析化学实验的世界，认识学习本门课程的目的和方法；任务 2 介绍了实验室安全知识，建立“安全第一”意识；通过任务 3 学习并熟悉进行无机及分析化学实验所需的基本仪器；任务 4 介绍实验数据的处理方法和规则。通过完成以上任务，我们能够系统掌握无机及分析化学实验的基本知识，为后续实验任务的开展打好基础。

【项目目标】

知识目标

1. 知晓学习本门课程的目的。
2. 记住学习本门课程的方法。
3. 掌握实验报告的内容和基本格式。
4. 掌握实验室安全基本知识。
5. 掌握实验数据的基本处理方法。

技能目标

1. 能够明确课程特点，采用科学的学习方法开展学习。
2. 能够选择合理的实验报告格式，正确撰写报告。
3. 能够采用正确的方法处理实验数据。

素质目标

1. 能够遵守实验室安全规范，并形成安全第一的实验室安全意识。
2. 体会实验研究的重要意义，具备实事求是、一丝不苟的研究态度。

任务 1 认知化学实验目的和学习方法

【任务导入】

化学实验是检验化学知识真理性的重要方法和手段，是化学学科形成和发展的基础。各种新兴技术的进步和发展是建立在无数实验研究的基础上的，同时，化学实验也随着实验工具和方法的进步而不断完善。形形色色的化学实验有趣又实用，既可以使学生巩固和拓展理论知识，掌握基本的操作技能，又能培养独立分析问题和解决问题的能力。

【任务目标】

1. 明确进行化学实验的目的。
2. 熟知化学实验的学习方法。
3. 学会正确书写实验报告。

【任务准备】

一、学习本门课程的目的

无机及分析化学实验是一门集无机化学实验和分析化学实验于一体的综合性实验课程，它是化学化工、环境科学、材料科学、农学、林学、生命科学等专业重要的专业基础实践课，对于提高实验能力、科研素养和创新能力具有重要意义。开设本门课的主要目的是：

(1) 通过实验直观地观察实验现象和过程，加深对无机及分析化学基本理论和知识的理解，强化理论知识的应用。

(2) 掌握无机及分析化学实验的基本操作与技能，通过训练，能够正确使用基本的化学仪器和试剂，学会简单无机物的制备及性能研究，学习滴定分析、重量分析、光度分析等常用的化学分析方法，并学会运用这些方法对实际样品进行定性分析和定量分析。

(3) 培养独立思考、分析和解决问题的能力，培养严谨求实的科学态度和安全环保意识。

二、学习本门课程的方法

要达到以上的目的，除了有正确的学习态度外，还需要有良好的学习方法。现将化学实验的学习方法归纳如下：

1. 预习

认真预习是做好实验的前提。实验前应借助线上线下资源，仔细钻研教材中有关内容，查阅相关参考资料，以达到明确实验要求、理解实验原理、熟悉实验步骤及有关的注意事项的目的。同时，需提前了解该实验所涉及的仪器及使用方法，掌握实验数据的处理方法。应该对整个实验做到心中有数，明晰实验的各个步骤，并能合理规划时间，以便有条不紊地进行实验。认真完成预习报告，通过独立思考，用自己的语言，简明扼要地把预习的内容记录下来，切忌照抄书本，尽可能用反应式、流程图或表格等形式表述，并留出相应的空位以备记录实验现象和数据。

2. 讨论

实验前指导教师会对实验内容和注意事项进行讲解或提问，分享规范的操作视频或者由教师做操作示范；实验后指导教师组织课堂讨论，总结实验情况，点评学生在实验中的表现。学生应注意倾听教师的讲解，积极参加课堂讨论。

3. 实验

实验过程中应做到认真操作，仔细观察。通过反复练习，做到准确、熟练掌握基本操作技能。如实记录实验中观察到的现象和测得的数据，决不允许弄虚作假，随意修改数据。思考要贯穿于整个实验过程中，努力做到手脑并用，特别关注那些与预期不同的“反常”现象。通过分析，找出实验出现问题的原因，在分析问题、解决问题的过程中收获更多的知识。

4. 实验报告

实验报告是记录实验现象与数据，概括总结实验原理和内容的文字材料。实验报告书写的原则是数据真实、信息完整、简洁明了。实验报告一般应包括以下内容：

① 基本信息：包括实验名称，实验者姓名、学号、班级，室温，压强等信息。

② 实验目的：阐述本次实验需要达到的目的。

③ 实验原理：简要写出实验原理并写出化学反应方程式。

④ 仪器试剂：列出实验中使用的主要仪器和试剂（规格及浓度）。

⑤ 实验步骤：简明扼要地写出实验步骤，可通过流程图等形式表示。

⑥ 实验结果与数据：实验结论要完整、精练、准确。数据处理要符合运算法则和有效数字的修约规则。

⑦ 思考与讨论：根据实验过程中的疑难问题提出个人的理解，分析实验过程中出现错误的原因，总结经验。

无机及分析化学实验有制备实验、物理量测定实验、性质实验、化学分析实验和综合设计实验等，不同类型的实验，报告的内容与格式有所不同。本教材结合企业工作实践和教学需求，将实验报告更名为任务工单，每个任务工单根据教学内容进行内容与格式的调整。

【任务实施】

1. 以小组为单位，查询化学领域的新技术、新成果，谈谈基础化学实验的应用和重要性，并在班级课堂活动中分享。

2. 自学不同类型的实验任务工单的模板，并自选教材中的一个实验任务，进行预习报告的填写。

3. 随堂测验

（1）实验报告的内容有哪几部分？

（2）学好实验课需要做到哪几点？

【任务评价】

任务考核评价表

班级：		姓名：		学号：	
序号	考核项目	考核标准	权重	得分	备注
1	学习基础化学实验的目的与重要性	能列出学习化学实验的目的和意义	20		
2	任务工单的选择与预习报告	能合理选择任务工单的模板(10分)，并正确撰写预习报告内容(10分)	20		
3	实验报告的内容	能列出实验报告的基本内容	20		
4	你认为学好实验课需要做到哪几点?	能够列出学好实验课需要做到的三条以上	20		
5	随堂测验	内容完整、回答准确。每题5分	10		
6	综合考核	按时签到，课堂表现积极主动	10		
7	合计		100		

任务2　学习实验室安全知识

【任务导入】

教育部实验室安全检查组成员田志刚曾做过一个不完全统计：在2001～2020年间，全国公开报道的高校实验室安全事故有113起，其中，火灾、爆炸事故约占80%，中毒、触电、机械伤害等事故约占20%；化学品试剂使用、储存、废物处理方面的事故接近50%；试剂存储不规范、违规操作、废物处置不当等直接原因约占62%。由此可见，实验室安全知识的普及和运用至关重要！

【任务目标】

1. 熟知实验室安全规则。
2. 明确易燃易爆、有毒有害药品的使用规则。
3. 能够进行实验意外伤害的正确救护，能够正确进行实验中的“三废”处理。
4. 树立团队协作意识。

【任务准备】

一、实验室安全知识与规则

1. 实验室学生守则

(1) 实验前认真预习实验目的、原理、相关仪器的使用、实验操作、注意事项。实验时，禁止喧哗、认真操作，不得擅自离开实验室。

（2）进入化学实验楼或实验室，熟知应急通道和应急电话，熟知离自己最近的水龙头、紧急洗眼冲淋器等的位置，熟知水、电、煤气开关和通风设备、灭火器材、救护用品的配备情况和安放地点，并学会一定的应急措施。

（3）实验开始前，应先仔细核对和清点实验物品，如有缺损及时补齐。实验过程中应妥善保管实验的仪器和物品，如有缺损，应按有关规定进行赔偿，损坏或丢失公用物品要及时报告，按有关规定处理。实验过程中不允许随意混合各类化学药品。使用仪器前应先阅读有关说明，了解仪器性能、操作规程和注意事项，经指导教师同意后方可使用，若仪器有异常或出现问题，应及时报告指导老师，不得随意处理。

（4）在实验室时要防止仪器、试剂可能带来的健康危害，不得穿拖鞋以及背心、短裤等暴露面积较大的衣物进入实验室，应穿着长袖实验服。做实验时，长发者应将头发盘起；应根据实验的情况采取相应的防护措施，如佩戴眼镜或防护镜、防护口罩、头套或面具、乳胶或橡胶手套、棉纱手套、隔热手套等；实验过程中必须按操作规程及注意事项进行实验，实验过程中要实事求是，耐心细致。

（5）使用易燃、易爆或剧毒药品时，必须严格遵守操作规程。如遇意外事故，应立即报告老师，采取适当措施，妥善处理。

（6）实验时应保持实验室和桌面清洁，仪器药品要摆放有序、规范，废纸、火柴梗、碎玻璃等固体废物应丢入废物箱。

（7）实验完毕，应清洗、整理、拆除实验器具与实验装置，公共器具放回指定地点，自己的器具及溶液放回柜中，擦净桌面，洗净双手，关闭水、电、煤气后方可离开实验室。

（8）值日生必须切实负责整理好公用仪器、药品，扫净地面，清理水槽和废液缸，离开实验室前应关闭电源、煤气和水龙头。

2. 实验室安全守则

（1）能产生刺激性或有毒气体，如 Cl_2、Br_2、HF、H_2S、SO_2、NO_2、CO 等的实验，必须在通风橱内（或通风处）进行。

分析检验人员的环保意识

（2）有毒药品（如重铬酸钾、钡盐、铅盐、砷的化合物、汞的化合物，特别是氰化物）不得入口或接触伤口，实验后的残液应倒入废液缸内，不能随便倒入下水道，以免污染环境，使用过有毒药品的仪器要及时洗干净，未用完的有毒药品应交给老师处理。

（3）浓酸、浓碱具有强腐蚀性，切勿溅在衣服或皮肤上，更应注意防护眼睛（必要时戴防护眼镜）。稀释浓硫酸时，必须将浓硫酸慢慢倒入水中，切忌将水倒入浓 H_2SO_4 中，以免迸溅伤人。

（4）加热试管时，不得将管口朝向别人或自己，也不要俯视正在加热的液体，以防液体溅出伤人。

（5）禁止用手直接取用固体药品，嗅闻气体时应采取扇闻方式。

（6）实验室内严禁饮食、吸烟或带进餐具。

3. 意外事故及处理方案

（1）应急处理所需物品

急救药箱包含的一般物品：红药水、紫药水、碘酒、止血粉或止血带、烫伤膏、创可贴、医用双氧水（临时稀释）、医用酒精、医用纱布、棉花、棉签、绷带、医用镊子、剪刀，特殊物品有凡士林、碳酸氢钠饱和溶液、硼酸饱和溶液、200g/L $Na_2S_2O_3$ 溶液、$MgSO_4$ 饱和溶液、50g/L 硫酸铜溶液、50g/L $KMnO_4$ 溶液（现配）等。

应急器材有紧急洗眼器、紧急洗眼冲淋器等。灭火器材主要有酸碱式、泡沫式、二氧化碳、干粉等灭火器，此外还有消防沙箱、防火布等。

（2）意外事故及处理

① 割伤：被玻璃割伤而伤口内有玻璃碎片时，应先挑出玻璃片，再抹上红药水或紫药水，然后包好。

② 烫伤：切勿用水冲洗，伤处皮肤未破时，可用碳酸氢钠粉调成糊状敷于伤处，也可抹烫伤药膏；如果伤处皮肤已破，可涂些紫药水或10%高锰酸钾溶液。

③ 化学品灼伤：不同化学品，应采取不同的处理措施。酸、碱一般先采用大量水稀释并清洗；若衣物上浸渍了化学品，应及时脱去或剪开。

强酸灼伤：立即用大量水冲洗，然后用碳酸氢钠饱和溶液清洗或擦上碳酸氢钠油膏，再擦上凡士林；若酸溶液误入眼中或鼻腔，先用大量水由内向外冲洗至少 20min，再用饱和 $NaHCO_3$ 溶液冲洗，最后用清水冲洗，湿纱布覆盖并立即就医。

强碱灼伤：立即用大量水冲洗，然后用柠檬酸或硼酸饱和溶液洗涤，再擦上凡士林；若碱溶液误入眼中或鼻腔，先用大量水由内向外冲洗至少 20min，再用硼酸饱和溶液冲洗，最后用清水冲洗，湿纱布覆盖并立即就医。

溴灼伤：立即用 200g/L $Na_2S_2O_3$ 溶液洗涤伤口，再用清水冲洗干净，并涂敷甘油。

氢氟酸灼伤：立即用大量水冲洗，冰冷的 $MgSO_4$ 饱和溶液或医用酒精浸洗，或用肥皂水或饱和 $NaHCO_3$ 溶液冲洗，并用该溶液浸过的湿纱布湿敷。

白磷灼伤：用1%硝酸银溶液、5%硫酸铜溶液或浓高锰酸钾溶液洗后，进行包扎。

④ 吸入刺激性或有毒气体：吸入氯气或氯化氢气体时，可吸入少量酒精和乙醚的混合蒸气使之缓解；吸入硫化氢或一氧化碳气体感到不适时，应立即到室外呼吸新鲜空气，但应注意氯溴中毒不可进行人工呼吸，一氧化碳中毒不可用兴奋剂。

⑤ 毒物进入口内：若尚在嘴里，应立即吐掉并用大量水漱口；若已误食，确认毒物种类，采取相应的应急措施，绝大部分毒物会于四小时内从胃转移到肠，因此处置的原则是降低胃中毒物浓度，延缓毒物被人体吸收的速度并保护胃黏膜，可用手指伸入咽喉部，促使呕吐，吐出毒物，然后立即送医院。

⑥ 汞洒落：汞容易挥发，应尽量收集干净并置于盛有水的厚壁广口瓶中，盖好瓶盖，并在可能洒落汞的区域撒少量硫黄粉，然后收集起来，并投放于固体废物桶中，同时加强排风或通风。

⑦ 起火：因酒精、苯或乙醚等引起的小火，应立即用湿布或沙土等扑灭；油类、苯、香蕉水等有机物着火，可用泡沫或干粉灭火器扑灭；若遇电气设备着火，必须先切断电源，再用二氧化碳或者四氯化碳灭火器灭火；精密仪器及图书、文件着火，应使用 CO_2 灭火器扑灭；可燃性气体燃烧，采用干粉灭火器扑灭。

常用灭火器的使用方法及注意事项

当身上衣服着火时，切勿惊慌乱跑，应赶快脱下衣服，或就地卧倒翻滚，或用防火布覆盖着火处，若火势较大，可就近用水龙头扑灭。

⑧ 触电：首先切断电源，必要时进行人工呼吸或体外的心肺复苏术，并立即送医院抢救。

二、实验室废弃物的处理

化学实验室废弃物主要包括废气、废液和固体废物。废气一般通过吸风罩或通风橱收集，然后经吸附、吸收、氧化、分解等装置处理后高空排放；废液与固体废物一般采取分类回收，集中处理。另外，一些特殊的废弃物需要在实验室进行预处理。

实验过程中，涉及有毒、有害以及易燃、易爆气体的实验操作，均应在通风橱中进行，吸风罩的效果相对差于通风橱；实验过程中的废液，不得随意倒入下水道，应分类倒入相应的回收瓶或回收桶中；实验中的固体废物不能与一般垃圾相混，应分类置于相应的回收桶中，沾有试剂的固体应放入固体废物桶，未沾有试剂的固体应放入一般固体废物桶；破损的玻璃器皿应放置于专门的收集箱中。

铬酸洗液的废液，一般采取再生重复使用的处理办法：将废液在110～130℃下加热搅拌浓缩，除去水分后，冷却至室温；边缓慢加入$KMnO_4$固体边搅拌，直至溶液呈深褐色或微紫色（不要过量），然后加热至有SO_3产生，停止加热；稍冷后用玻璃砂芯漏斗过滤，除去沉淀；滤液冷却后析出红色CrO_3沉淀，再加入适量浓H_2SO_4使其溶解后即可使用。

汞单质在处理时，为了减少其蒸发，可以覆盖如甘油、5%的Na_2S溶液和水等液体，其中甘油的效果最好。若是含汞废液，则采用硫化物共沉淀法，先将废液调至pH=8～10，然后加入过量的Na_2S以及适量$FeSO_4$，使之与过量的Na_2S作用生成FeS沉淀，利用硫化物共沉淀除去。

含砷废液可采用硫化物沉淀法以及氢氧化铁共沉淀法除去。向其中通入H_2S或加入Na_2S，使之形成硫化砷沉淀；也可在含砷废液中加入铁盐，并加入石灰乳使溶液呈碱性，产生氢氧化铁共沉淀。

含氰化物的废液也有两种处理方法，分别为铁蓝法以及氯碱法。铁蓝法是向含有氰化物的废液中加入硫酸亚铁，使其变成氰化亚铁沉淀除去；氯碱法是将废液调节成碱性后，加入氯气或次氯酸钠，使氰化物分解成二氧化碳和氮气而除去。

【任务实施】

1. 以小组为单位，查询近十年来高校化学实验室的安全事故案例，分析事故原因，进行小组分享，并从个人角度出发总结在实验室如何避免安全事故的发生。

2. 以小组为单位，列出烫伤、强酸灼伤和强碱灼伤的处理方法。

3. 请根据实验室废弃物处理方法，将下列“三废”放入正确的废物处理桶（有机废液、无机废液、固体废物）。

实验情境	正确的处理方式
实验称量固体药品时所戴的一次性白纱手套(未沾有药品)	
撒落在桌面上的NaCl固体	
使用后的含有硫酸铜的废液	
有机合成反应后的含有氯仿和乙醇的废液	

4. 参观实验室，熟悉实验室及周边环境、安全出口；以小组为单位进行水、电、煤气

的开关操作，学生在实验室走廊练习逃生；学习实验室灭火器的使用方法。

5. 思考与讨论

（1）火灾发生时应当如何逃生？

（2）扑灭钾钠等金属火灾应该选用哪种灭火器？

（3）电器着火能否用泡沫灭火器灭火？为什么？应该怎样灭火？

【任务评价】

任务考核评价表

班级：		姓名：		学号：	
序号	考核项目	考核标准	权重	得分	备注
1	学习实验室学生和安全守则	能说出实验室的学生和安全守则	20		
2	实验室意外事故处理	能采用正确的方法处理实验室的意外事故	25		
3	实验室“三废”处理	能根据实际案例，进行实验室“三废”的正确处理	20		
4	熟悉实验室环境、安全逃生、灭火器的使用	会操作实验室的水、电、煤气相关开关，能够进行正确的安全逃生；能够正确使用灭火器	25		
5	综合考核	按时签到，课堂表现积极主动	10		
6	合计		100		

任务 3　认识化学实验室基本仪器

【任务导入】

走进基础化学实验室，我们会接触到各种各样的仪器和设备，实验过程中为了实验目的的实现，需要将各种仪器器具进行组装搭建。我们也会发现许多仪器器具均是玻璃材质的，这是为什么呢？通过本次任务的学习，大家会认识基础化学实验室中的常用仪器。

【任务目标】

1. 熟知无机及分析化学实验常用的仪器名称和用途。
2. 能够正确使用常见的仪器设备。
3. 具有仪器设备使用的规范和安全意识。

【任务准备】

化学实验仪器大部分是玻璃制品，少部分为其他材质。玻璃具有较好的化学稳定性，一般不与化学试剂发生化学反应；玻璃还具有很好的透明度，便于实验现象的观察；且玻璃原料廉价又易于被加工成各种形状，可以满足各种实验对于仪器装置的需求。在化学实验中，要合理选择和正确使用仪器，才能达到实验目的。无机及分析化学实验常用仪器的用途及使用方法和注意事项如表 1-1 所示。

表 1-1　无机及分析化学实验常用仪器用途、使用方法和注意事项

仪器	主要用途	使用方法和注意事项
试管	1. 盛少量试剂。 2. 作少量试剂反应的容器。 3. 制取和收集少量气体。 4. 检验气体产物，也可接到装置中使用	1. 反应液体不超过试管容积的 1/2，加热时不要超过 1/3。 2. 加热前试管外壁要擦干，加热时要用试管夹，加热后的试管不能骤冷，否则易破裂。 3. 离心试管只能用水浴加热。 4. 加热固体时，管口应略向下倾斜，避免管口冷凝水回流
烧杯	1. 常温或加热条件下作大量物质反应的容器。 2. 配制溶液。 3. 接收废液	1. 反应液体不超过容量的 2/3，以免搅动时液体溅出或沸腾时溢出。 2. 加热前要将烧杯外壁擦干，加热时烧杯底要垫石棉网，以免受热不均匀而破裂
烧瓶	1. 圆底烧瓶可供试剂量较大的物质在常温或加热条件下反应，优点是受热面积大而且耐压。 2. 平底烧瓶可配制溶液或加热用，因平底放置平稳	1. 盛放液体的量不超过烧瓶容量的 2/3，也不能太少，避免加热时喷溅或破裂。 2. 固定在铁架台上，下垫石棉网再加热，不能直接加热，加热前外壁要擦干，避免受热不均而破裂。 3. 圆底烧瓶放在桌面上，下面要垫木环或石棉环，防止滚动
滴瓶	盛放少量液体试剂或溶液，便于取用	1. 棕色瓶盛放见光易分解或不太稳定的物质，防止分解变质。 2. 滴管不能吸得太满，也不能倒置，防止试剂侵蚀橡胶头。 3. 滴管专用，不得弄乱弄脏，以免污染

续表

仪器	主要用途	使用方法和注意事项
试剂瓶	1. 细口试剂瓶用于储存溶液和液体药品。 2. 广口试剂瓶用于存放固体试剂。 3. 可用于收集气体	1. 不能直接加热，防止破裂。 2. 瓶塞不能弄脏、弄乱，防止沾污试剂。 3. 盛放碱液应使用橡胶塞。 4. 不能作反应容器
量筒与量杯	用于粗略地量取一定体积的液体	1. 不可加热，不可作实验容器，防止破裂。 2. 不可量热溶液，否则容积不准确。 3. 应竖直放在桌面上，读数时，视线应和液面水平，读取与弯月面底相切的刻度
单标移液管和刻度吸量管	用于精确移取一定体积的液体	1. 取洁净的吸量管，用少量移取液润洗 1～2 次。确保所取液浓度或纯度不变。 2. 将液体吸入，液面超过刻度，再用食指按住管口，轻轻转动管体放液使液面降至刻度后，移至指定容器中，放开食指，使液体沿容器壁自动流下，确保量取准确
容量瓶	用于配制准确浓度的溶液	1. 溶质先在烧杯内全部溶解，然后移入容量瓶，以使浓度配制准确。 2. 不能加热，不能代替试剂瓶用来存放溶液，避免影响容量瓶容积的精确度。 3. 磨口瓶塞是配套的，不能互换
漏斗	1. 过滤液体。 2. 倾注液体。 3. 长颈漏斗常在装配气体发生器时作加液用	1. 不可直接加热，防止破裂。 2. 过滤时，滤纸角对漏斗角；滤纸边缘低于漏斗边缘，液体液面低于滤纸边缘；杯靠棒，棒靠滤纸，漏斗管尖端必须紧靠承接滤液的容器内壁。 3. 长颈漏斗作加液用时漏斗管尖应插入液面内，防止气体自漏斗逸出

续表

仪器	主要用途	使用方法和注意事项
石棉网	石棉是一种不良导体，它能使受热物体均匀受热，不致造成局部高温	1. 应先检查，石棉脱落的不能用，否则起不到作用。 2. 不能与水接触，以免石棉脱落和铁丝锈蚀。 3. 不可卷折，因为石棉松脆，易损坏
试管刷	洗涤试管等玻璃仪器	1. 小心试管刷顶部的铁丝撞破试管底。 2. 洗涤时手持刷子的部位要合适，要注意毛刷顶部竖毛的完整程度，避免洗不到仪器顶端或刷顶撞破仪器。 3. 不同的玻璃仪器要选择对应的试管刷
称量瓶	1. 一般用于准确称量一定量的固体，又称称瓶。 2. 也用于烘干试样	1. 精确称量分析试样所用的小玻璃容器。 2. 一般是圆柱形，带有磨口密合的瓶盖。 3. 称量瓶不可盖紧磨口塞烘烤，磨口塞要原配。 4. 不能直接用火加热
药匙	1. 拿取少量固体试剂时用。 2. 有的药匙两端各有一个勺，一大一小。根据用药量大小分别选用	1. 保持干燥、清洁。 2. 取完一种试剂后，必须洗净，并用滤纸擦干或干燥后再取用另一种药品。避免沾污试剂，发生事故
滴定管	滴定时用，或用以量取较准确测量溶液的体积	1. 酸的滴定用酸式滴定管，碱的滴定用碱式滴定管，不可对调混用。因为酸液腐蚀橡皮，碱液腐蚀玻璃。 2. 使用前应检查旋塞是否漏液，转动是否灵活，酸管旋塞应擦凡士林油，碱管下端橡胶管不能用洗液洗，因为洗液腐蚀橡皮。 3. 用酸式管滴定时，用左手开启旋塞，防止拉出或喷漏。用碱式滴定管滴定时，用左手捏橡胶管内玻璃珠，溶液即可放出，在使用碱管时，要注意赶尽气泡，这样读数才准确
研钵	1. 研碎固体物质。 2. 混匀固体物质。 3. 按固体的性质和硬度选用不同的研钵	1. 不能加热或作反应容器用。 2. 不能将易爆物质混合研磨，防止爆炸。 3. 盛固体物质的量不宜超过研钵容积的 1/3，避免物质甩出。 4. 只能研磨、挤压，勿敲击，大块物质只能压碎，不能舂碎，防止击碎研钵或物体飞溅

续表

仪器	主要用途	使用方法和注意事项
分液漏斗	1. 用于互不相溶的液-液分离。 2. 气体发生装置中加液时使用	1. 不能加热，防止玻璃破裂。 2. 在塞上涂一层凡士林油，旋塞处不能漏液，且旋转灵活。 3. 分液时，下层液体从漏斗管流出，上层液体从上口倒出，防止分离不清。 4. 作气体发生器时漏斗管应插入液面内，防止气体自漏斗管喷出
蒸发皿	1. 用于溶液的蒸发、浓缩。 2. 烘干物质	1. 盛液量不得超过容积的 2/3。 2. 直接加热，耐高温但不宜骤冷。 3. 加热过程中应不断搅拌以促使溶剂蒸发。 4. 临近蒸干时降低温度或停止加热，利用余热蒸干
表面皿	1. 盖在烧杯或蒸发皿上。 2. 作点滴反应器皿或气室用。 3. 盛放干净物品	1. 不能直接用火加热，防止破裂。 2. 不能当蒸发皿用
酒精灯	1. 常用热源之一。 2. 进行焰色反应	1. 使用前应检查灯芯和酒精量(不少于容积的 1/5，不超过容积的 2/3)。 2. 用火柴点火，禁止用燃着的酒精灯去点另一盏酒精灯。 3. 不用时应立即用灯帽盖灭，轻提后再盖紧，防止下次打不开及酒精挥发
铁架台	1. 固定或放置反应容器。 2. 铁圈可代替漏斗架用于过滤	1. 先调节好铁圈、铁夹的距离和高度，注意重心，防止站立不稳。 2. 用铁夹夹持仪器时，应以仪器不能转动为宜，不能过紧过松，过紧容易夹破，过松会导致脱落。 3. 加热后的铁圈不能撞击或摔落在地，避免断裂
干燥器	内放干燥剂，用于样品的干燥和保存	1. 玻璃材质，小心盖子滑动而摔碎。 2. 加热温度较高的样品稍冷后再放入，并在冷却过程中每隔一段时间开一开盖子，调节器内压力

续表

仪器	主要用途	使用方法和注意事项
布氏漏斗 抽滤瓶 抽滤瓶和布氏漏斗	抽滤瓶和布氏漏斗两者配套使用，用于制备实验中晶体或粗颗粒沉淀的减压抽滤	1. 布氏漏斗为瓷质，抽滤瓶为玻璃材质。 2. 不能用火直接加热

【任务实施】

1. 以小组为单位，将实验台上摆放的常见仪器进行认领操作，互相考核各种仪器的用途、使用方法和注意事项，将任务内容写在实验报告中，下课前由老师以提问的方式检查知识的掌握情况。

2. 分别画出试管、烧杯、漏斗、容量瓶、滴定管、移液管的简易图。

3. 思考与讨论

（1）容量瓶、试管、移液管、烧杯这些玻璃器具哪些可以直接加热？哪些不能直接加热？为什么不能直接加热？

（2）酒精灯在使用过程中应注意哪些事项？

【任务评价】

任务考核评价表

班级：		姓名：		学号：	
序号	考核项目	考核标准	权重	得分	备注
1	认识实验室常见的各种器皿	能够正确识别实验台上的各种玻璃器皿	30		
2	学习实验室各种玻璃器皿的用途、使用方法和注意事项	能够准确说出玻璃器皿的用途、使用方法和注意事项	30		
3	学习常用的实验室仪器的简易图	能够画出试管、烧杯、漏斗、容量瓶、滴定管、移液管的简易图	20		
4	思考与讨论	要点清晰，答题准确，每题5分	10		
5	综合考核	按时签到，课堂表现积极主动	10		
6	合计		100		

任务4　处理实验数据

【任务导入】

化学实验中经常使用仪器对一些物理量进行测量，从而对系统中的某些化学性质和物理性质做出定量描述和测试，只有对实验数据进行合理的分析和处理，才能获得研究对象的变化规律，达到指导科学研究和生产的目的。但实践证明，任何测量的结果都只能是相对准确的，或者说存在某种程度上的不可靠性，这种不可靠性被称为实验误差。产生这种误差的原因，是测量仪器、方法、实验条件以及实验者本人不可避免地存在一定局限性。

对于不可避免的实验误差，必须了解其产生的原因、性质及有关规律，从而在实验中设法控制和减小误差，并对测量的结果进行适当处理，以达到可以接受的程度。

【任务目标】

1. 掌握误差的概念和误差的产生原因。
2. 掌握有效数字的概念。
3. 掌握常见无机及分析化学实验数据的处理方法，具备认真细致的学习习惯。

【任务准备】

一、准确度、精密度和误差

1. 准确度和误差

准确度是指某一测定值与“真实值”接近的程度。一般以误差 E 表示，

$$E=\text{测定值}-\text{真实值}$$

当测定值大于真实值时，E 为正值，说明测定结果偏高；反之，E 为负值，说明测定结果偏低。误差愈大，准确度就愈差。

实际上绝对准确的实验结果是无法得到的。化学研究中所谓真实值是指由有经验的研究人员采用可靠的测定方法进行多次平行测定得到的平均值，或者以公认的手册上的数据作为真实值。

误差可以用绝对误差和相对误差来表示。绝对误差表示实验测定值与真实值之差。它具有与测定值相同的量纲，如克、毫升、百分数等。例如，对于质量为 0.1000g 的某一物体，在分析天平上称得其质量为 0.1001g，则称量的绝对误差为+0.0001g。

只用绝对误差不能说明测量结果与真实值接近的程度。分析误差时，除要考虑绝对误差的大小外，还必须顾及量值本身的大小，这就是相对误差。

相对误差是绝对误差与真实值的商，表示误差在真实值中所占的比例，常用百分数表

示。由于相对误差是比值，因此是量纲为1的量。

例如某物的真实质量为42.5132g，测得值为42.5133g。

$$绝对误差=42.5133\text{g}-42.5132\text{g}=0.0001\text{g}$$

$$相对误差=\frac{42.5133-42.5132}{42.5132}\times100\%=2\times10^{-4}\%$$

而对于0.1000g物体称量得0.1001g，其绝对误差也是0.0001g，但相对误差为：

$$相对误差=\frac{0.0001\text{g}}{0.1000\text{g}}\times100\%=0.1\%$$

可见上述两种物体称量的绝对误差虽然相同，但被称物体质量不同，相对误差即误差在被测物体质量中所占份额并不相同。显然，当绝对误差相同时，被测量的量愈大，相对误差愈小，测量的准确度愈高。

2. 精密度和偏差

精密度是指在同一条件下，对同一样品平行测定而获得一组测量值之间彼此一致的程度。常用重复性表示同一实验人员在同一条件下所得测量结果的精密度，用再现性表示不同实验人员之间或不同实验室在各自的条件下所得测量结果的精密度。

精密度可用各类偏差来量度。偏差愈小，说明测定结果的精密度愈高。偏差可分为绝对偏差和相对偏差：

$$绝对偏差(d)=个别测得值-测得值的平均值$$

$$相对偏差(\%)=\frac{绝对偏差\ d}{算术平均值\bar{x}}\times100\%$$

实际实验过程中，分析结果经常用平均偏差或相对平均偏差来表示。平均偏差指单次值与平均值的差的绝对值之和再除以测定次数。它表示多次测定数据整体的精密度。平均偏差和相对平均偏差不计正负。

$$平均偏差(\bar{d})=\sum_{i=1}^{n}|d_i|/n$$

$$相对平均偏差=\frac{\bar{d}}{\bar{x}}\times100\%$$

标准偏差是更可靠的精密度表示方法，可将单次测量的较大偏差和测量次数对精密度的影响反映出来。$n<20$时，其计算公式如下：

$$标准偏差(s)=\sqrt{\frac{\sum_{i=1}^{n}d_i^2}{n-1}}$$

若$n>50$时，则分母用n与$n-1$都无关紧要，上式中$n-1$称为自由度。

3. 误差的分类

误差按照产生的原因及性质，可分为系统误差和随机误差。

（1）系统误差

实验过程中可能会遇到这种情况，使用已经吸潮的基准物质标定某种溶液的准确浓度，即使测定很多次，标定的结果也总是偏高，原因是每次所称取的基准物质中实际能被滴定的有效组分的量偏低，滴定所消耗的体积也会偏少，最终导致测得的浓度值偏高，而每次平行测定时，偏高的数值也会基本相同，这就是系统误差。

系统误差是由某些固定的原因造成的，使测量结果总是偏高或偏低。例如实验方法不够完善、仪器不够精确、试剂不纯以及测量者个人的习惯、仪器使用的环境达不到理想要求等因素。系统误差有一定的规律性，即在相同条件下重复测量时，误差会重复出现，因此一般系统误差可进行校正或设法予以消除。

常见的系统误差主要有以下几种：

① 仪器误差　仪器本身有缺陷或没有调试到最佳状态产生的误差。例如移液管、滴定管、容量瓶等玻璃仪器的实际容积和标称容积不符，试剂不纯或天平失于校准，磨损或腐蚀的砝码等都会造成系统误差。在电学仪器中，如电池电压下降、接触不良造成电路电阻增加、温度对电阻和标准电池的影响等也是造成系统误差的原因。

② 方法误差　测定方法不够合理产生的误差。例如在分析化学中，某些反应速率很慢或反应未定量地完成，干扰离子的影响，沉淀溶解、共沉淀和后沉淀，灼烧时沉淀的分解和称量形式的吸湿性等，都会系统地导致测定结果偏高或偏低。

③ 个人误差　由操作者本身的一些主观因素造成的误差。例如在读取仪器刻度值时，有的偏高，有的偏低；在滴定分析中判断滴定终点颜色时有的偏深，有的偏浅；操作计时器时有的偏快，有的偏慢等。

常用的检测系统误差的方法有：①对照试验。一是采用公认的标准方法（国际标准、国家标准、行业标准等）或经典方法进行比较测定；二是采用已知含量的标准试样（如国家标准样品 CRM，或配制的标准试样），按照同样的方法进行测定。对测定的结果进行“显著性检验”，根据检验结果判定方法或测定结果是否有系统误差存在。②空白试验。由于试剂、纯水、器皿引入被测组分或杂质产生的系统误差，可通过空白试验来发现与校正，即用试剂或纯水代替被测试样，按照同样的测定方法和步骤进行测定，所得到的结果称为空白值，然后将试样的测定结果减去空白值即可。③标准加入法。在被测试样中加入已知量的被测组分，与被测试样同时同法测定，然后根据所加入组分的回收率高低来判断是否存在系统误差。

$$\text{回收率}(\%)=\frac{\text{测定加入组分的质量(g)}}{\text{实际加入组分的质量(g)}}$$

（2）随机误差

随机误差又称偶然误差，是指同一操作者在同一条件下对同一量进行多次测定，而结果不尽相同，以一种不可预测的方式变化着的误差。它是由一些随机的偶然因素造成的，产生的直接原因往往难以发现和控制。随机误差时正时负、时大时小，因此又称不定误差。随机误差总是不可避免地存在，并且不可能加以消除。常见的随机误差有：①估读仪器最小分度以下的读数难以完全相同；②在测量过程中环境条件的改变，如压力、温度的变化，机械振动和磁场的干扰等使得测量结果发生微小变化；③仪器中的某些活动部件，如温度计、压力计中的水银，电流表电子仪器中的指针和游丝等在重复测量中出现的微小变化；④操作人员对各份试样处理时的微小差别等。

随机误差对测定结果的影响，通常服从统计规律。因此，可以采用在相同条件下多次测定同一量，再求其算术平均值的方法来克服。

（3）过失误差

由于操作者的疏忽大意，没有完全按照操作规程实验等原因造成的误差称为过失误差，这种误差使测量结果与事实明显不符，有大的偏离且无规律可循。含有过失误差的测量值，不能作为一次实验值引入平均值的计算。实验过程中需要加强责任心，仔细工作来避免过失误差。判断是否产生过失误差必须慎重，应有充分的依据，最好重复实验来检查，如果经过细致实验后仍然出现这个数据，要根据已有的科学知识判断是否有新的问题。

二、有效数字及其运算规则

科学实验要得到准确的结果，不仅要求正确地选用实验方法和实验仪器测定各种量的数值，而且要求正确地记录和运算。实验所获得的数值，不仅表示某个量的大小，还应反映测量这个量的准确程度。实验中各种物理量应采用几位数字，运算结果应保留几位数字都是很严格的，不能随意增减和书写，这直接关系到实验的最终结果以及它们的合理性。

1. 有效数字

在不表示测量准确度的情况下，表示某一测量值所需要的最小位数的数字称为有效数字。换言之，有效数字就是实验中实际能够测出的数字，其中包括若干个准确的数字和一个（只能是最后一个）不准确的数字。

有效数字的位数决定于测量仪器的精确程度。例如用最小刻度为 1mL 的量筒测量溶液的体积为 10.5mL，这个数据中，10 是准确可靠的，0.5 是估读的，属于可疑数字，因此这个数据为 3 位有效数字。如果要用精度为 0.1mL 的滴定管来量度同一液体，读数可能是 10.52mL，则这个数据为 4 位有效数字，小数点后第二位 0.02 是估计值。

有效数字的位数反映了测量的误差，若某铜片在分析天平上称量得 0.5000g，表示该铜片的实际质量在 (0.5000±0.0001)g 范围内，测量的相对误差为 0.02%，若记为 0.500g，则表示该铜片的实际质量在 (0.500±0.001)g 范围内，测量的相对误差为 0.2%。准确度比前者低了一个数量级。

有效数字的位数是整数部分和小数部分位数的组合，可以通过下面几个数字来说明。

数字	0.0032	81.32	4.025	5.000	6.00%	7.35×10^{25}	5000
有效数字位数	2 位	4 位	4 位	4 位	3 位	3 位	不确定

从上面几个数字中可以看到，“0”在数字中可以是有效数字，也可以不是。当“0”在数字中间或有小数的数字之后时都是有效数字，如果“0”在数字的前面，则只起定位作用，不是有效数字。但像 5000 这样的数字，有效数字位数不好确定，应根据实际测定的精确程度来表示，可写成 5×10^3、5.0×10^3、5.00×10^3 等。

对于 pH、lg*K* 等对数值的有效数字位数仅由小数点后的位数确定，整数部分只说明这个数字的指数而只起定位作用，不是有效数字，如 pH=3.48，有效数字是 2 位而不是 3 位。

2. 有效数字的运算规则

在计算一些有效数字位数不相同的数字时，按有效数字运算规则计算。可节省时间，减少错误，保证数据的准确度。运算时有效数字的修约需采用“四舍六入五成双”修约规则，具体内容是：保留数字末位后一位的数字大于 5 时，末位进一；末位后一位的数字小于 5 时，舍弃末位后的数字，末位不变；末位后一位的数字等于 5 时，如果末位为奇数，末位进一；当末位为偶数时，末位不变，即为成双原则。

（1）加减运算

加减运算结果的有效数字位数，应由运算数字中小数点后有效数字位数最小者决定。计算时可先不管有效数字直接进行加减运算，运算结果再按数字中小数点后有效数字位数最小的作四舍六入五成双处理，例如 0.7643、25.42、2.356 三数相加，则：0.7643+25.42+

2.356＝28.5403⇒28.54。

也可以先按四舍六入五成双的原则，以小数点后面有效数字位数最小的为标准处理各数据，使小数点后有效数字位数相同，然后计算，如上例为：

$$0.76+25.42+2.36=28.54$$

因为在25.42中精确度只到小数点后第二位，即25.42±0.01，其余的数字再精确到第三、四位就无意义了。

（2）乘除运算

几个数字相乘或相除时所得结果的有效数字位数应与各数字中有效数字位数最少者相同，跟小数点的位置或小数点后的位数无关。例如0.98与1.644相乘：0.98×1.644＝1.6$\underline{1}$，下划“—”的数字是不准确的，故得数应为1.6。计算时可以先四舍六入五成双后计算，但在几个数连乘或连除运算中，在取舍时应保留比最小位数多一位数字的数来运算，如0.98、1.644、46.4三个数字连乘应为0.98×1.64×46.4＝74.57⇒75。

先算后取舍为：0.98×1.644×46.4＝74.76⇒75。两者结果一致，若只取最小位数的数相乘则为：0.98×1.6×46＝72.13⇒72。

这样计算结果误差较大。当然，如果在连乘、连除的数中被取或舍的数离“5”较远，也可取最小位数的有效数字简化后再运算。如先运算后简化；0.121×23.64×1.0578＝3.0257734⇒3.03，若简化后再运算：0.121×23.6×1.06＝2.86×1.06＝3.03。

（3）对数运算

在进行对数运算时，所取对数位数应与真数的有效数字位数相同。例如：$\lg 1.35\times10^{5}=5.13$。

3. 实验数据的处理

化学数据的处理方法主要有列表法和作图法。

（1）列表法

这是表达实验数据最常用的方法之一。将各种实验数据列入一种设计得体、形式紧凑的表格内，可起到化繁为简的作用，有利于对获得的实验结果进行相互比较，有利于分析和阐明某些实验结果的规律性。

设计数据表总的原则是简单明了。作表时要注意以下几个问题：

① 正确地确定自变量和因变量。一般先列自变量，再列因变量，将数据一一对应地列出。不能将不相关的数据列在一张表内。

② 表格应有序号和简明完备的名称，使人一目了然，一见便知其内容。如实在无法表达时，也可在表题下用不同字体作简要说明，或在表格下方用附注加以说明。

③ 习惯上表格的横排称为“行”，竖行称为“列”，即“横行竖列”，自上而下为第1、2、3…行，自左向右为第1、2、3…列。变量可根据其内涵安排在列首（表格顶端）或行首（表格左侧），称为“表头”，应包括变量名称及量的单位。凡有国际通用代号或为大多数读者熟知的，应尽量采用代号，以使表头简洁醒目，但切勿将量的名称和单位的代号相混淆。

④ 表中同一列数据的小数点对齐，数据按自变量递增或递减的次序排列，以便显示出变化规律。如果表列值是特大或特小的数时，可用科学记数法表示。若各数据的数量级相同时，为简便起见，可将10的指数幂写在表头中量的名称旁边或单位旁边。

（2）作图法

作图法是将实验原始数据通过正确的作图方法画出合适的曲线（或直线），从而形象直观，而且准确地表现出实验数据的特点、相互关系和变化规律，如极大、极小和转折点等，并能够进一步求解，获得斜率、截距、外推值、内插值等。因此，作图法是一种十分有用的实验数据处理方法。

作图法也存在作图误差，若要获得良好的图解效果，首先要获得高质量的图形。因此，作图技术的好坏直接影响实验结果的准确性。下面就作图法处理数据的一般步骤和作图技术作简要介绍。

① 正确选择坐标轴和比例尺　作图必须在坐标纸上完成。坐标轴和坐标分度比例的选择对获得一幅良好的图形十分重要，一般应注意以下几点：

以自变量为横轴，因变量为纵轴，横纵坐标原点不一定从零开始，而视具体情况确定。坐标轴应注明所代表的变量的名称和单位。

坐标的比例和分度应与实验测量的精度一致，并全部用有效数字表示，不能过分夸大或缩小坐标的作图精确度。

坐标纸的每一小格所对应的数值应能迅速、方便地读出和计算，一般多采用 1、2、5 或 10 的倍数，而不采用 3、6、7 或 9 的倍数。

实验数据各点应尽量分散、匀称地分布在全图，不要过分集中于某一区域，当图形为直线时，应尽可能使直线的斜率接近于 1，使直线与横坐标夹角接近 45°，角度过大或过小都会造成较大的误差（图 1-1）。

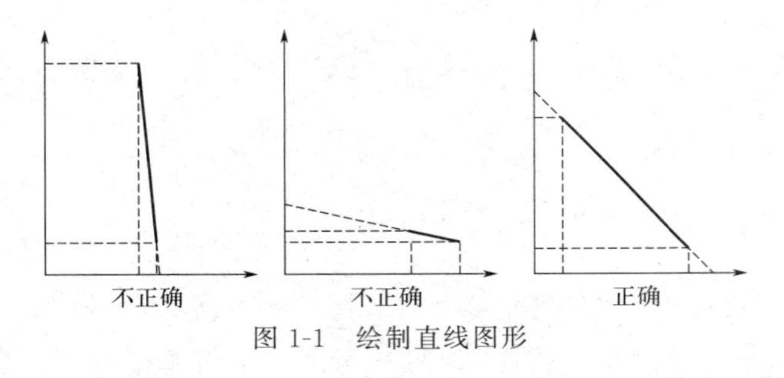

图 1-1　绘制直线图形

图形的长、宽比例要适当，最高不要超过 3/2，以力求表现出极大值、极小值、转折点等曲线的特殊性质。

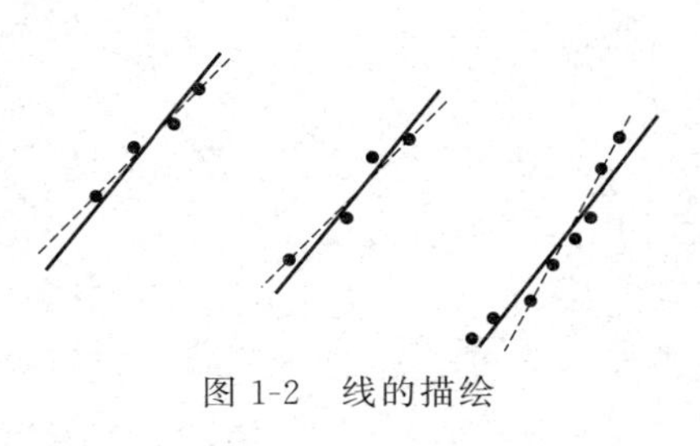
图 1-2　线的描绘

② 图形的绘制　在坐标纸上明显地标出各实验数据点后，应用曲线尺（或直尺）绘出平滑的曲线（或直线）。绘出的曲线或直线应尽可能接近或贯穿所有的点，并使两边点的数目和点离线的距离大致相等。这样绘出的线才能较好地反映出实验测量的总体情况。若有个别点偏离太远，绘制曲线时可不予考虑。一般情况下，不能绘成折线。描线方法如图 1-2 所示。

③ 求直线的斜率　由实验数据作出的直线可用方程式 $y=kx+b$ 来表示。由直线上两点（x_1,y_1），（x_2,y_2）的坐标可求出斜率：

$$k=\frac{y_2-y_1}{x_2-x_1}$$

为使求得的 k 值更准确，所选的两点距离不要太近，还要注意代入 k 表达式的数据是两点的坐标值，k 是两点纵横坐标差之比，而不是纵横坐标线段长度之比。

【任务实施】

1. 判断以下数值的有效数字的位数。

$[H^+]=0.0003$　　pH＝10.24　　$w(MgO)=19.96\%$　　4.0000

2. 根据有效数字的修约规则，将以下数据修约为四位有效数字。

0.32474　　0.32475　　0.32485　　0.324851

3. 根据有效数字的修约和运算规则，给出下列式的计算结果。

$$2.236\times1.1124/(1.0365+0.200)=$$

4. 分析铁矿中铁含量，得到如下数据：37.45%、37.50%、37.30%、37.25%。计算此结果的平均值、平均偏差和标准偏差。

5. 有3个小组测定相同体积的同一消毒剂中双氧水的含量时所消耗同浓度的 $KMnO_4$ 标准溶液的体积（mL）如表1-2所示，请比较下面几组数据的准确度与精密度。

表1-2　3个小组分别消耗的 $KMnO_4$ 标准溶液的体积

组别	消耗 $KMnO_4$ 标准溶液的体积/mL
第一组	25.98;26.02;26.02;25.98;25.98;25.98;26.02;26.02
第二组	25.98;26.02;25.98;26.02
第三组	26.02;26.01;25.96;26.01

6. 思考与讨论

（1）在有效数字计算时是先修约再计算，还是先计算再修约？

（2）用移液管量取某液体的体积为25.00mL，用量筒量取同一液体的体积读数为25.0mL，试问哪种仪器取得的液体的体积精确度更高？

【任务评价】

任务考核评价表

班级：		姓名：		学号：	
序号	考核项目	考核标准	权重	得分	备注
1	准确度、精密度和误差的基本概念	能够区分准确度与精密度，能说出误差的分类	10		
2	准确度、精密度的计算	能够正确列出相对误差、相对平均偏差的相关公式	10		
3	有效数字的修约	能够说出有效数字的修约规则	10		
4	任务实施中的前5个任务	使用的公式正确，过程完整，结果准确。其中，1题5分，2题10分，3题5分，4题10分，5题10分	40		
5	思考与讨论	要点清晰，答题准确，每题10分	20		
6	综合考核	按时签到，课堂表现积极主动	10		
7	合计		100		

项目二 基本操作技能

【项目导言】

本项目包含10个任务，涵盖了玻璃仪器的洗涤干燥、溶液配制、称量和量取样品，从溶解、结晶、干燥和灼烧，到简单常用的光电仪器的使用方法，熟悉无机及分析化学实验的基本操作，培养自身的独立操作能力和严谨求实的工作态度。通过完成以上任务，能够系统掌握无机及分析化学实验的基本操作技能，为后续实验任务的开展打好技能基础。

【项目目标】

知识目标

1. 熟悉无机及分析化学实验中各个基本操作的流程。

2. 掌握各种基本技能的操作要点。

3. 掌握常用光电仪器酸度计、电导率仪和紫外-可见分光光度计的使用方法。

技能目标

1. 能够正确完成无机及分析化学实验中的洗涤、加热、配制试剂、称量、量取、溶解、干燥和灼烧等基本操作。

2. 能够正确使用酸度计、电导率仪和紫外-可见分光光度计。

素质目标

1. 通过练习基本实验操作技能，培养实验室的规范操作意识。

2. 体会实验研究的重要意义，具备独立分析和解决问题的能力以及严谨求实的工作态度。

任务1　洗涤和干燥玻璃仪器

【任务导入】

玻璃仪器价格低廉，具有透明、耐热、耐腐蚀、易清洗的特点，是化学实验中最常用的仪器。它种类繁多，用途广泛。在各种各样、形形色色的玻璃仪器面前，如何正确选择合适的玻璃仪器是不少化验人员尤其是初学者的一个棘手问题。一旦选错、用错玻璃仪器，就会造成人、财、物的浪费，甚至给工作带来难以弥补的损失。因此，正确选用玻璃仪器，是顺利进行化学实验的基础，是分析测试成功的重要保证，也是衡量和评价操作人员素质的最基本指标。

【任务目标】

1. 熟悉化学实验室玻璃仪器使用的规则和要求。
2. 领取无机及分析化学实验常用仪器、药品，并熟悉其名称、规格。
3. 掌握各种玻璃仪器使用的注意事项。
4. 掌握常用仪器的洗涤和干燥方法。

【任务准备】

化学分析常用玻璃器皿的洗涤

一、仪器的洗涤

化学实验所用的玻璃仪器必须是十分洁净的，否则会影响实验结果的准确性，甚至导致实验失败。洗涤玻璃仪器时应根据污物性质和实验要求选择不同方法。一般而言，附着在仪器上的污物既有可溶性物质，也有尘土、不溶物及有机物等。洁净的玻璃仪器内壁应能被水均匀地润湿且不挂水珠，并且无水的条纹。仪器的常见洗涤方法有如下几种：

1. 振荡水洗

在玻璃仪器内加入约占总容量三分之一的自来水，稍用力振荡片刻，倒掉。依照此程序连洗数次。

2. 毛刷刷洗

水洗不能洗净时可以用毛刷（从外到里）刷洗仪器，刷洗时需要选用合适的毛刷。刷洗后，再用水连续振荡数次，每次用水不必太多。

3. 用去污粉、肥皂粉或合成洗涤剂洗涤

若玻璃仪器粘有油污时，刷洗时用毛刷蘸取少量去污粉、肥皂粉等刷洗至仪器洁净为止，再用自来水冲洗，若仍洗不干净，可用热的碱液洗涤。

4. 用洗液洗涤

对更难洗去的污物或因口径较小、管细不便用刷子洗的仪器，可用少量洗液洗涤。

（1）用铬酸洗液洗涤

铬酸洗液的配制

铬酸洗液由浓 H_2SO_4 和 $K_2Cr_2O_7$ 配制而成，有很强的氧化性、酸性和腐蚀性，对有机物和油污的去除能力特别强。洗涤时向仪器内加入少量洗液，使仪器倾斜并慢慢转动，让仪器内壁全部被洗液润湿，再转动仪器，使洗液在内壁流动，经流动几圈后，把洗液倒回原瓶。对于污染严重的仪器可用洗液浸泡一段时间，或者用热洗液洗涤效果更好。洗液的吸水性很强，应随时把装洗液的瓶子盖严，以防吸水降低去污能力。当洗液用到出现绿色（$K_2Cr_2O_7$ 还原成 Cr^{3+}）时，去污能力丧失，不能继续使用。

（2）用特殊试剂洗涤

对于特殊的已知组成的污物可针对性地选用特殊试剂洗涤。例如仪器上沾有较多的二氧化锰，可用酸性硫酸亚铁液洗涤。

用各种洗涤液洗后的仪器必须先用自来水冲洗或荡洗数次，若器壁上只留下一层既薄又均匀的水膜，不挂任何水珠，则表示仪器已洗净。在定性、定量分析实验中，还必须用蒸馏水荡洗两三次，“少量多次”是洗涤仪器时应遵循的重要原则，注意已经洗净的仪器不能用布或纸擦拭。

5. “对症”洗涤法

针对附着在玻璃器皿上不同物质性质，采用特殊的洗涤法，如硫黄用煮沸的石灰水、难溶硫化物用 HNO_3/HCl、铜或银用 HNO_3、AgCl 用氨水、煤焦油用浓碱、黏稠焦油状有机物用回收的溶剂浸泡、MnO_2 用热浓盐酸洗涤等，见表 1-3。

表 1-3　常见污渍的洗涤方法

垢迹	处理方法
金属氧化物（MnO_2）、氢氧化物[$Fe(OH)_3$]及碳酸盐（$CaCO_3$）	盐酸或草酸中加几滴浓硫酸处理
沉积在器壁上的银或铜	用硝酸处理
难溶的银盐	用 $Na_2S_2O_3$ 溶液洗涤；AgCl 用氨水洗涤，Ag_2S 用热的浓 HNO_3 处理
黏附在器壁上的硫黄	用煮沸的石灰水处理
残留在容器内的 Na_2SO_4、$NaHSO_4$ 固体	加水煮沸使其溶解倒掉
有机物和胶质	用有机溶剂或热的浓碱洗
瓷研钵内的污迹	用少量食盐放在研钵内研磨，倒去食盐，水洗
蒸发皿和坩埚上的污迹	用浓硝酸、王水或铬酸洗液洗涤

光度分析中使用的比色皿等由光学玻璃制成，不能用毛刷刷洗，可用 HCl-乙醇浸泡、润洗。

二、仪器的干燥

仪器干燥的方法主要有以下几种：

1. 倒置晾干

不急用的仪器，在洗净后放置在干净的实验柜内或仪器架上，任其自然干燥。

2. 烤干

一些常用的烧杯、蒸发皿等可放在石棉网上，用小火烤干。试管可直接用火烤干（外壁擦干），管口低于管底（防止水珠倒流）。火焰不应集中一个部位，应从底部开始，缓慢移至管口，并左右移动，烘烤到无水珠，最后将试管口向上赶尽水汽。

3. 热（冷）风吹干

适用于急用情况和快速干燥，将仪器倒插在气流烘干器上或用电吹风直接吹干。

4. 加热烘干

洗干净的仪器可放在烘箱里烘干（温度控制在105℃左右，应先尽量把水倒干）。放时应使仪器口朝下，并在烘箱的最下层放一搪瓷盘，承接从仪器上滴下的水，以免水滴到电热丝上，损坏电热丝。

5. 快干（有机溶剂法）

加一些易挥发的有机溶剂酒精、丙酮或它们的混合液（1∶1）到仪器中，把仪器倾斜并转动，使器壁上的水和有机溶剂互相溶解、混合，然后倒出。如用电吹风往仪器中吹风，则干得更快。

【任务实施】

1. 实验步骤

（1）对照仪器图，按仪器清单（表1-4）认领所发仪器，把缺少、破损情况报告给老师。

表1-4　仪器认领清单

序号	仪器名称	规格	配发数量
1	硬质试管	12×120(mm)	2支
2	普通试管	10×100(mm)	10支
3	离心试管	5(mL)	6支
4	试管架	铝制20孔	1个
5	烧杯	500(mL)	1只
6	烧杯	250(mL)	2只
7	烧杯	100(mL)	2只
8	烧杯	50(mL)	2只
9	锥形瓶	250(mL)	3只
10	广口瓶	150(mL)	3只
11	量筒	10(mL)	1只
12	量筒	50(mL)	1只
13	量筒	100(mL)	1只
14	称量瓶	20(mL)	2只
15	移液管	25、10(mL)	各1支
16	容量瓶	100、250(mL)	各2只
17	酸式滴定管	25(mL)	1支

续表

序号	仪器名称	规格	配发数量
18	碱式滴定管	25(mL)	1 支
19	标准漏斗	ϕ60(mm)	1 支
20	长颈漏斗	ϕ60(mm)	1 支
21	分液漏斗	25(mL)	1 支
22	表面皿	65(mL)	1 只
23	蒸发皿	80(mL)	1 只
24	试管夹	木制	1 只
25	三脚架		1 只
26	泥三角		1 只
27	药匙		1 只
28	石棉网		1 只
29	洗瓶	250(mL)	1 只
30	毛玻璃片		3 片
31	酒精灯		1 只
32	洗耳球		1 个
33	试管刷		4 把

（2）洗刷所领仪器，练习用水洗、刷洗、去污粉洗涤仪器，配制铬酸洗液 100mL，用铬酸洗液洗涤污染严重的仪器。同学间互相检查仪器是否洗净，选一件交给老师检查。

（3）把洗涤干净的玻璃仪器按照相应的要求进行干燥。

2. 技术提示

（1）不要未倒废液就注水洗刷，不要几支试管一起刷洗。

（2）凡洗净仪器，决不能再用布或纸去擦拭。

（3）铬酸洗液可反复使用，直至溶液变为绿色时失效而不能使用。

（4）带有刻度的计量仪器，不能用加热的方法进行干燥，因加热会影响这些仪器的准确度。

3. 思考与讨论

（1）怎样验证玻璃仪器已经洗涤干净？

（2）使用铬酸洗液应注意哪些问题？

（3）容量瓶、量筒能否利用加热的方法进行干燥？为什么？

【任务评价】

任务考核评价表

班级：		姓名：		学号：	
序号	考核项目	考核标准	权重	得分	备注
1	玻璃仪器的认领和检查	能够正确认领玻璃仪器并检查其质量	15		
2	洗涤玻璃仪器	采用正确的方法完成规定的玻璃仪器的洗涤，并确保洗涤干净	20		

续表

序号	考核项目	考核标准	权重	得分	备注
3	洗液的配制	能够正确配制铬酸洗液	20		
4	干燥玻璃仪器	选择正确的方法干燥玻璃仪器	25		
5	思考与讨论	要点清晰,答题准确,1题3分;2题3分;3题4分	10		
6	综合考核	按时签到,课堂表现积极主动	10		
7	合计		100		

任务2　认识加热装置和加热方法

【任务导入】

荷兰科学家范特霍夫（Van′t Hoff）提出，温度每升高10K，反应速率一般增加到原来的2～4倍，这被称作Van′t Hoff规则。加热是化学实验最常见的基本操作之一，其主要目的就是在有限的时间里让尽可能多的物质发生反应。实验室经常利用酒精灯、电炉和水浴等进行加热。实验人员根据每个反应的特点，选择合适的加热装置和受热仪器进行正确的加热操作，是确保反应正常进行的基本要求。

【任务目标】

1. 认识常见的加热装置。
2. 熟悉常用的加热方法。
3. 掌握不同形态的物质的加热方法。
4. 培养实验室规范操作的安全意识。

【任务准备】

一、常用的加热器具及其使用

实验室加热需要用加热器具，可以分为明火加热器具与无明火加热器具。酒精灯（图1-3）、酒精喷灯、燃气灯等均属于明火加热器具，在化学实验中常应用于一般化学反应的加热，特别是无易燃、易爆气体产生的实验，以及简单玻璃器具的加工；电热板、电热套（图1-4）、远红外加热炉等就属于无明火加热器具，从实验室安全角度考虑，加热应采用这种类型的加热器具为宜。

图 1-3 酒精灯

图 1-4 电热套

1. 常用明火加热器具及其使用

(1) 酒精灯

应用于一般化学实验中的加热。使用时应注意以下几点：①灯内酒精容量一般不应超过容积的 2/3。②点燃时要用打火机或其他点火器点燃，绝对不能用另一个燃着的酒精灯引燃。③需添加酒精时，应熄灭火焰后用漏斗添加。④连续使用的时间不能过长，以免灯内酒精大量汽化形成爆炸混合物。⑤熄灭时用酒精灯罩盖灭，不能用嘴吹灭。

(2) 酒精喷灯

主要用于加热温度较高的情形，特别是玻璃器具的加工。酒精喷灯的火焰温度可达 900℃左右，且稳定。如图 1-5 所示，酒精喷灯有座式与挂式两种。

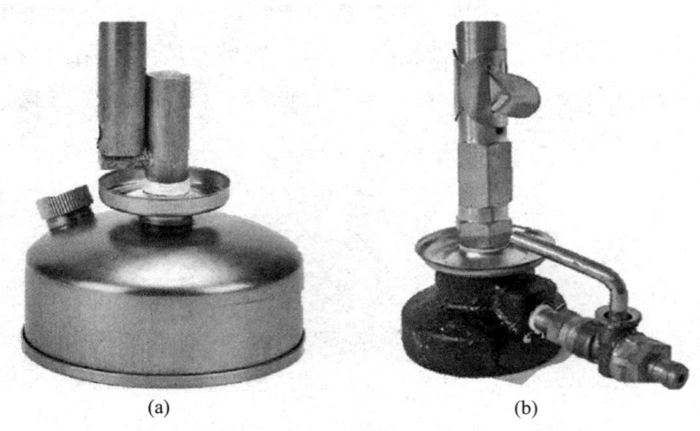

图 1-5 座式（a）和挂式（b）酒精喷灯

酒精喷灯的基本操作：打开活塞并在预热盆中装满酒精并点燃。待盆内酒精近干时，灯管已灼热，将点燃的火柴移至灯口或点火器在灯口点火，开启开关。从储罐流进灯管的酒精立即汽化，并与气孔进来的空气混合，即可点燃。调节开关，控制火焰大小。使用完毕，关闭开关，火即熄灭。

注意，点燃喷灯前灯管必须充分预热，一定要使喷出的酒精全部汽化，否则会形成“火雨”，四处散落，发生事故。不用时，应关闭储罐下的活塞开关，以免酒精漏失。

挂式酒精喷灯的结构和使用

2. 无明火加热器具及其使用

无明火加热器具一般具有较为清晰的操作按钮或旋钮，请注意按说明书正确使用。以远红外加热炉为例，说明无明火加热器具使用时应注意的主要问题。

由于这类加热器具无明火，故除了用电安全之外还应特别注意防止烫伤，使用时应注意以下几点：

① 加热过程中以及结束后，加热面板温度很高，千万不能用手触摸，并避免无意触碰到。

② 应放置在平稳的台面上使用，且周围无易燃易爆物品，以防受热发生意外或烤坏；放置器皿前，应确保器皿底部无纸屑、塑料或其他易燃异物，以防燃烧。

③ 器皿放置时应小心，以防掉落，使器皿破损或加热面板破裂。若器皿破裂，液体洒落，应及时拔去插头，待面板冷却后再清理；若面板出现裂痕，应立即关闭电源，拔掉插头，冷却后送修。

④ 加热器具的吸气口和排气口注意畅通，不能被阻塞。

⑤ 加热后及时关闭电源，但不应立即拔掉插头，过约 20 分钟等待加热器具散热冷却后再拔去。

二、加热方法

1. 直接加热法

基础化学实验中常用的加热方法主要有直接加热法和热浴间接加热法。这里的直接加热主要指发热源与被加热物品（或器皿）直接接触加热。实验室中常用的加热器皿有烧杯、烧瓶、瓷蒸发皿、试管等。此类器皿能承受一定的温度，可以采用直接加热法加热。

直接加热时应注意以下 3 点。

① 加热前，必须将器皿外面的水擦干，加热后不能立即与潮湿的物体接触。加热时不能骤热或骤冷。

② 加热液体时，所盛液体一般不宜超过试管容量的 1/3，烧杯容量的 1/2，或烧瓶容量的 1/3。

③ 盛有液体的烧杯、烧瓶等玻璃容器的加热一般不适合采用直接加热法，最好采用间接加热法。若因其他原因必须采用，加热初期应注意适当移动火焰位置，使烧杯或烧瓶底部尽量受热均匀，否则因受热不均而破裂；加热过程中适当搅动内容物，特别是在加热含有较多不溶性固体物质的溶液及高浓度或高盐分的溶液时。

试管一般可直接在火焰上加热，在火焰上加热试管时，应注意以下几点。

① 可用试管夹夹试管，也可用铁夹固定试管加热。试管夹夹试管的位置应该在中上部（微热时，可用拇指、食指和中指拿住试管）。

② 试管应稍微倾斜，管口向上，以免烧坏试管夹或烫伤手指。

③ 先加热液体的中上部，再慢慢往下移动，然后上下移动，以确保液体各部分受热均匀。不能集中加热某一部分，否则液体会因局部受热，骤然产生蒸气，导致液体冲出管外。

④ 不能将试管口对着别人或自己，以免溶液在煮沸时溅出引起烫伤。在试管中加热固体时，必须使试管稍微向下倾斜，试管口略低于管底，以免凝结在试管壁上的水珠流到灼热的管底，而使试管炸裂。

2. 热浴间接加热法

热浴间接加热法是指发热源不直接接触受热容器，而是通过加热空气、水或导热油等介质，使容器受热均匀的加热方式。热浴间接加热法有空气浴、水浴、油浴，以往还有砂浴等加热方式，统称为热浴法。它们分别采用空气、水、导热油以及砂子作为传热介质，使被加热的物品受热均匀，受热过程相对稳定，器皿不易破损，相对安全。

例如加热烧杯、烧瓶等玻璃容器中的液体时，须将烧杯等玻璃容器放在石棉网上再加热，称之为空气浴，即利用石棉网受热产生的热量加热空气，使器皿底部受热相对均匀。

电热套由无碱玻璃纤维和金属加热丝编织成的半球形加热内套与控制电路组成，其加热方式也属于空气浴，可使容器受热面积达到60%以上，是一种替代石棉网进行空气浴加热的加热器具。

热浴法一般都需要使用热浴器具。除电热套外，有专用的水浴锅（图1-6）、油浴锅、带磁力搅拌的水浴锅以及既可以水浴又可以油浴的热浴锅。当加热温度不超过100℃时，可用水浴加热。水浴锅中的水应采用洁净的水，且使用完毕，应将其中的水排出并擦干，以免水浴锅特别是加热管结垢或锈蚀。

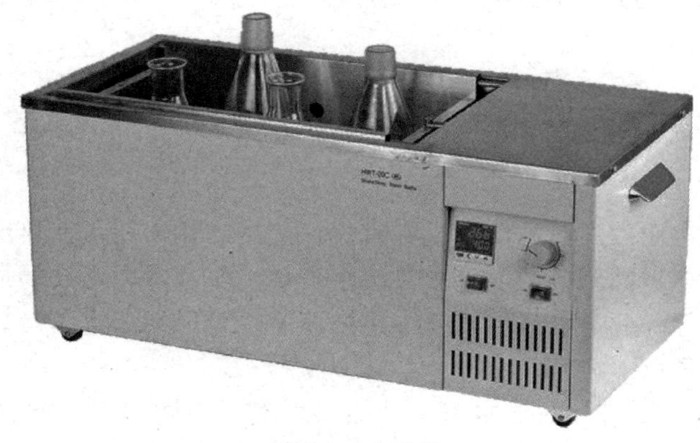

图1-6　水浴锅

油浴所能达到的最高温度取决于使用的导热油的沸点。常用的油有甘油（用于150℃以下的加热）、液体石蜡（用于200℃以下的加热）等。使用油浴要小心，防止着火。

无论是水浴锅、油浴锅还是热浴锅，加入加热介质的量都以被加热容器的受热部分能浸入加热介质为宜，但一般不能超过器具容积的三分之二。

砂浴是将细砂盛在铁盘（或锅）内，用燃气灯加热，被加热的器皿可埋在砂子中。用砂浴加热，升温比较缓慢，停止加热后，散热也较缓慢。

【任务实施】

1. 使用酒精灯加热试管中的水溶液

① 检查：点燃酒精灯以前，需检查酒精灯灯芯是否平整、完好。

② 添加酒精：灯壶中的酒精必须占灯壶容积的1/2～2/3，不可过多或过少。添加酒精必须使用小漏斗，以免洒到灯外。

③ 点燃：用火柴或打火机点燃酒精灯，决不能用燃着的酒精灯点燃，否则容易引发火灾。

④ 加热：使用酒精灯时应该用外焰加热，加热试管中的水溶液时，溶液不能多于1/3，应该与桌面成60°夹角，并且管口不能对着任何人。应从试管底部套入试管夹并夹在1/3处，

先加热上部的溶液后慢慢向下，并不断变化加热部位。

⑤ 熄灭：熄灭酒精灯时，用灯帽将火焰熄灭，盖灭片刻以后应将灯帽打开一次，再重新盖上，以免冷却后盖内形成的负压导致后期打不开灯帽，并防止灯壶炸裂。

2. 使用恒温水浴锅水浴加热待恒温样品 20min

① 先检查水浴锅中是否充满水，加蒸馏水到加热器中。

② 设定加热温度，打开电源进行加热。待温度稳定（即恒温指示灯亮）时，观察温度计温度是否与设定的温度一致，如果不一致应进行校正，调节加热温度，直至与设定温度一致为止。

③ 将待恒温样品置于水浴中，到指定时间 20min 为止，取出样品后关闭电源。

【任务总结】

1. 技术提示

（1）熄灭酒精灯时，不能用嘴直接吹灭。

（2）勿碰倒酒精灯，酒精灯着火用湿抹布或砂土灭火，不可以用水灭火；不可拿燃着的酒精灯走动。

（3）水浴加热时，样品必须置于耐热容器中，不能裸入。

（4）不能加热有毒且具有挥发性的样品。

（5）未规定水浴温度时，默认水浴的温度为 98～100℃。

2. 思考与讨论

（1）使用酒精灯加热试管中的固体样品时，应如何做？

（2）水浴加热时应注意哪些事项？

3. 技术总结与拓展

请根据本次任务，总结进行酒精灯加热和恒温水浴操作时容易出错的地方以及操作的技巧。

【任务评价】

任务考核评价表

班级：		姓名：	学号：		
序号	考核项目	考核标准	权重	得分	备注
1	实验安全与健康	未按要求穿戴口罩/实验服/护目镜/手套等，扣除该项所有分数	5		
2	实验卫生	工作场所全程干净整洁，无试剂洒落，若不满足，扣除所有分数	5		
3	环境保护	正确处理回收实验过程中用到的可能对环境造成不良影响的试剂耗材，如出现一次处理不当，扣 2 分，直至全部扣完	10		
4	酒精灯的使用	(1)点燃酒精灯和熄灭酒精灯操作不当，各扣 5 分； (2)酒精灯加热试管中的液体操作不当，每个要点各扣 5 分，直至全部扣完	30		

续表

序号	考核项目	考核标准	权重	得分	备注
5	水浴加热	水浴加热待恒温样品操作不当(加水;设置温度等):每个要点各扣5分,直至全部扣完	30		
6	思考与讨论	要点清晰,答题准确,每题5分	10		
7	综合考核	按时签到,课堂表现积极主动	10		
8	合计		100		

任务3 称量试样

【任务导入】

制作蛋糕时，面粉、糖和油都需要经过称量来平衡比例，这样做出的蛋糕才会更加好吃。电子天平作为在实验室中常用的称量工具之一，几乎随处可见。在无机及分析化学实验操作中，准确称量对科学研究和发现新现象、新知识至关重要，是确保实验结果可靠性的基础。要得到准确的称量结果，必须学会正确使用称量工具对各类样品进行准确称量。实验室用到的称量工具有哪些呢？凡直接用于检定传递砝码质量量值的天平称为标准天平，其他的天平均称为工作用天平，工作用天平又可分为分析天平和其他专用天平。本任务将主要介绍使用工作用天平准确称量试样。

本次任务要求每位同学认真熟悉常用的天平的使用方法，独立完成样品的规范称量操作，记录操作要点和注意事项，总结技术要领，提交任务工单。

【任务目标】

1. 掌握不同类型天平的使用方法。
2. 了解分析天平的构造、称量原理、读数方式。
3. 能够正确地校准和调试天平。
4. 熟练掌握直接称量法和递减称量法，并学会正确使用称量瓶进行称重练习。
5. 掌握称量数据的分析处理方法。

【任务准备】

一、电子天平及其使用

1. 电子天平的基本结构及称量原理

各种型号的电子天平的基本结构和称量原理基本相同。

常用的电子天平是称量盘在支架上面的上皿式电子天平，其外部基本结构由机座、称量盘、功能键及显示屏、水平仪、固定脚以及水平调节脚等构成。部分型号天平还带有或可以选用防风罩，特别是分析天平，其防风罩左右各有一个操作及防风门，上部有一个操作及检修窗（图 1-7）。不同的天平，水平仪的位置有所不同。水平调节脚一般有两个，分别处于天平的两个前下端或两个后下端。

电子天平的基本原理是利用电子装置完成电磁力补偿的调节，使被称物在重力场中实现力的平衡，或通过电磁力矩的调节，使物体在重力场中实现力矩的平衡。其称量结构是机电结合式，由载荷接受与传递装置、测量与补偿控制装置等部件组成（图 1-8）。

图 1-7 电子天平实物图示例

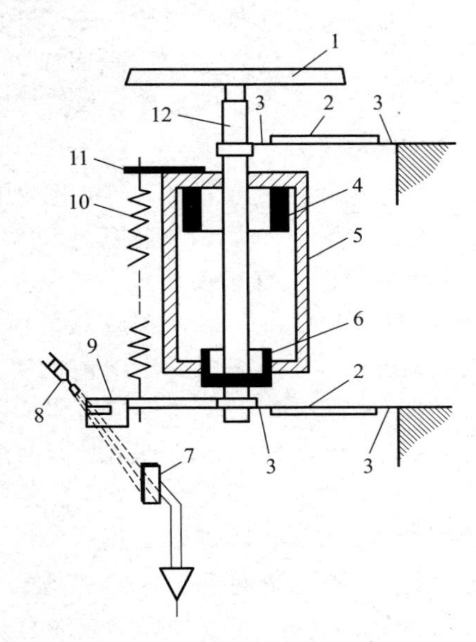

图 1-8 电子天平结构示意图

1—称量盘；2—平行导杆；3—挠性支撑簧片；4—线性绕组；5—永久磁铁；6—载流线圈；7—接收二极管；8—发光二极管；9—关闸；10—预载弹簧；11—双金属片；12—盘支承

载荷接受与传递装置由称量盘、盘支承、平行导杆等部件组成，它是接受被称物和传递载荷的机械部件。平行导杆从侧面看是由上下两个三角形导向杆形成一个空间的平行四边形结构，以维持称量盘在载荷改变时进行垂直运动，并可避免称量盘倾斜。

测量与补偿控制装置是对载荷进行测量，并通过传感器、转换器及相应的电路进行补偿和控制的部件单元。该装置是机电结合式的，既有机械部分，又有电子部分，包括示位器（接收二极管、发光二极管、光闸）、补偿线圈、永久磁铁，以及控制电路等部分。

电子装置能记忆加载前示位器的平衡装置。所谓自动调零，就是能记忆和识别预先调定的平衡位置，并能自动保持这一位置。称量盘上载荷的任何变化都会被示位器识别并立即向控制单元发出信号。当称量盘加载后，示位器发生位移并导致补偿线圈接通电流，线圈内就产生垂直的力，这种作用于称量盘上的外力使示位器准确回到原来的平衡位置。载荷越大，线圈中通过电流的时间越长，通过电流的时间间隔是由通过平衡位置扫描的可变增益放大器来调节的，而且这种时间间隔直接与称量盘上所加载荷成正比。整个称量过程均由微处理器进行计算和控制。这样，当称量盘上加载后，接通了补偿线圈的电流，计算器就开始计算冲击脉冲，达到平衡后，就自动显示出载荷的质量值。

2. 电子天平的使用方法

电子天平的品牌和型号很多，不同品牌的电子天平在外形和功能方面有所不同，但基本操作方法大体相同。

(1) 称量前的检查　揭开防尘罩并叠好，检查天平称量盘或防风罩内是否有异物并清扫干净。

(2) 调节水平　观察天平的水平仪气泡，若水平仪气泡偏移，需调整水平调节脚，使气泡位于水平仪中心。

(3) 开机　接通电源，按开关键，进行开机自检。

(4) 去皮　若采用称量纸、表面皿或小烧杯等承接器具称量物质，一般需要进行“去皮”操作。操作方法是将称量纸等承接器具置于天平的称量盘上，按下“去皮键”，待显示稳定的零点即完成去皮。

(5) 称量　根据要求采用不同的称量方法称量。

(6) 关机　称量完毕后，清洁称量盘，按开关键关机并盖好防尘罩，并填写称量记录本。

3. 天平使用的注意事项

(1) 根据称量要求，选择相应称量精度的天平。一般化学实验（如制备实验或常量分析）中的称量、间接法配制标准溶液的称量，选用称量精度为 0.1g 或 0.01g 的普通天平；对于常量分析中基准物以及称量瓶的称量，一般选用称量精度为 0.1mg 的分析天平。

(2) 电子天平在初次接通或长时间断电后，需要预热至少 30min 方可使用。

(3) 若电子天平环境发生变化或位置移动时，为获得精确的测量数据，使用天平前应进行校准和调节水平。

电子天平的校正

(4) 对于有防风罩的天平，特别是电子分析天平，除非放入或取出物品，在开机以及去皮、称量过程中应注意及时关闭左右两边的防风门（上部的检修及操作窗平时一般不开），才能得到稳定且可靠的数据。

(5) 称量时要注意避免影响天平数值变动和稳定性的因素，例如空气对流、温度波动、器皿和样品不够干燥以及放置称量物品时动作过重等。

(6) 注意所用天平的称量量程，严禁超重。

(7) 电子天平是精密仪器，严禁将试剂、化学品以及腐蚀性、吸湿性的物品直接放置在称量盘上；称量使用的容器外壁必须洁净、干燥，若使用电子分析天平，容器内、外壁都必须洁净、干燥；为了防潮，防风罩内一般需放置吸湿用的干燥剂；称重的物品与防风罩内的温度应一致，不得称量热的物品。

(8) 要求称取一定质量的固体试剂时，可把固体放在干净的称量纸或表面皿上，再根据要求使用台秤或分析天平称量。具有腐蚀性或易潮解的固体不能放在纸上，需要放在玻璃容器（小烧杯或表面皿）内进行称量。

(9) 若天平被污染，应使用含少量中性洗涤剂的柔软布轻轻擦拭。不能使用有机溶剂和化纤布。称量盘可拆下清洗，充分干燥后再装到天平上。

二、常用的称量方法

托盘天平的使用

1. 直接称量法

在天平调零后，将被称物直接放在称量盘上，读取被称物的质量，这种称量方法称为直接称量法。该法适用于称量洁净干燥的器皿、棒状或块状的金属及其他整块的不易潮解或升华的固体样品。

分析检测类实验进行称量时，注意不得用手直接接触被称量物品，可采用佩戴汗布手套和纸条夹取等适宜的办法。

2. 固定质量称量法

固定质量称量法需要先将承装器皿的质量去除，然后用药匙或取样勺向承接器皿中加入待称量的样品。当接近所需质量时，用左手轻轻扣动所持药匙或取样勺的右手手臂（振动手臂法），使物品落入承接器皿中，当达到所需质量时停止添加。

固定质量称量法适用于在空气中性能稳定、不易吸水的物品的称量。若称量某种不易吸湿的粉末试剂时，当接近所需称量质量时应采用食指弹药匙前端的方法（弹烟灰法），让少许粉末能徐徐落入承接器皿中，直至达到所需质量。

固定质量称量法称取重铬酸钾样品

3. 递减称量法

递减称量法（减量法）是先将称量物品装入干燥、洁净的称量瓶中，在天平上准确称得其质量 m_1，采用一定的方式，倒出称量瓶中适量物品于洁净的容器中，再准确称得称量瓶的质量 m_2，两次称量质量之差，即为所称得物品的质量。减量法主要应用于分析检测实验中易吸水、易氧化、易与 CO_2 反应（不适用于氢氧化钠）等的物品的称量。

减量法称量过程中，不得用手直接拿取称量瓶，在教学实验中一般佩戴布手套或用韧性较好的纸条分别套住称量瓶及其盖子拿取。

差减法称量固体样品

【任务实施】

1. 使用电子天平称量 8.0g 的沙子（固定质量称量法）

（1）检查天平各部件是否处于正常状态，用软毛刷轻扫称量盘及天平箱内的灰尘。

（2）天平调零。

（3）取洁净的称量纸，然后放在电子天平的称量盘上，进行去皮操作。

（4）用药匙将沙子轻轻地少量多次地加入到称量纸上，当接近所取质量时，采用振动手臂法或弹烟灰法添加样品，直至到达所要求的质量。

（5）称量结束，将天平归位，填写称量记录。

2. 递减称量法（减量法）称量样品

（1）称量前检查　清洁称量盘，检查并调节天平水平。

（2）接通电源，按下“ON”键，系统开始自检，自检结束后显示屏显示“0.0000”，如果空载时有数据，按一下清除键归零。

（3）称量　将装有样品的称量瓶从干燥器内取出，轻轻放在称量盘上，待显示屏上数字稳定后，读数为 W_1；取出称量瓶，在承接样品的容器上方，用瓶盖的下沿轻敲称量瓶口的上部，使样品缓缓倾入容器内。当预估倾出的样品已接近所需的量时，边敲击称量瓶口，边将瓶身慢慢抬起，并将附着在瓶口内侧的样品敲回称量瓶中，粘在瓶口靠外侧的样品落入承接样品的容器中，在容器上方小心较快地盖好瓶盖，将称量瓶放回称量盘上。待显示屏上的数字稳定后，读数为 W_2。计算称量结果 W_1-W_2，重复三次。

（4）称量完毕，取下称量物。若较长时间不用天平，应切断电源，盖好防尘罩。

【任务总结】

1. 技术提示

(1) 严格遵守天平的操作规程进行称量;

(2) 不能称量热的物体;

(3) 称量工具应保持清洁,如果不小心把药品撒在称量盘上,必须立刻清除;

(4) 称 NaOH、KOH 等易潮解或有腐蚀性的固体时,不用称量纸,而是衬以表面皿等其他盛装器皿;

(5) 电子分析天平出现故障或调不到零时,应及时报告指导教师,不要擅自处理;

(6) 电子分析天平称量时不得用手直接取放被称物,可佩戴干净的手套、用纸条包住或用镊子取放;

(7) 减量法称量时,若倒出的样品质量超过要求值,不可借助药匙或取样勺将其取出,只能弃去重称。

2. 思考与讨论

见相应任务工单。

3. 技术总结与拓展

围绕电子分析天平称量时容易出错的地方,以及减量法称量时的注意事项进行总结。

【任务评价】

任务考核评价表

班级:		姓名:	学号:		
序号	考核项目	考核标准	权重	得分	备注
1	实验安全与健康	未按要求穿戴口罩/实验服/护目镜/手套等扣除该项所有分数	5		
2	实验卫生	工作场所全程干净整洁,无试剂洒落,若不满足,扣除所有分数	5		
3	环境保护	正确处理回收实验过程中用到的可能对环境造成不良影响的试剂耗材,如出现一次处理不当,扣 2 分,直至全部扣完	10		
4	电子分析天平的使用(0.0001g)	未戴白纱手套/未清洁天平/未调水平/称量时撒落药品/未关天平门/读数错误/未在记录本上记录/未整理天平台面等各扣 5 分,直至全部扣完	35		
5	电子天平的使用(0.01g)	未称量前先用毛刷清洁称量托盘/直接将称量物放在称量托盘上称量/读数错误/未在记录本上记录/未整理天平台面等各扣 2 分,直至全部扣完	25		
6	思考与讨论	要点清晰,答题准确,每题 5 分	10		
7	综合考核	按时签到,课堂表现积极主动	10		
8	合计		100		

任务 4　量度液体体积

【任务导入】

许多实验以物质的体积作为关键参数。准确量取体积可以确保实验中所使用的物质量的正确计量，保证实验结果的可靠性和可重复性。比如计算物质的浓度，通过准确量取体积，可以确保浓度计算的准确性，减少误差，为后续数据分析提供可靠的基础。

本次实验任务要求每位同学认真熟悉常用的量度液体的玻璃仪器，独立完成滴定管、移液管、容量瓶的规范操作，记录操作要点和注意事项。

【任务目标】

1. 掌握容量瓶和移液管的基本操作和注意事项。
2. 掌握滴定管的基本操作和注意事项。
3. 遵守量取规则，养成一丝不苟的度量习惯。

【任务准备】

一、正确使用容量瓶

容量瓶是一种常用的准确测量和容纳液体体积的容量器皿，主要用于配制标准溶液或试样溶液（简称试液）、准确稀释和体积测量等操作，常与移液管、吸量管配合使用。

1. 容量瓶操作步骤

容量瓶的使用方法如下：准备容量瓶（包括捡漏与洗涤）→定量转移溶液→定容、摇匀。

（1）检漏　容量瓶在使用前应检查是否漏水。具体操作：在瓶中放水到标线附近，塞紧瓶塞（瓶塞需配套），右手拿住瓶底，左手食指压住瓶塞，把瓶子倒立过来停留一会儿，观察瓶塞周围是否有水渗出。直立放置后把瓶塞旋转 180°，重复以上操作。经检查不漏水的容量瓶才能使用。

（2）洗涤　向容量瓶中倒入约 1/5 容积的铬酸洗液，盖上瓶塞；拇指与中指夹持住瓶颈，食指顶住瓶塞，摇动容量瓶并倒置，使洗液布满容量瓶内壁；直立放置，使洗液全部流至瓶底；再颠倒摇动容量瓶，如此操作三次。打开瓶塞，将铬酸洗液倒回原瓶中，分别盖上瓶塞与瓶盖。放置数分钟，向容量瓶中加入约 1/5 容积的自来水，按上述铬酸洗液的洗涤方式清洗，废水倒入废液杯中，如此清洗三次。再用纯水润洗三遍，润洗的水倒入水槽。

（3）定量转移溶液　物质的定量转移一般应用于物质溶液从一种容器转移至另一容器中。对于常量分析，一般允许误差为 0.1%，也就是说，定量转移中被转移物质的质量损失不能超过0.1%。

定量转移的操作大多用于标准溶液配制的直接法中基准物溶解后的转移，或试液制备后的转移。通常先在烧杯中溶解物质，如果物质是加水或溶剂搅拌溶解的，需用洗瓶小心吹洗玻璃棒与烧杯内壁，将沾在玻璃棒和内壁的溶质溶解。将玻璃棒垂直提离烧杯并置于容量瓶内，伸入瓶颈内约3cm，略微倾斜（注意玻璃棒不能与容量瓶口接触）；烧杯嘴靠着玻璃棒，通过玻璃棒引流将溶液倾入容量瓶中；倾倒完毕注意将烧杯嘴沿着玻璃棒直立起来，上移1～2cm，使烧杯嘴上的溶液不会沿烧杯嘴流出外壁；再将玻璃棒垂直提起，置于烧杯中并同样靠在烧杯嘴对面的烧杯内壁上；用左手食指卡住玻璃棒，以免其来回滚动；再次吹洗玻璃棒及烧杯内壁，用前述同样的方法将溶液转入容量瓶中，如此操作3～4次。注意玻璃棒一旦放入烧杯中，就不能离开烧杯或杯口上方，直至溶解、转移完成。

（4）定容　转移完成后，向容量瓶中加水或要求的溶剂，当加水或溶剂至大约3/4容积时，一手执容量瓶，靠手腕带动，沿顺时针方向平摇，使溶液初步混匀（注意这时不能塞上瓶塞及翻转容量瓶）。继续加水或溶剂至离刻度线还有约1～2mL体积。静置1min后，将容量瓶提起，使视线与容量瓶的标线平视，用滴管小心滴加溶剂至弯月面实影（弯月面有三层，中间一层为实影，上、下两薄层为虚影）的底部与标线正好相切。然后静置1min后，盖上瓶塞，倒置并摇动容量瓶，如图1-9所示，如此反复操作三次。

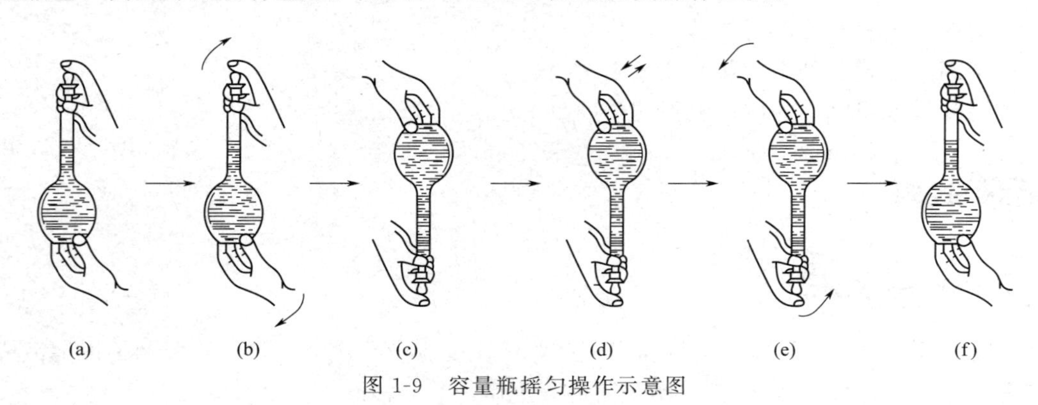

图1-9　容量瓶摇匀操作示意图

2. 使用的注意事项

① 不能在容量瓶里进行溶质的溶解，应将溶质在烧杯中溶解后定量转移到容量瓶里。

② 容量瓶不能加热，如果溶质在溶解过程中放热，或需要加热溶解，要待溶液冷却后再进行转移，否则会因为温度升高使瓶体膨胀，导致所量体积不准确。

③ 只能用于配制溶液，不能长时间储存溶液，因为溶液可能会腐蚀瓶体，长时间储存溶液可能影响组分测定，使容量瓶的精度受到影响。

④ 使用完应及时洗净，在容量瓶架上沥干后，塞上瓶塞，并在塞子与瓶口之间夹一张纸条，防止瓶塞与瓶口粘连。

容量瓶的使用

二、正确使用移液管

移液管又称吸量管，是实验室常用的用于精确转移液体的工具。移液管按形式分为刻度吸量管和单标线移液管，按材质可分为玻璃、塑料、聚四氟乙烯和其他材质类型，按准确度等级分为A级和B级，其中A级为较高级。

1. 移液管操作步骤

① 使用前准备：检查移液管的质量及有关标志，首先要看一下移液管标志、准确度等级、刻度标线位置等。

② 洗涤：使用移液管前，应先用铬酸洗液润洗，以除去管内壁的油污。然后用自来水冲洗残留的洗液，再用蒸馏水洗净。洗净后的移液管内壁应不挂水珠。移取溶液前，应先用滤纸将移液管末端内外的水吸干，然后用待移取的溶液润洗管壁2～3次，以确保所移取溶液的浓度不变。

③ 吸液：用右手的拇指和中指捏住移液管的上端，将管的下口插入欲吸取的溶液中，插入不要太浅或太深，一般为10～20mm处，太浅容易吸空，太深容易在管外黏附过多的溶液。左手拿洗耳球，挤压排空球中的空气，再将球的尖嘴接在移液管上口，慢慢松开压扁的洗耳球使溶液吸入管内，先吸入该管容量的1/3左右，用右手的食指按住管口，取出，横持并转动管子使溶液接触到刻度以上部位，以置换内壁的水分，然后将溶液从管的下口放出并弃去，如此反复润洗3次后，然后吸取溶液至刻度以上，立即用右手的食指按住管口。

④ 调节液面：将移液管向上提升离开液面，管的末端仍靠在盛溶液器皿的内壁上，移液管保持直立，轻轻松动食指（有时可稍微转动吸管）使管内溶液慢慢从下口流出，直至溶液的弯月面底端与标线相切为止，立即用食指压紧管口。将尖端的液滴靠壁去掉，移出移液管，插入承接溶液的器皿中。

⑤ 放液：承接溶液的器皿如是锥形瓶，应使锥形瓶倾斜30°，移液管直立，管下端紧靠锥形瓶内壁，稍松开食指，让溶液沿瓶壁慢慢流下，全部溶液流完后需等待15s后再取出移液管，使附着在管壁的部分溶液充分流出。观察移液管是否标注“吹”字，如果移液管未标明“吹”字，则残留在管尖末端内的溶液不可吹出。

⑥ 洗净移液管，放置在移液管架上。

2. 移液管使用注意事项

① 移液管（吸量管）不能在烘箱中烘干，不能移取太热或太冷的溶液。

② 同一实验中应尽可能使用同一支移液管。

③ 在使用吸量管时，为了减少测量误差，每次都应以最上面刻度（0刻度）处为起始点，往下放出所需体积的溶液，而不是需要多少体积就吸取多少体积。

④ 移液管和容量瓶常配合使用，因此在使用前需对其体积进行校准。

三、正确使用滴定管

移液管的使用

滴定管是滴定时准确测量标准溶液体积的量器，一般分为酸式滴定管和碱式滴定管，目前常用旋塞为聚四氟乙烯材质的滴定管，这种滴定管由于其表面具有较低的表面张力和优良的化学惰性，通常既可以盛放酸类溶液，也可以盛放碱性溶液，且不需要涂抹凡士林或其他润滑剂来防漏。常量分析的滴定管容积有50mL和25mL，最小刻度为0.1mL，读数可估计到0.01mL。

1. 滴定管的操作步骤（以聚四氟乙烯滴定管为例）

滴定管准备工作

（1）使用前准备　使用前应该洗涤和检漏。检漏的方法是先将活塞关闭，在滴定管内充满水，将滴定管夹在滴定管夹上。放置2分钟，观察管口及活塞两端是否有水渗出。为了使酸式滴定管的玻璃活塞转动灵活，必须在塞子与塞槽内壁涂少许凡士林，防止漏液。

（2）操作溶液的装入　用操作溶液润洗滴定管2～3次，每次10～15毫升，双手拿住滴定管两端无刻度部位，在转动滴定管的同时，使溶液流遍内壁，再将溶液由流液口放出，弃去。滴定管充满操作液后，应检查管的下部尖嘴部分是否充满溶液，如果留有气泡，需要将气泡排出。

排出气泡的方法是：右手拿滴定管上部无刻度处，并使滴定管倾斜30°，左手迅速打开活塞，使溶液冲出管口，反复数次，即可达到排出气泡的目的。

（3）滴定操作　使用时，左手握滴定管，无名指和小指向手心弯曲，轻轻贴着出口部分，其他三个手指控制活塞，手心内凹，以免触动活塞而造成漏液。

滴定操作通常在锥形瓶内进行。滴定时，用右手拇指、食指和中指拿住锥形瓶，其余两指辅助在下侧，滴定管下端伸入瓶口内约1厘米，左手握滴定管，边滴加溶液，边用右手摇动锥形瓶，使滴下去的溶液尽快混匀。摇瓶时，应微动腕关节，使溶液向同一方向旋转（如图1-10所示）。

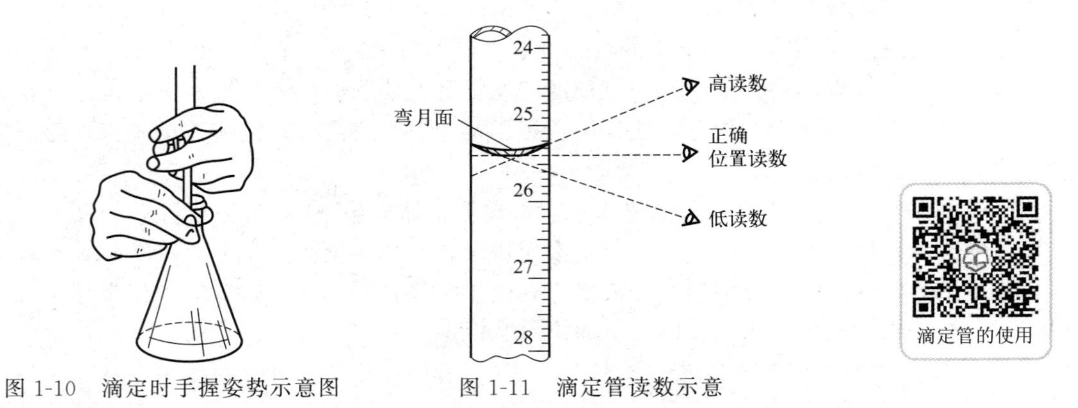

图1-10　滴定时手握姿势示意图　　图1-11　滴定管读数示意

（4）读数　滴定管内的液面呈弯月形，无色和浅色溶液读数时，视线应与弯月面下缘实线的最低点相切，即读取与弯月面相切的刻度（图1-11）；深色溶液或棕色滴定管读数时，视线应与液面两侧的最高点相切，即读取视线与液面两侧的最高点呈水平处的刻度。读数必须读到小数点后第二位，即0.01mL。

2. 滴定管使用注意事项

① 酸式滴定管旋塞涂抹凡士林时，滴定管始终要平拿、平放，不要直立，以免擦干的塞槽又被沾湿。

② 在使用滴定管时，必须注意，滴定管旋塞下端不应有气泡，否则会造成计数的误差。

③ 滴定管要垂直固定在滴定管架上，调零和计数时，可在液面后衬纸板，纸板的颜色与滴定液颜色要有明显的差别。

④ 计数时，如果滴定液是有色溶液，如$KMnO_4$溶液等，视线应与液面两侧的最高点相切。

【任务实施】

1. 熟练掌握刻度吸量管的正确操作。采用刻度吸量管准确移取氯化钠溶液1mL、2mL和10mL。

2. 练习并熟练掌握容量瓶的检漏、洗涤、定量转移溶液和定容操作。

3. 用单标移液管准确移取氯化钠溶液 25mL 到 250mL 容量瓶中，并定容到刻度。

4. 采用聚四氟乙烯滴定管正确进行滴定管的试漏、排气泡、装液、调零、滴定和读数操作。

【任务总结】

1. 技术提示

(1) 手持容量瓶时，注意不能用手掌大面积接触容量瓶装液部分，用手指固定夹持容量瓶。

(2) 定容以前一定不能倒置摇动容量瓶，只能平摇。

(3) 移液管、容量瓶和滴定管都不能盛装热或者太冷的溶液，不能采用烘干的方式干燥移液管、容量瓶和滴定管。

(4) 使用滴定管时，需保证滴定管旋塞下端没有气泡，否则会造成计数的误差。

(5) 容量瓶定容，移液管调节液面、读数和滴定管调零、读数时，应保持玻璃量具的垂直放置，与视线平齐，以免带来误差。

2. 思考与讨论

(1) 容量瓶、移液管能否利用加热的方法进行干燥？为什么？

(2) 滴定管读数时应注意哪些事项？

3. 技术总结与拓展

请根据本次任务，总结使用容量瓶、移液管和滴定管时影响实验结果的操作要点并总结操作技巧。

【任务评价】

任务考核评价表

班级：		姓名：	学号：		
序号	考核项目	考核标准	权重	得分	备注
1	实验安全与健康	未按要求穿戴口罩/实验服/护目镜/手套等扣除该项所有分数	5		
2	实验卫生	工作场所全程干净整洁，试剂归位整齐，无洒落；移液管入架。若不满足，扣除所有分数	5		
3	环境保护	正确处理回收实验过程中用到的可能对环境造成不良影响的试剂耗材，如出现一次处理不当，扣 2 分，直至全部扣完	5		
4	容量瓶的使用	容量瓶的检漏操作不当；溶液的溶解过程/转移过程/定容过程/摇匀过程操作不当，各扣 5 分，直至全部扣完	20		
5	移液管的使用	移液管洗涤操作不当扣 5 分；移液管吸空/触底/调节液面操作不当/放液操作不当扣 6 分，直至全部扣完	20		
6	滴定管的使用	滴定管的检漏/排气泡/调零/滴定过程等操作不当，每个要点扣 5 分；读数错误/终点判断错误每个扣 8 分，直至全部扣完	25		

续表

序号	考核项目	考核标准	权重	得分	备注
7	思考与讨论	要点清晰,答题准确,每题5分	10		
8	综合考核	按时签到,课堂表现积极主动	10		
9	合计		100		

任务5 校准容量器皿

【任务导入】

滴定管、移液管、容量瓶等是无机及分析化学实验中常用的玻璃仪器。实验室中所用到的玻璃容量器具，可能会由于制造工艺的限制、试剂的侵蚀等原因，其实际容积与它所标示的容积存在或多或少的差值，如果不提前进行容量校准就可能给实验结果带来系统误差。

本次实验任务要求每位同学参考《常用玻璃量器检定规程》(JJG 196—2006) 及相关知识，独立完成滴定管、移液管、容量瓶的校准操作，记录实验中的现象和出现的问题，提交任务工单。

【任务目标】

1. 掌握滴定管绝对校准操作。
2. 掌握滴定分析仪器的相对校准操作。
3. 学习玻璃仪器的校准规程《常用玻璃量器检定规程》(JJG 196—2006)。
4. 通过学习校准容量器皿，树立严谨细致的规范意识。

【任务准备】

1. 基本概念

玻璃量器校准是指在特定条件下，将标准玻璃量器和待校准玻璃量器进行比较，如果误差大于规定值，可以通过调整待校准玻璃量器，使两者误差满足要求的过程。

对测量而言，允差是指定量值的限定范围或允许范围。允差常用于测量仪器设备，是指由仪器设备制造厂调试和检定仪器设备时，仪器设备示值的合格范围。国家标准规定的滴定管、容量瓶、移液管的容量允差如表1-5、表1-6、表1-7所示。

表1-5 常用滴定管的容量允差

标称总容量/mL		2	5	10	25	50	100
分度值/mL		0.02	0.02	0.05	0.1	0.1	0.2
容量允差(±)/mL	A	0.010	0.010	0.025	0.05	0.05	0.10
	B	0.020	0.020	0.050	0.10	0.10	0.20

表 1-6　常用容量瓶的容量允差

标称总容量/mL		5	10	25	50	100	200	250	500	1000	2000
容量允差(±)/mL	A	0.02	0.02	0.03	0.05	0.10	0.15	0.15	0.25	0.40	0.60
	B	0.04	0.04	0.06	0.10	0.20	0.30	0.30	0.50	0.80	1.20

表 1-7　常用移液管的容量允差

标称总容量/mL		2	5	10	20	25	50	100
容量允差(±)/mL	A	0.010	0.015	0.020	0.030	0.030	0.050	0.080
	B	0.020	0.030	0.040	0.060	0.060	0.100	0.160

2. 容量仪器的校准

滴定分析常用量器是以 20℃为标准温度进行标定和校准的，但使用时往往不在 20℃，温度变化会引起仪器容积和溶液体积的改变。如果在某一温度下配制溶液，并在同一温度下使用，可以不必校准，这时所引起的误差在计算时可以抵消；如果在不同的温度下使用，则需要校准。

仪器容积的校准方法有绝对校准法和相对校准法两种。容量计量的方法主要包括衡量法、容量比较法和测定法。

衡量法：通过称量被检量器中量入或量出纯水的质量，并根据该温度下纯水的表观密度进行计算，得出量器在标准温度 20℃时的容积。

容量比较法：以水为介质，用标准量器与被检量器比较，以标准量器的量值来确定被检量器的量值。用于 200mL 以上容量瓶的检定。

测定法：测量容器的长宽高或直径等，直接计算出容器的容积。

(1) 绝对校准法（衡量法）

查表 1-8，将不同温度下水的质量换算成 20℃时的体积，其换算公式为：

$$V_{20}=\frac{m_{\mathrm{t}}}{\rho_{\mathrm{t}}}$$

式中，m_{t} 为 t℃时在空气中用砝码称得玻璃仪器中放出或装入的纯水的质量，g；ρ_{t} 为 t℃时 1mL 纯水用黄铜砝码称得的质量，g/mL；V_{20} 为 m_{t} 纯水换算成 20℃时的实际体积，mL。

表 1-8　20℃下体积为 1L 的玻璃容器在不同温度时能盛装的水的质量

温度/℃	质量/g	温度/℃	质量/g	温度/℃	质量/g	温度/℃	质量/g
0	998.24	11	998.32	22	996.80	33	994.06
1	998.32	12	998.23	23	996.60	34	993.75
2	998.39	13	998.14	24	996.38	35	993.45
3	998.44	14	998.04	25	996.17	36	993.12
4	998.48	15	997.93	26	995.93	37	992.80
5	998.50	16	997.80	27	995.69	38	992.46
6	998.51	17	997.65	28	995.44	39	992.12
7	998.50	18	997.51	29	995.18	40	991.77
8	998.48	19	997.34	30	994.91		
9	998.44	20	997.18	31	994.64		
10	998.39	21	997.00	32	994.34		

校准值：
$$\Delta V=\text{实际体积}-\text{标称容量}$$
$$\Delta V=V_{20}-V_{\text{标称}}$$

式中，$V_{\text{标称}}$为分析仪器管壁上被校准分度线的读数。

（2）相对校准法

① 移液管相对校准。将移液管洗净，加入去离子水达到标线以上，缓缓调节液面至标线，放出一定量的水入已称重的锥形瓶中，再称重，两次质量之差为放出水的质量，除以实验温度下水的密度，即得移液管的真实体积。重复校正得到精确结果。

② 容量瓶的相对校准。将洗净的容量瓶进行干燥处理，称取空瓶质量，注入去离子水到标线，附着在瓶颈内壁的水滴应用滤纸吸干，再称得空瓶加水的质量，两次质量之差即为瓶中水的质量，除以实验温度下水的密度，即得该容量瓶的真实体积。

③ 移液管与容量瓶相对校准。将 250mL 容量瓶洗净、晾干，用洗净的 25mL 移液管准确吸取蒸馏水 10 次至容量瓶中，观察容量瓶中水的弯月面下缘是否与标线相切。

（3）溶液体积的校准

当温度变化不大时，玻璃仪器容积变化的数值很小，可忽略不计，但溶液体积的变化不能忽略。溶液体积的改变是由溶液密度的改变所致，稀溶液密度的变化和水相近。查表可知在不同温度下 1L 水或稀溶液换算到 20℃时，其体积应增减的量，校准值为：

$$\Delta V=\frac{V_{\text{补正}}}{1000}\times V_{\text{标称}}$$

式中，$V_{\text{标称}}$为分析仪器管壁上被校准分度线的读数；$V_{\text{补正}}$为下方二维码链接表格中的溶液的补正值。

不同标准溶液在不同温度下的补正值

【任务实施】

1. 校准滴定管（绝对校准法）

将一支 50mL 酸式滴定管洗净至内壁不挂水珠，检漏后加入纯水，驱除活塞下的气泡，取一磨口塞锥形瓶，擦干外壁、瓶口及瓶塞，在分析天平上称取其质量。将滴定管液面调节到弯月面正好在 0.00mL 处。放出一定体积的水，在分析天平上称量水和具塞锥形瓶的质量，得到标称容量。然后测定水温，查表可得该温度下 1mL 纯水在空气中用黄铜砝码称得的质量（ρ_t），可计算出此段水的实际体积。实际体积与标称容量之差即为校准值。

举例：校准滴定管时，在 21℃时由滴定管中放出 10.03mL 水，称得其质量为 9.981g，计算该段滴定管在 20℃时的实际体积及校准值各是多少。

解：查表得，21℃时 $\rho_{21}=0.99700\text{g/mL}$，则有：

$$V_{20}=\frac{m_{21}}{\rho_{21}}=\frac{9.981}{0.99700}=10.01(\text{mL})$$
$$\Delta V=\text{实际体积}-\text{标称容量}=10.01-10.03=-0.02(\text{mL})$$

该段滴定管在 20℃时的实际体积为 10.01mL，校准值为−0.02mL。

2. 校准容量瓶（绝对校准法）

将洗涤合格，并倒置沥干的容量瓶放在天平上称量。取蒸馏水充入已称重的容量瓶至刻度，称量并测定水温（准确至 0.5℃）。根据该温度下水

滴定管校准

的密度计算真实体积。

举例：15℃时，称得 250mL 容量瓶中至刻度线时容纳纯水的质量为 249.520g，计算该容量瓶在 20℃时的实际体积及校准值各是多少。

解：查表得，15℃时 $\rho_{15}=0.99793\text{g/mL}$，得到：

$$V_{20}=\frac{m_{15}}{\rho_{15}}=\frac{249.520}{0.99793}=250.04(\text{mL})$$

$$\Delta V=\text{实际体积}-\text{标称容量}=250.04-250.00=+0.04(\text{mL})$$

该容量瓶的实际体积为 250.04mL，校准值为+0.04mL。

3. 校准移液管

将移液管洗净至内壁不挂水珠，取具塞锥形瓶，擦干外壁、瓶口及瓶塞，称量。按移液管使用方法量取已测温的纯水，放入已称重的锥形瓶中，在分析天平上称量盛水的锥形瓶，计算在该温度下的实际体积。

容量瓶的绝对校准

举例：24℃时，称得 25mL 移液管中至刻度线时放出水的质量为 24.902g，计算该移液管在 20℃时的实际体积及校准值各是多少。

解：查表得，24℃时 $\rho_{24}=0.99638\text{g/mL}$，得到：

$$V_{20}=\frac{m_{24}}{\rho_{24}}=\frac{24.902}{0.99638}=24.99(\text{mL})$$

$$\Delta V=\text{实际体积}-\text{标称容量}=24.99-25.00=-0.01(\text{mL})$$

该移液管的实际体积为 24.99mL，校准值为−0.01mL。

4. 移液管、容量瓶配套性校准（相对校准法）

相对校准法相对比较两容器所盛液体体积的比例关系。在实际的分析工作中，容量瓶与移液管常常配套使用，方法如下：

移液管的绝对校准

用洗净的 25mL 移液管吸取蒸馏水，放入洗净沥干的 250mL 容量瓶中，平行移取 10 次，观察容量瓶中水的弯月面下缘是否与标线相切，若正好相切，说明移液管与容量瓶体积的比例为 1∶10；若不相切，表示有误差，记下弯月面下缘的位置。

待容量瓶沥干后再校准一次。连续两次实验相符后，用一平直的纸条贴在与弯月面下缘相切之处，并在纸条上刷蜡或贴一块透明胶布以保护此标记。以后容量瓶与移液管即可按所贴标记配套使用。

【任务总结】

移液管的相对校准

1. 技术提示

（1）待校准的仪器，应仔细洗净，其内壁应完全不挂水珠；容量瓶必须干燥后才能开始检定。

（2）校准前 6 小时或更早些时间，将清洁后的量器放入工作室，使它与室温平衡。使用恒温装置的工作室，必须提前启动恒温装置，当室温达 15～25℃时，应保持室温变化量每小时不大于 1℃，水温与室温之差小于 2℃时，才能开始测定。

（3）校准时，滴定管或吸量管尖端和外壁的水必须除去。

（4）如室温有变化，必须在每次放水时，记录水的温度。

2. 思考与讨论

见相应任务工单。

3. 技术总结与拓展

请围绕几种容量器皿的校准方法，总结校准过程中的操作技术与技巧。

【任务评价】

任务考核评价表

班级：		姓名：	学号：		
序号	考核项目	考核标准	权重	得分	备注
1	实验安全与健康	未按要求穿戴口罩/实验服/护目镜/手套等扣除该项所有分数	5		
2	实验卫生	工作场所全程干净整洁，试剂归位整齐，无洒落；移液管入架。若不满足，扣除所有分数	5		
3	环境保护	正确处理回收实验过程中用到的可能对环境造成不良影响的试剂耗材，如出现一次处理不当，扣2分，直至全部扣完	5		
4	相对校准法校准容量瓶和移液管	1. 容量瓶的检漏操作不当；溶液的溶解过程/转移过程/定容过程/摇匀过程操作不当，各扣2分，直至全部扣完； 2. 移液管洗涤操作不当扣5分；移液管吸空/触底/调节液面操作不当/放液操作不当扣2分，直至全部扣完； 3. 相对校准法步骤正确，如果出现错误，扣10分； 4. 数据记录正确，错一处扣5分	30		
5	滴定管的校准	1. 滴定管的检漏/排气泡/调零/滴定过程/读数等操作不当，每个要点扣3分，直至全部扣完； 2. 绝对校准法校准步骤操作不当，每处扣5分，直至全部扣完； 3. 数据记录真实准确，每错一处扣3分，直至全部扣完	30		
6	思考与讨论	要点清晰，答题准确，每题5分	15		
7	综合考核	按时签到，课堂表现积极主动	10		
8	合计		100		

任务6　分类、保管、取用和配制试剂

【任务导入】

在无机及分析实验当中，选择合适纯度等级的试剂，并按要求正确的取用和配制溶液是实验室分析人员的基础技能之一。其中，溶液的配制包括溶质的计算、移液、定容等基础操作，还包括混合溶液的前后加入顺序以及利用一些试剂自身的化学性质来缩短配制时间等知识。

本次实验任务要求每位同学能独立进行溶液配制的准确计算，并通过正确的计算，准确配制溶液，记录实验中的现象和出现的问题，提交任务工单。

【任务目标】

1. 掌握溶液的配制方法和操作技能。
2. 掌握配制一定浓度溶液的计算方法。
3. 学会正确规范使用量筒、密度计、移液管、容量瓶。

【任务准备】

一、化学试剂的等级、保管、选择和取用

1. 化学试剂的等级

我国化学试剂按照国家标准分为三个等级，按杂质含量的多少可分为优级纯、分析纯、化学纯，如表1-9所示。

表1-9　我国化学试剂等级的划分

级别	中文名称	英文名称	符号	标签标志	适用范围
一级试剂	优级纯（保证试剂）	guaranteed reagent	GR	绿色	杂质含量低，纯度很高，适用于精密分析工作和科学研究工作
二级试剂	分析纯（分析试剂）	analytical reagent	AR	红色	纯度仅次于一级品，适用于一般定性定量分析工作和科学研究工作
三级试剂	化学纯	chemically pure	CP	蓝色	纯度较二级差些，适用于一般定性分析工作

根据用途来定级可分为基准试剂、光谱纯试剂和色谱纯试剂等。基准试剂的纯度相当于或高于优级纯试剂；色谱纯试剂主要用于色谱分析；光谱纯试剂主要应用于光谱分析，是以光谱分析时出现的干扰谱线的数目及强度来衡量的，即其杂质含量无法用光谱分析法测出或低于某一限度值。

2. 化学试剂的保管

试剂若保管不当，会变质失效，不仅造成浪费，甚至还会引发事故，应根据试剂的不同性质采取不同的保管方法。

① 一般的单质和无机盐类的固体，应保存在通风良好、干净、干燥的房间里，以防止被水分、灰尘和其他物质污染。

② 吸水性强的试剂，如无水碳酸盐、苛性钠、过氧化钠等应严格密封（应该蜡封）。

③ 见光会逐渐分解的试剂（如过氧化氢、硝酸银、高锰酸钾、草酸、铋酸钠等），与空气接触容易逐渐被氧化的试剂（如氯化亚锡、硫酸亚铁、硫代硫酸钠、亚硫酸钠等），以及易挥发的试剂（如溴、氨水及乙醇等），应放在棕色瓶内置于冷暗处。

④ 容易侵蚀玻璃而影响试剂纯度的试剂，如氢氟酸、含氟盐（氟化钾、氟化钠）和苛性碱（氢氧化钾、氢氧化钠）等，应保存在聚乙烯塑料瓶或涂有石蜡的玻璃瓶中。

⑤ 易燃的试剂，如乙醇、乙醚、苯、丙酮，易爆炸的试剂，如高氯酸、过氧化氢、硝基化合物，应分开储存在阴凉通风、不受阳光直射的地方。

⑥ 可能互相作用的试剂，如挥发性的酸与氨，氧化剂与还原剂应分开存放。

⑦ 剧毒试剂，如氰化钾、氰化钠、氢氟酸、氯化汞、三氧化二砷（砒霜）等，应特别注意由专人妥善保管，应严格按一定手续取用，认真做好取用记录，以免发生事故。

⑧ 极易挥发并有毒的试剂可放在通风橱内，当室内温度较高时，可放在冰箱冷藏室内保存。

3. 化学试剂的选择

不同规格的试剂价格相差很大，试剂并非越纯越好，不能超出具体条件与要求，盲目地追求使用高纯度试剂；也不能随意降低试剂规格，影响测定结果的准确度。应按实验要求本着节约的原则，选用不同规格的试剂。

对于一般的化学实验，使用化学纯试剂即可；对于分析检测实验，大多选用分析纯试剂；用于标定的基准物应选择基准试剂；当需要较大量的试剂处理被检测样品时，一般选用优级纯试剂；对于要求较高的实验，应根据实验的要求选择合适的化学试剂或专用试剂，甚至需要对化学试剂进行提纯。

4. 化学试剂的取用

(1) 取用液体试剂　从平顶瓶塞试剂瓶取用试剂时，取下瓶塞把它仰放在实验台上，用左手的拇指、食指和中指拿住容器（如试管、量筒等），用右手拿起试剂瓶，注意使试剂瓶上的标签对着手心，慢慢倒出所需量的试剂（见图 1-12）。倒完后，应该将试剂瓶口在容器上靠一下，再使瓶子竖直，这样可以避免遗留在瓶口的试剂从瓶口流到试剂瓶的外壁。必须注意取完试剂，瓶塞须立即盖在原来的试剂瓶上，把试剂瓶放回原处，并使瓶上的标签朝外。

从滴瓶中取用少量试剂时，先提起滴管，使管口离开液面，用手指捏紧滴管上部的橡皮头，以赶出滴管中的空气。然后把滴管伸入试剂瓶中，放开手指，吸入试剂，再提起滴管，如图 1-13 所示，将试剂滴入试管或烧杯中。

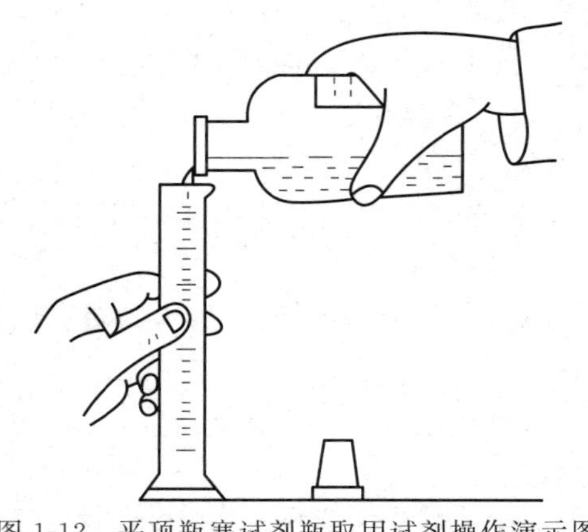

图 1-12　平顶瓶塞试剂瓶取用试剂操作演示图

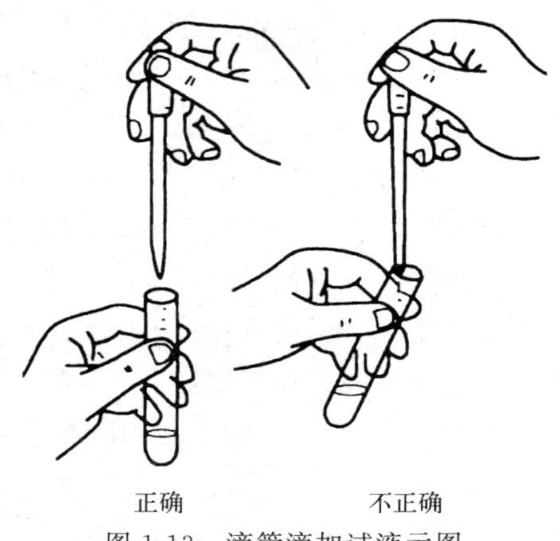

图 1-13　滴管滴加试液示图

使用滴瓶时，需要注意如下要点：

① 将试剂滴入试管中时，必须用无名指和中指夹住滴管，将它悬空地放在靠近试管口的上方，然后用拇指和食指捏紧橡皮头，使试剂滴入试管中（见图1-13）。不能将滴管伸入试管中，防止滴管的管端碰到试管壁而黏附到其他溶液。滴管口不能朝上，以防管内溶液流入橡皮头腐蚀橡皮头并污染滴瓶内的溶液。

② 滴瓶上的滴管需要专用，使用后应立即将滴管插回原滴瓶中，避免错放。一旦插错了滴管，则整瓶试剂需要倒掉，重新洗涤滴瓶并装入纯净的试剂。

（2）取用固体试剂　固体试剂一般都用药匙取用。药匙有牛角、塑料或不锈钢等材质，有的药匙两端分别为大小两个匙，取大量固体使用大匙，取少量固体使用小匙。取用的固体要加入小试管里时，必须用小匙。镊子则用于夹取块状固体药品。使用的药匙，必须保持干燥而洁净，不能混用。

块状药品或密度较大的金属颗粒放入玻璃容器时，应先把容器横放，把药品或金属颗粒放入容器口以后，再把容器慢慢地竖立起来，使药品或金属颗粒缓缓地滑到容器的底部，以免打破容器。

二、配制溶液

1. 一般溶液的配制

一般溶液的配制需要根据配制溶液的浓度和体积，先计算出所用固体试剂的质量或已知相对密度或浓度的液体试剂的体积。然后称取或量取试剂，向盛有固体试剂的烧杯中加入一定体积水，搅拌溶解，必要时可加热促使其溶解；或向盛有一定体积水的烧杯中，边搅拌，边加入液体试剂。再将溶液转入一定体积的试剂瓶中，加水至所需的体积，摇匀，即得所配制的溶液。

对于挥发性酸或氨水等刺激性、腐蚀性等试剂溶液的配制应切记在通风橱中完成。

配制饱和溶液时，所用试剂量应稍多于计算量，加热使之溶解、冷却，待结晶析出后再用。

配制易水解盐溶液时，应先用相应的酸溶液［如溶解 $SbCl_3$、$Bi(NO_3)_3$ 等］或碱溶液（如溶解 Na_2S 等）溶解，以抑制其水解。

配制易氧化的盐溶液时，需要酸化溶液，还需加入相应的纯金属作为稳定剂。例如，配制 $FeSO_4$ 和 $SnCl_2$ 溶液时，需分别加入金属铁和锡。

有些溶液经常大量使用，可预先配制出比使用浓度约大10倍的储备液，用时再稀释后使用。

应注意养成溶液配制完毕及时贴标签的习惯。标签应写明溶液名称、物质的量浓度或质量浓度、配制时间等基本信息。

无机及分析化学实验中常用试剂溶液、常用指示剂、缓冲溶液等的配制方法见附录。

2. 标准溶液的配制

标准溶液为已知准确浓度的试剂溶液，一般应用于分析化学实验中。用于滴定分析的标准溶液称为滴定剂，用于微量或痕量分析的又分为标准母液（或标准储备液）与标准操作液（或标准工作溶液）。标准母液一般为质量浓度较高的标准溶液，如 $0.5mg\cdot mL^{-1}$ 或 $1.0mg\cdot mL^{-1}$，一般储存于聚氯乙烯塑料瓶中，可存放较长的时间，大多采用标准物质配制而成。标准操作液一般为测定时所需的标准溶液，由标准母液稀释而成，现配现用。

(1) 标准物质　为了保证分析、测试结果有一定的准确度和公认的可比性，必须使用标准物质校准仪器、标定溶液的浓度、评价分析方法。因此，标准物质是测定物质成分、结构或其他有关特性量值的过程中不可缺少的一种计量标准。我国目前已有标准物质近千种。

标准物质是国家计量部门颁布的一种计量标准，它具备以下特征：材质均匀、性能稳定、可批量生产、准确定值、有标准物质证书（标明标准值及定值的准确度等内容）等。此外，为了消除待测样品与标准物质两者间主成分的差异给测定结果带来的系统误差，某些标准物质还应具有与待测样品相似的组成与特性。

我国的标准物质分为两个级别。一级标准物质是统一全国量值的一种重要依据，由国家计量行政部门审批并授权生产，由中国计量科学研究院组织技术审定。一级标准物质具有国内最高水平。二级标准物质由国务院有关业务主管部门审批并授权生产，采用准确可靠的方法或直接与一级标准物质相比较的方法定值，定值的准确度应满足现场（即实际工作）测量的需要。在无机及分析化学实验中，标准物质的使用主要有滴定分析用标准溶液和 pH 值测量用标准酸碱缓冲溶液。

(2) 标准溶液的配制方法　滴定分析标准溶液用于测定试样中的主成分，主要有直接法和间接法两种配制方法。

① 直接法。采用基准试剂或纯度相当的其他物质直接配制。这种做法简单，但成本高。很多标准溶液没有对应的标准物质进行直接配制（例如 HCl 和 NaOH 溶液等）。

直接法与一般溶液的配制方法一样，但需用分析天平准确称量并使用容量瓶定容。所用试剂的质量应根据误差要求，采用固定质量称量法准确称量。所用器具必须洁净，容器内、外壁干燥，而且不能引入杂质或造成损失。若溶解过程需用酸或碱，反应较为剧烈或有气体产生时，应将烧杯中的被溶解物质先用少量水润湿并加盖表面皿，溶解后再通过定量转移入容量瓶中，稀释至刻度，摇匀。

② 间接法。先用分析纯试剂配成接近所需浓度的溶液，再用适当的基准试剂或其他标准物质进行标定，故又称为标定法。或采用另一种已知准确浓度的标准溶液确定其准确浓度，这称为比较法。

间接法的配制方法与一般溶液的配制方法也一样，可以采用一般的天平（精度 0.1g 或 0.01g）称取所用试剂，或采用量筒量取。

配制溶液时需注意以下几点：

① 要选用符合实验要求的纯水，配制 NaOH、$Na_2S_2O_3$ 等溶液时要使用新煮沸并冷却的纯水。配制 $KMnO_4$ 溶液时要煮沸 15min 并放置一周，以除去水中微量的还原性杂质，过滤后再进行标定。

② 基准试剂要预先按规定（或相应标准）的方法干燥至恒重（即两次干燥并冷却后的称量质量之差不得超过允许误差）。

③ 当溶液可用多种标准物质及指示剂进行标定（例如 EDTA 溶液）时，原则上应使标定的实验条件与测定试样时的条件相同或相近，以避免可能产生的系统误差。

④ 标准溶液均应密闭存放，必要时需采用棕色瓶避光存放或存放于聚氯乙烯塑料瓶中。溶液的标定周期长短除与溶质本身的性质有关外，还与配制方法、保存方法有关。一般来说浓度低于 $0.01mol \cdot L^{-1}$ 的标准溶液不宜长时间存放。

【任务实施】

1. 粗略配制 $6mol \cdot L^{-1}$ 硫酸溶液 50mL

(1) 计算

设需要 98%硫酸体积为 V_1，则：$n_{硫酸} = cV = 6mol \cdot L^{-1} \times 50 \times 10^{-3} L = 0.3mol$，$0.3mol \times 98g \cdot mol^{-1} = 1.84g \cdot mL^{-1} \times V_1 \times 98\%$，$V_1 = 16.3mL$。不考虑体积变化，则 $V(水) = 33.7mL$。

(2) 配制过程

用量筒量取蒸馏水 33.7mL，并加入烧杯中。用量筒量取 98%浓硫酸 16.3mL，并沿烧杯壁缓慢加入到烧杯中，并不断搅拌使之混合均匀，散发热量。待溶液冷却至室温后，用密度计测定此溶液的密度。根据测得的密度数据，算出所配溶液的实际浓度。计算公式：$c_1 = \rho_1 \times 50 \times 10^{-3} / (98 \times 0.05)$。

将溶液倒入回收瓶中。

2. 粗略配制 $6mol \cdot L^{-1}$ NaOH 溶液 50mL

(1) 计算

$$m(NaOH) = c_{NaOH} V_{NaOH} M_{NaOH} = 6mol \cdot L^{-1} \times 0.05L \times 40g \cdot mol^{-1} = 12g$$

(2) 配制过程

用电子台秤称取 12.00g 氢氧化钠固体，置于烧杯中，加入少量蒸馏水，并充分搅拌使之充分溶解。待溶液冷却至室温后，转入 50mL 的容量瓶中。洗涤烧杯三次，将洗涤液注入容量瓶中。加水定容，振荡、摇匀，转入试剂瓶并贴上标签。

3. 配制 $0.0100mol \cdot L^{-1}$ 草酸标准溶液 100mL

(1) 计算

$$m(草酸) = c_{草酸} V_{草酸} M_{草酸} = 0.0100mol \cdot L^{-1} \times 0.1L \times 126g \cdot mol^{-1} = 0.126g$$

(2) 配制过程

用分析天平精密称取 0.1260g 草酸，置于烧杯中，加入少量蒸馏水，并充分搅拌使之充分溶解。待溶液冷却至室温后，转入 100mL 的容量瓶中。洗涤烧杯三次，将洗涤液注入容量瓶中。加水定容，振荡、摇匀，转入试剂瓶并贴上标签。

4. 由 $0.2000mol \cdot L^{-1}$ 的醋酸溶液配制 $0.0100mol \cdot L^{-1}$ 醋酸溶液 100mL

(1) 计算

(略)

(2) 配制过程

用移液管量取计算量的 $0.2000mol \cdot L^{-1}$ HAc 溶液，并将溶液注入 100mL 容量瓶中。加水定容，振荡、摇匀，转入试剂瓶并贴上标签。

5. 用 36%乙酸配制 $2mol \cdot L^{-1}$ HAc 溶液 50mL

(1) 计算

(略)

(2) 配制过程

用 50mL 量筒量取计算量的 36%的 HAc 溶液，并将溶液注入 50mL 容量瓶中。加水定容，振荡、摇匀，转入试剂瓶并贴上标签。

【任务总结】

1. 技术提示

(1) 读数时，视线应与量筒内液面的最低点处于同一水平线上。

(2) 配制硫酸溶液时注意将浓硫酸注入到水中（酸入水），切记顺序不能颠倒。混合时要充分搅拌促进散热、混合均匀。

(3) 使用密度计时，要缓缓放入待测液体中。

(4) 移液管在取液之前一定要用待取的溶液润洗，而容量瓶则不能润洗。

(5) 溶液转移时，不要让溶液沾在瓶壁上。

(6) 氢氧化钠容易潮解，所以在称量时，取完试剂后应该立刻盖上瓶盖。

2. 思考与讨论

见相应任务工单。

3. 技术总结与拓展

请根据本次任务，总结溶液配制计算时容易出错的地方，以及配制溶液时的注意事项。

【任务评价】

任务考核评价表

班级：		姓名：	学号：		
序号	考核项目	考核标准	权重	得分	备注
1	实验安全与健康	未按要求穿戴口罩/实验服/护目镜/手套等扣除该项所有分数	5		
2	实验卫生	工作场所全程干净整洁，无试剂洒落，若不满足，扣除所有分数	5		
3	环境保护	正确处理回收实验过程中用到的可能对环境造成不良影响的试剂耗材，如出现一次处理不当，扣 2 分，直至全部扣完	10		
4	容量瓶和移液管的使用	(1)容量瓶使用操作不当：未试漏/漏液/定容方法不对/未摇匀等，各扣 3 分； (2)移液管使用操作不当：尖端触底/多次吸液/放液姿势不对等，各扣 3 分，直至全部扣完	15		
5	天平的使用	未戴白纱手套/未清洁天平/未调节水平/称量时撒落药品/未关天平门/读数错误/未在记录本上记录/未整理天平台面等各扣 3 分，直至全部扣完	15		
6	结果分析	未按体积要求配制相关溶液，错一个扣 6 分；计算错误，每个扣 6 分，直至全部扣完	25		
7	思考与讨论	要点清晰，答题准确，每题 5 分	15		
8	综合考核	按时签到，课堂表现积极主动	10		
9	合计		100		

任务 7　溶解、过滤、蒸发浓缩、结晶与干燥样品

【任务导入】

在无机及分析化学实验中，溶解、浓缩和结晶是重要的基本操作，它们提供了处理物质、纯化样品、分离化合物和探索物质性质的关键手段，这些操作不仅能帮助实验研究鉴定和测定物质的性质，还为更好地理解化学物质的结构、反应和性质提供了基础。

本次任务以小组为单位，完成样品的溶解、过滤、蒸发浓缩、结晶与干燥样品操作，并整理提交任务工单。

【任务目标】

1. 理解溶解、过滤、蒸发浓缩、结晶和干燥操作的基本原理。
2. 学会溶解、过滤、蒸发浓缩、结晶和干燥的基本操作。
3. 能够运用实验知识和技能，改进实验方案，解决实验中可能遇到的问题和挑战。

【任务准备】

一、溶解固体

溶解是用溶剂使固体转化为溶液的过程，溶解过程有助于实验过程中将不同的物质混合以便于进行反应或制备新的化合物。溶解试样时首先应选择合适的溶剂，还需考虑对大颗粒固体进行粉碎、加热和搅拌等以加速溶解。

1. 溶解的前处理

若固体颗粒较大时，在进行溶解前通常用研钵将固体粉碎。在研磨前，应先将研钵洗净擦干，加入不超过研钵总体积 1/3 的固体，缓慢沿一个方向研磨，最好不要在研钵中敲击固体样品。研磨过程中，可将已经研细的部分取出，过筛，较大的颗粒继续研磨。

2. 选择合适的溶剂

选择合适的溶剂加入到称量好的固体样品中，为避免烧杯内溶液由于溅出而损失，加入溶剂时应采用玻璃棒使溶剂慢慢地流入。如溶解时会产生气体，应先加入少量水使固体样品润湿为糊状，用表面皿将烧杯盖好，用滴管将溶剂自烧杯嘴加入，以避免产生的气体将试样带出。

3. 搅拌和加热

搅拌可以加速溶解过程，搅拌时，应手持玻璃棒均匀打圈，不能使玻璃棒碰到器壁，以免发出响声，损坏容器。根据物质的溶解度受温度影响的规律，加热可以加速固体样品的溶解，应根据被加热的物质的稳定性选用合适的加热方法。加热时要防止溶液的剧烈沸腾和溅

出，容器上方应该用表面皿盖住，待溶解完毕停止加热以后，要用溶剂冲洗表面皿和容器内壁。

二、固液分离

固液分离的方法主要包括倾析法、过滤法和离心分离法三种。

1. 倾析法

倾析法是指先将沉淀静置沉降，然后将上层清液倾倒到另一容器中使沉淀与溶液分离。主要用于沉淀相对密度较大或晶体的颗粒较大，静置后能很快沉降的固体与液体的分离或洗涤。如要洗涤沉淀时，只需向盛放沉淀的容器内加入少量洗涤液，再用倾析法（图 1-14），如此反复操作 3～5 次，即可将沉淀洗净。

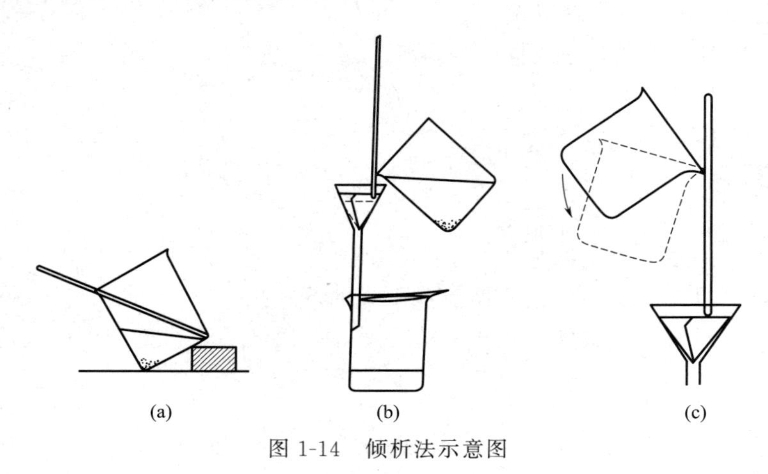

图 1-14　倾析法示意图

2. 过滤法

过滤是最常用的分离方法之一。当沉淀和溶液经过过滤器时，沉淀留在过滤器上，溶液通过过滤器而进入接收容器中，所得溶液为滤液，而留在过滤器上的沉淀称为滤饼（固体沉淀物或晶体）。常用的过滤方法有常压过滤、减压过滤和热过滤三种。过滤时应根据沉淀颗粒的大小、状态及溶液的性质选用合适的过滤器和采取相应的措施。

（1）常压过滤　常压过滤是常温常压下以漏斗为过滤器过滤的方法。主要包括以下几个步骤：

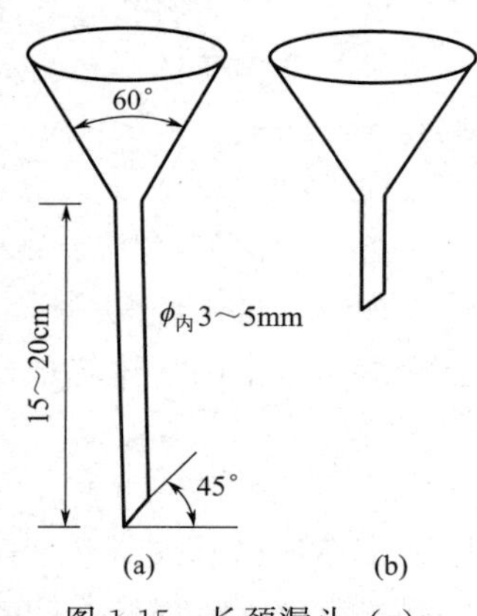

图 1-15　长颈漏斗（a）；短颈漏斗（b）

滤纸的选择。滤纸可分为定性滤纸和定量滤纸两种，在定量分析中，当需将滤纸连同沉淀一起灼烧后称量时，就采用定量滤纸。在无机实验或者定性分析实验中常用定性滤纸。滤纸按孔隙大小分为“快速”、“中速”和“慢速”三种；按直径大小分为 7cm、9cm、11cm 等几种。一般要求滤纸中沉淀的高度不得超过滤纸锥体高度的 1/3。滤纸的大小还应与漏斗的大小相适应，一般滤纸上沿应低于漏斗上沿约 1cm。

漏斗的选择。常压过滤中应根据需要选择合适的漏斗，普通漏斗大多是玻璃质的，分长颈和短颈两种，长颈漏斗颈长 15～20cm，颈的直径一般为 3～5mm，颈口处磨成 45°角，漏斗锥体角度应为 60°，如图 1-15 所示。普通漏斗的规格按半径划分，常用的有 30mm、40mm、60mm、100mm、120mm 等几种，使用时应依据溶液体积的大小来选择半径适当的漏斗。

滤纸的折叠。常压过滤中需要将滤纸折叠成特定的锥形以使滤纸和漏斗相互吻合，通常按四折法折叠滤纸，折叠时应把手洗净擦干，以免弄脏滤纸。滤纸的折叠如图 1-16 所示。

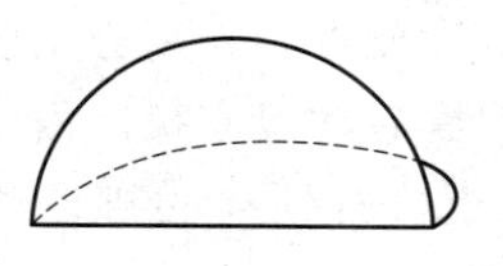
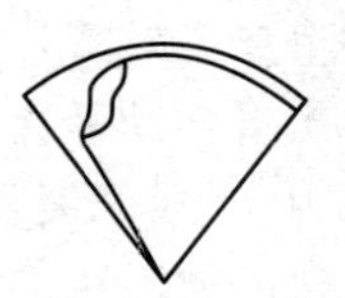
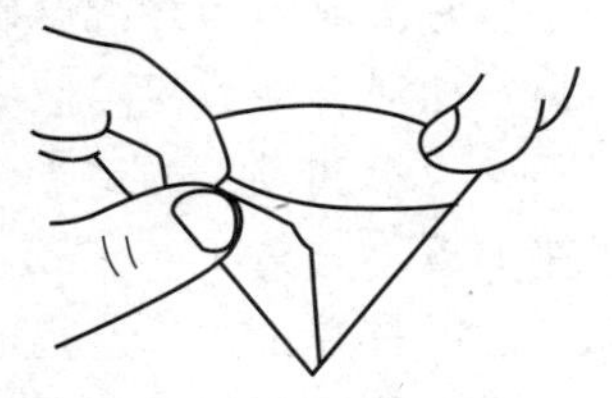

图 1-16　滤纸的折叠

常压过滤主要用于沉淀量较少的固液分离，如图 1-17 所示。所用的漏斗为短颈漏斗（颈长 6～7cm）；滤纸选用圆形的定性滤纸，根据过滤量或漏斗的大小裁剪至所需大小。过滤时左手拿烧杯，右手拿玻璃棒并尽量垂直，对准滤纸的三层处，但不触碰到滤纸。烧杯嘴紧靠玻璃棒，将上清液缓缓倒入漏斗的滤纸中。在上清液基本流出后再将混有沉淀物的料浆倒入，过滤完毕将玻璃棒放回烧杯中。

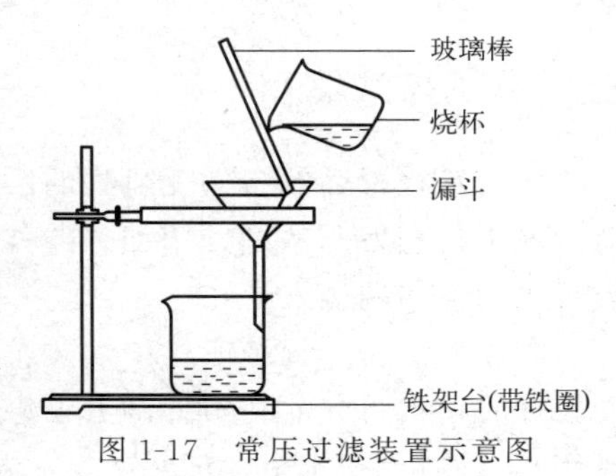

图 1-17　常压过滤装置示意图

（2）减压过滤　也称抽滤，是利用真空泵产生的真空不断把抽滤瓶中的空气带走而使瓶内压力减小，在布氏漏斗内的液面与抽滤瓶之间造成一个压力差，从而提高了过滤速度。安装时布氏漏斗通过橡胶塞与抽滤瓶相连（图 1-18），布氏漏斗的下端斜口应正对抽滤瓶的侧管，橡胶塞与瓶口间必须紧密不漏气，抽滤瓶的侧管用橡胶管与真空泵相连。滤纸要比布氏漏斗内径略小，但必须全部盖没漏斗的瓷孔。将滤纸放入布氏漏斗，用溶剂润湿滤纸，打开真空泵使滤纸与布氏漏斗密合，然后向漏斗内转移溶液。注意加入的溶液量不要超过漏斗容积的 2/3。打开真空泵抽滤，直至滤纸上的沉淀抽干。过滤完成，先拔掉橡胶管，再关真空泵，用玻璃棒轻轻掀起滤纸的边缘，取出滤纸和沉淀。滤液则由抽滤瓶上口倒出。

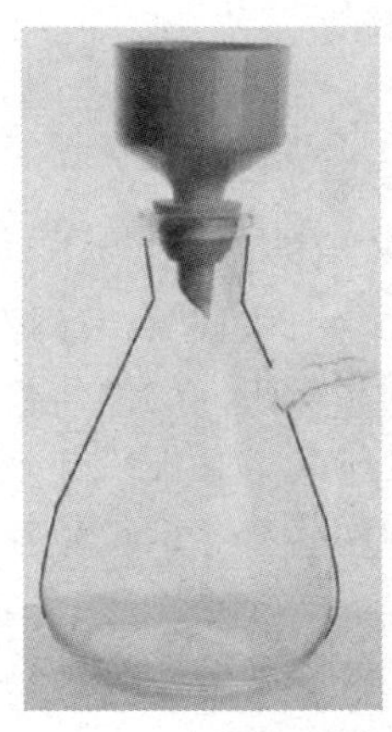

图 1-18　减压过滤装置（抽滤瓶和布氏漏斗）

减压过滤能够加快过滤速度，并能使沉淀被抽吸得较干燥。冷热溶液都可选用减压过滤。若为热过滤，则过滤前应将布氏漏斗放入烘箱（或用吹风机）预热，抽滤前用同一热溶剂润湿滤纸。为了更好地将晶体与母液分开，最好用洁净的玻璃塞将晶体在布氏漏斗上挤压，使母液尽量抽干。晶体表面残留的母液，可用少量的溶剂洗涤，此时应暂时停止抽气。把少量溶剂均匀地洒在布氏漏斗内的滤饼上，溶剂的量以能没过全部晶体为宜。用玻璃棒或不锈钢刮刀搅松晶体，注意不能刺破滤纸，使晶体润湿后稍候片刻，再开真空泵抽干溶剂，如此重复两次，洗净滤饼。

若溶液在温度降低时易结晶析出，可用热滤漏斗进行过滤。过滤时把玻璃漏斗放在铜质的热滤漏斗内，热滤漏斗内装有热水维持溶液的温度。也可以预先将玻璃漏斗水浴加热，或用蒸汽预热再使用。热过滤选用的玻璃漏斗颈越短越好。

3. 离心分离法

当被分离的沉淀量很少时，采用以上方法过滤后沉淀会黏附在滤纸上，难以取下，这时可以用离心分离法。

操作时，把盛有沉淀与溶液混合物的离心试管放入离心机的套管内。离心试管的放置以保持平衡为原则，如混合溶液仅可装满一个离心试管，则应在放置这一离心试管的套管的相对位置再放一同样大小和重量的试管，以保持转动平衡。然后启动离心机，由低到高缓慢加速，在一定转速下离心分离 1～2min 后，由高到低缓慢减速，直到离心机自然停止。在任何情况下，都不可以打开正在进行离心操作的离心机的上盖。

由于离心作用，离心后的沉淀紧密聚集于离心试管的尖端，上方的溶液通常是澄清的，可用滴管小心地吸出上方的清液，也可将其倾出。如果沉淀需要洗涤，可以加入少量洗涤液，用玻璃棒充分搅动，再进行离心分离，如此重复操作 2～3 次即可。

三、蒸发与浓缩

当溶液很稀而制备的无机物的溶解度又较大时，为了能从溶液中析出该物质的晶体，需对溶液进行蒸发与浓缩。用加热的方法从溶液中除去部分溶剂，从而提高溶液的浓度或使溶质析出的操作叫蒸发。

在无机制备、提纯实验中，蒸发、浓缩一般在水浴上进行，若溶液很稀，物质的热稳定性较好时，也可先放在石棉网上以煤气灯（或酒精灯）用小火直接加热蒸发（需作防止暴沸操作），然后放在水浴上加热蒸发，常用的蒸发容器是蒸发皿，蒸发皿内所盛放的液体体积不应超过其容积的 2/3。若待蒸发液体较多时，可随着液体的蒸发而不断添补。蒸发、浓缩的程度与溶质溶解度的大小、对晶粒大小的要求和有无结晶水有关。

随着蒸发过程的进行，溶液浓度增加，蒸发到一定程度后冷却，就可析出晶体。当物质的溶解度较大且随温度的下降而变小时，只要蒸发到溶液出现晶膜即可停止；若物质溶解度随温度变化不大时，为了获得较多的晶体，需要在晶膜出现后继续蒸发。但是由于晶膜妨碍继续蒸发，需要不时地用玻璃棒将晶膜打碎。如果希望得到好的结晶（大晶体），则不宜过度浓缩。

四、结晶与重结晶

1. 结晶

当溶液蒸发到一定程度冷却后有晶体析出，这个过程叫结晶。析出晶体颗粒的大小与外界环境条件有关，若溶液浓度较高，溶质的溶解度较小，快速冷却搅拌（或用玻璃棒摩擦容器器壁）有利于析出细小的晶体。反之，若让溶液慢慢冷却或静置有利于析出大的晶体。从纯度来看，快速冷却生成小晶体时由于不易裹入母液及别的杂质而纯度较高，缓慢冷却生长的大晶体纯度相对较低，但是晶体太小且大小不均匀时，会形成稠厚的糊状物，携带母液过多导致难以洗涤而影响纯度。

因此晶体颗粒的大小要适中、均匀才有利于得到高纯度的晶体。晶体颗粒的大小由以下几个因素决定：

① 溶液浓度。通常情况下，溶液浓度越高，晶体颗粒的尺寸越大，这主要是由于溶质

分子或离子间的相互作用更强，有助于形成较大的晶体。

② 晶体生长速率。如果晶体生长较快，晶体颗粒往往较小，反之，则较大。较快的生长速率说明溶质分子或离子较快地吸附到晶体表面，形成较小的晶体颗粒。

③ 搅拌的强度。强烈的搅拌会导致晶体颗粒的碰撞频率增加，晶体生长受到干扰，从而形成较小的晶体颗粒。

④ 温度。一般来说，较低的温度有利于形成较大的晶体颗粒，较低的温度可以减慢晶体生长速率，使得晶体有更长的时间生长，有助于形成较大的颗粒。

2. 重结晶

重结晶是指若第一次得到的晶体纯度不达标时，需重新加入少量的溶剂溶解晶体，再蒸发、结晶、分离，得到纯度较高的晶体的过程。实验过程中有时需要多次结晶。

进行重结晶操作时，溶剂的选择非常重要，只有被提纯的物质在所选的溶剂中具有高的溶解度和温度系数，才能使损失减少到最低水平。同时所选的溶剂对于杂质而言，要么不溶，可通过热过滤除去杂质；要么较易溶解，溶液冷却时，杂质仍能保留在母液中。

重结晶操作的一般步骤为：

① 溶液的制备。根据待重结晶物质的溶解度，加入一定量所选定的溶剂加热使其全溶。这个过程可能较长，不要随意添加溶剂，若需要脱色时，可加入一定量的活性炭。

② 热溶液过滤。若含有不溶物时需要热过滤，应注意防止在漏斗中结晶。

③ 冷却。为得到较好的结晶，一般情况下缓慢冷却。

④ 抽滤。将固体和液体分离，选择合适的洗涤剂洗去杂质和溶剂，干燥。

五、干燥

物质常用的干燥方法有：干燥器法、晾干法、烘干法、焙烧法等。在样品的干燥或保存过程中需要使用干燥器。

1. 干燥器法

干燥器是一种带有磨口盖子的厚质玻璃器皿，其磨口边缘上涂有一层薄的凡士林，使之能与盖子密合，内搁置干净的带孔瓷板，底部装有干燥剂，干燥剂的放入量要合适，否则会粘在器皿的底部。

干燥剂是指能除去、吸取物质中水分的物质，常分为两类：化学干燥剂，如硫酸镁、硫酸钙和氯化钙等，通过与水结合生成水合物进行干燥；物理干燥剂，如硅胶与活性氧化铝等，通过物理吸附水进行干燥。由于干燥剂吸收水分的能力是有一定限度的，因此干燥器中的空气并不是绝对干燥的，只是湿度较低而已。放置在其中的物品若时间过长，可能会吸收少量水分，使重量略有增加。

干燥器的使用方法如下：

① 开启：一手扶住干燥器，另一手将盖子向边缘平推，注意不能用力拔开或揭开（图 1-19）。若盖子需放置桌上，应靠着干燥器小心仰放、关闭时应同样一手扶住干燥器，另一手将盖子从边缘平推入。

② 搬动干燥器时，应用手指按住盖子和下部搬动，防止盖子滑落（图 1-19）。

③ 检查干燥剂是否失效。若使用变色硅胶，颜色为蓝色时干燥剂正常，受潮后变粉红色时干燥剂失效，应及时更换。替换的硅胶可以重复使用，将其在 120℃烘干，待其变蓝后即可重复使用，直至破碎不能用为止。

④ 对于易吸水物品，取出用完之后应及时放回，并及时盖上。

⑤ 物品应常温放入干燥器。

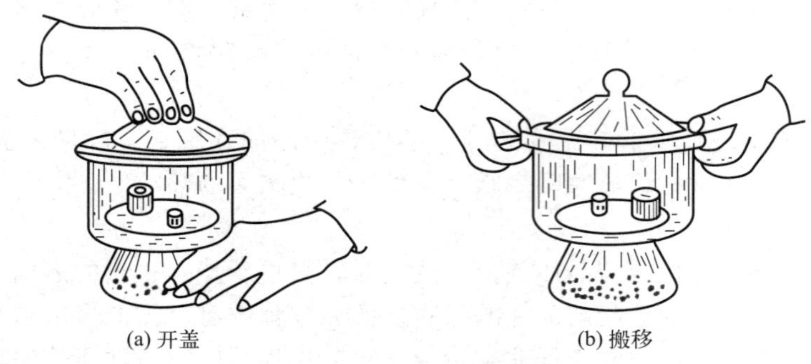

图 1-19　干燥器的使用示意图

2. 晾干法

晾干法是将物品放置在大气环境中，利用水分的蒸发以及空气流通带走水分，从而达到干燥的目的。这种方法不需要特殊的设备，操作简便，适用于一些对热敏感的物质的干燥。

3. 烘干法

在高于室温的条件下使用烘箱使水分蒸发去除的方法叫作烘干法。烘箱一般采用电热方式，分为自然对流式和鼓风干燥式。一般最高温度为 200℃或 300℃。

一般物质的烘干温度控制在 100℃以上即可。含结晶水的物质，需要先分析其结晶水分解的温度，将温度控制在分解温度之下。较为稳定、分解温度较高的物质，烘干的温度可以相对高些，反之烘干温度相对低些，甚至要采用真空干燥或冷冻干燥。具体的烘干温度应根据物质的性质决定，或根据相关国家标准或行业标准的规定确定。

使用烘箱时，严禁放入易燃、易爆物品，以及具有腐蚀性气体的物品；被烘物品的水分尽量滤干。

4. 焙烧法

焙烧法是指用较高的温度（一般 300℃及以上）去除水分的干燥方法。这种方法一般使用高温炉（如马弗炉）。

【任务实施】

1. 称量 3.5～5.0g 氯化钠，将其溶解在 50mL 溶剂中。
2. 以硫酸钡为沉淀，进行常压过滤、减压过滤的操作练习。
3. 进行粗盐溶液的蒸发浓缩、结晶和干燥操作。
4. 能正确使用干燥器，正确进行马弗炉的烘炉操作。

【任务总结】

1. 技术提示

（1）过滤时应该做到“一贴”，滤纸紧贴漏斗内壁；“二低”，滤纸边缘低于漏斗边缘，液面低于滤纸边缘；“三靠”，移液时烧杯紧靠玻璃棒，玻璃棒紧靠三层滤纸处，漏斗下端尖部紧靠烧杯内壁。

（2）加热蒸发时，蒸发皿中所盛放的液体不应超过蒸发皿容积的2/3，以防液体溅出。

（3）加热时要用玻璃棒不断搅拌，防止溶液受热不均匀而导致液体飞溅。

（4）当蒸发皿中出现较多固体时（或液体较少时），应停止加热，借助余热将剩余的液体蒸干，防止固体过热而迸溅。

（5）加热和灼烧过程注意安全防护，防止高温烫伤。

（6）第一次使用或长期停用马弗炉再次使用时，必须按照说明书的温度和时间要求进行烘炉。

（7）马弗炉工作的最高温度要低于其最高允许温度50℃。

（8）严禁焙烧易燃、易爆物品，以及具有腐蚀性气体的物品。

2. 技术总结与拓展

请根据本次任务，总结蒸发浓缩时如何更好地控制温度，把握停止加热的时间，如何控制结晶过程中晶体颗粒的大小等技术问题。

3. 思考与讨论

（1）溶解样品时，如何进行正确的转移操作？

（2）结晶时决定晶体颗粒的因素有哪些？

【任务评价】

任务考核评价表

班级：		姓名：	学号：		
序号	考核项目	考核标准	权重	得分	备注
1	实验安全与健康	未按要求穿戴口罩/实验服/护目镜/手套等扣除该项所有分数	5		
2	实验卫生	工作场所全程干净整洁，无试剂洒落，若不满足，扣除所有分数	5		
3	环境保护	正确处理回收实验过程中用到的可能对环境造成不良影响的试剂耗材，如出现一次处理不当，扣3分，直至全部扣完	10		
4	过滤操作	常压过滤操作不当：步骤不对/一贴、二低、三靠错误等，各扣3分；减压过滤仪器安装的顺序不对扣3分，直至全部扣完	20		
5	蒸发结晶	装置搭建错误/加热方法不对/出现液滴飞溅各扣5分，未结晶出产品扣10分	25		
6	干燥与灼烧	干燥器操作不当/烘箱操作不当各扣5分，烘炉操作不正确扣10分，直至全部扣完	15		
7	思考与讨论	要点清晰，答题准确，每题5分	10		
8	综合考核	按时签到，课堂表现积极主动	10		
9	合计		100		

任务8　使用酸度计

【任务导入】

酸度计又称为pH计，是化学实验中溶液酸度测量的常用仪器。根据应用场合的不同，酸度计分为笔式、便携式、实验室和工业用等多种。笔式pH计主要用于代替pH试纸的功能，精度低但使用方便；便携式pH计主要用于精度要求较高、功能较为完善的现场和野外测试；实验室pH计是一种台式高精度分析仪表，精度相对高、功能更全，有些有打印输出、数据处理等功能；工业pH计用于工业流程的连续测量，不仅有测量显示功能，还有报警和控制，以及安装、清洗、抗干扰等功能。

本次任务要求每位同学熟悉酸度计的基本测量原理和结构，能够正确校准和使用酸度计完成测定任务，记录实验中的现象和出现的问题，进行实验过程中的技术总结，提交任务工单。

【任务目标】

1. 掌握标准缓冲溶液的配制。
2. 掌握pH计的一点法和两点法标定。
3. 会用pH计测溶液的pH值。
4. 学会酸度计的校准操作。

【任务准备】

1. 酸度计测量的原理

酸度计的基本原理是采用电势比较法进行测量。测定时将两支电极与被测溶液组成化学电池，根据电池电动势与溶液中H^+活度之间的关系进行测量。两支电极中指示电极为pH玻璃电极，其敏感膜一般只对溶液中的H^+有响应；参比电极为饱和甘汞电极（SCE），在一定条件下测量时其电势基本保持不变。目前，酸度测量时多采用pH电极，它将pH玻璃电极和Ag-AgCl参比电极复合，并与待测溶液构成化学电池，其电动势E_x为：

$$E_x = K_x + \frac{2.303RT}{F}\mathrm{pH}_x$$

25℃时，

$$\mathrm{pH}_x = \frac{E_x - K_x}{0.0592}$$

式中K_x在一定条件下是一个常数，但无法测量与计算。因此，实际测量时选择一种已知准确pH的标准酸碱缓冲溶液（pH_s），同样与两支电极构成化学电池，在相同条件下，电池的电动势E_s为：

$$E_s = K_s + \frac{2.303RT}{F}\mathrm{pH}_s$$

式中 K_s 在一定条件下是一个常数，若测定条件基本相同，$K_s \approx K_x$，将以上两式相减并整理得：

$$pH_x = pH_s + \frac{(E_x - E_s)F}{2.303RT}$$

酸度计通过比较 ΔE（即 $E_x - E_s$），得出待测溶液的 pH。因此，用酸度计测量溶液酸度时先用标准酸碱缓冲溶液标定（或定位或校准），然后将待测溶液与电极构成化学电池，酸度计上就可以直接读出溶液的 pH_x。

2. 酸度计的结构组成

酸度计与其他仪器一样，种类与型号繁多，外部结构及其布局有所不同，但基本组成大体相同。在此主要介绍人工控制型酸度计的使用。

人工控制型酸度计的外部结构由电源、旋钮、电极以及显示等四部分构成。电源部分包含有电源插座、开关，有的还带有保险丝。旋钮部分一般包括定位、选择、温度以及范围，有的仪器还有斜率旋钮。“定位”为酸度测量的核心旋钮，用标准酸碱缓冲溶液标定酸度计时使用。由于多数酸度计还兼有 mV 测量挡，可以直接测量电极电势。若采用合适的离子选择性电极作测量电极，还可以测量溶液中某一特定离子的浓度（或活度），因此“选择”就是用于酸度测量与电动势测量的选择。“温度”是用于溶液温度的设置；“范围”为酸度或电动势测量的范围选择，一般分为三挡，中间一挡为空挡。例如酸度的测量：一挡为 pH＝0～7，另一挡为 pH＝7～14。带有“斜率”旋钮的仪器还可以做两点校正定位，以准确测定样品。电极部分一般包括电极插口、电极架。过去的仪器具有两个电极插口或连接柱，分别用于 pH 玻璃电极以及饱和甘汞电极的连接，现在的仪器大多只有一个电极插口，只能使用复合电极。电极架除支架外，还有用于固定电极的电极夹。电极夹的升降一般通过上面的按钮或簧片控制，按下即可以向下或向上移动，松开即可固定。显示部分可以有指针式以及数显式，例如 pHS-25 型酸度计既有指针式，也有数显式（图 1-20）。

图 1-20　数显式 pHS-25 型酸度计

【任务实施】

正确使用酸度计

1. 使用前的准备

插上电源，卸下短路器，将复合电极端部的塑料保护套（一般内充有 $3mol \cdot L^{-1}KCl$

溶液）拔去或旋下，安装在仪器上；将“选择”旋钮置于“pH”挡或“mV”挡；开启电源，预热 30min。

2. 配制标准缓冲溶液 250mL

蒸馏水煮沸（除二氧化碳）→冷却→配制标准缓冲溶液 250mL（15℃条件下，pH＝4.00、pH＝6.90、pH＝9.28）。

3. 标定

（1）一点标定

pH标准缓冲溶液的配制

选 pH 挡，并开启加液口→清洗、润洗电极及小烧杯→电极浸入 pH＝6.90 的标准缓冲溶液→轻轻摇动烧杯，使溶液均匀分布于电极的玻璃珠周围→测定溶液温度→调节温度补偿器，使显示温度与溶液温度一致→待读数稳定后，按“定位”，误差稳定在±0.02pH 内时，按“确认”。

（2）两点标定

在一点标定之后再继续以下操作：

清洗、润洗电极及烧杯→电极浸入 pH＝4.00 或 9.28 的标准缓冲溶液（根据所测溶液的大致 pH 值选取较近的一个）→轻轻摇动烧杯，使溶液均匀分布于电极的玻璃珠周围→测定溶液温度→调节温度补偿器，使显示温度与溶液温度一致→待读数稳定后，按“斜率”，显示值与规定值误差在±0.02pH 内，按“确认”。

（3）测量 pH 值

清洗、润洗电极及小烧杯→电极浸入待测溶液→轻轻摇动烧杯，使溶液均匀分布于电极的玻璃珠周围→测定溶液温度→调节温度补偿器，使显示温度与溶液温度一致→待读数稳定后，读数并记录→用蒸馏水清洗电极→测第二个样品或结束测量。

结束测量，则关闭加液口和酸度计电源，将洗净的电极浸入 $3mol \cdot L^{-1}$ KCl 溶液中，使电极保持湿润。

【任务总结】

1. 技术提示

（1）电极需在 $3mol \cdot L^{-1}$ KCl 溶液中浸泡 3h 以上。

（2）配制的标准缓冲溶液使用期为三个月，超过之后要重新配制。配制时要用高纯度的、除去二氧化碳的蒸馏水。

（3）本电极适合测澄清水样（酸碱无机溶液），不宜测量黏稠物（如化妆品、洗涤用品等）、污水及油状物。

（4）标定时，选取的标准缓冲溶液的 pH 值与被测溶液的 pH 值愈接近愈好。

（5）保护好电极的玻璃珠，清洗动作需轻缓。

（6）电极不使用时要处于润湿状态，一般可用 $3mol \cdot L^{-1}$ KCl 溶液浸泡。

（7）标定后，无论开启或关闭酸度计，在 3h 之内都可直接测量。超过 3h 以后，一般需要再次标定之后再进行测量。

2. 思考与讨论

见相应的任务工单。

3. 技术总结与拓展

请根据本次任务，总结酸度计使用的技术要点。

【任务评价】

任务考核评价表

班级：		姓名：	学号：		
序号	考核项目	考核标准	权重	得分	备注
1	实验安全与健康	未按要求穿戴口罩/实验服/护目镜/手套等扣除该项所有分数	5		
2	实验卫生	工作场所全程干净整洁，无试剂洒落，若不满足，扣除所有分数	5		
3	环境保护	正确处理回收实验过程中用到的可能对环境造成不良影响的试剂耗材，如出现一次处理不当，扣3分，直至全部扣完	5		
4	标准缓冲溶液的配制	缓冲溶液的配制操作不当，扣10分	10		
5	仪器安装	仪器安装顺序和方法不当，错一处扣5分，直至全部扣完	10		
6	标定	电极未清洗或清洗不当/未调节温度补偿器/电极未浸没溶液或触底/标定数值不符合要求就确认，各扣5分，直至全部扣完	15		
7	测定pH值	电极未清洗或清洗不当/未调节温度补偿器/电极未浸没溶液或触底/未关闭加液口/未关闭电源，各扣5分，直至全部扣完	10		
8	数据记录处理	数据记录不当或错误扣10分，直至全部扣完	15		
9	思考与讨论	要点清晰，答题准确，每题5分	15		
10	综合考核	按时签到，课堂表现积极主动	10		
11	合计		100		

任务 9　使用电导率仪

【任务导入】

电导率仪是一种测试电解液中电导率的仪器，主要是测量液体介质之间传递电流的能力，一般用于电力、化工、冶金、环保、制药、湖泊、科研、食品和自来水等溶液中电导率值的连续监测，同时在水质监测、土壤分析和水产养殖试验方面也有应用。

本次任务以小组为单位，掌握电导率仪的操作方法，完成纯净水、自来水和湖水的电导率的测定，正确处理数据结果，提交任务工单。

【任务目标】

1. 掌握电导率仪的使用方法。
2. 比较不同水样的电导率的区别。
3. 实验过程中提升团队协作意识。

【任务准备】

1. 电导率仪原理及分类

电导率仪可用于纯水或溶液电导率的检测。其使用方法是将两个电极插入水或溶液中，测出两极间的电阻 R，若电极面积为 A，两极间距为 L，则电导率 k 为：

$$k=\frac{L}{RA}$$

对于一个固定的复合电极而言，电极面积 A 与两极间距 L 都是固定不变的，因此 L/A 是常数，称电极常数，以 Q 表示。则电导率 k 可表示为：

$$k=\frac{Q}{R}$$

在国际单位制中，电导率的单位是西门子每米（S/m），在测定纯水的电导率时一般用 μS/cm（1S/m＝10000μS/cm）表示。

电导率仪按用途大致分为笔形、便携式、实验室、工业用四种类型。笔形电导率仪，一般制成单一量程，测量范围窄，是专用的简便测试仪器；便携式和实验室电导率仪测量范围较广，其不同点是便携式采用直流供电，可携带到现场，实验室电导率仪功能较多、测量精度高；工业用电导率仪的特点是稳定性好、有一定的测量精度、环境适应能力强、抗干扰能力强，具有模拟量输出、数字通信、上下限报警和控制功能等。

电导率仪从显示方式分为指针式和数字式两种，其品牌和型号很多，不同的电导率仪需参照各自的说明书进行操作。

2. 电导率仪的操作步骤

（1）指针式电导率仪的操作步骤

① 接通电源前，观察电表指针是否为零。如不为零，需调整为零。并将“校正/测量”开关拨在“校正”位置。

② 接通电源，仪器预热。

③ 安装电极，并将电极浸在待测溶液中。

④ 调整“校正调整器”使指针停在满刻度。

⑤ 将“范围选择器”拨至所需的测量范围。若不知测量范围则拨至最大挡，然后逐渐下降。

⑥ 将“电极常数调节器”调节在与配套电极的常数相对应的位置上。若仪器上没有“电极常数调节器”，则用已知电导率的溶液（一般使用 KCl 溶液）测得电导并计算出电导池常数。

⑦ 将“校正/测量”开关拨向“测量”，则可从电表上读出所测溶液的电导率。

(2) 数字式电导率仪的操作步骤

① 接通电源，开机。

② 进行参数设置（测定温度、选用的标准溶液等）。

③ 将电极插入标准溶液中，校准。

④ 将电极插入待测溶液中测量电导率。

(3) 仪器使用的注意事项

① 电极的插头等不能受潮，否则会影响测定结果的准确度。

② 仪器出厂时，所配电极已测定好电极常数，为保证测量准确度，电极应定期进行常数标定。

③ 根据所测溶液选择合适的电极，新的（或长期不用的）电极在使用前应按照要求进行活化处理。

④ 盛待测溶液的容器必须清洁，不能有污染离子，可用待测溶液清洗 3 次。

⑤ 每测定一份试样后，应用去离子水冲洗电极，并用吸水纸吸干，也可用待测液冲洗 3 次后再测定。

⑥ 在测量超纯水时为了避免测量值的漂移现象应在密封流动状态下测量，流速不要太大，出水口有水缓慢流出即可。

【任务实施】

1. 装配仪器

将电源线连接仪器，再连接插头。

2. 开机

按要求开机预热一定的时间，一般为 10～30 分钟。

3. 测量

(1) 用待测水样润洗烧杯 3 次。测量水样温度，调整仪器的“温度”至溶液温度数值。

(2) 将电极浸入被测水样，将“量程”（RANGES）开关拨向“校正”（CAL）调节“常数”（CONST）使显示数与所使用电极的常数标称值一致。

(3) 用蒸馏水冲洗电极，然后滤纸吸干，再用被测溶液润洗一次，降低电极架，使电极垂直悬空于溶液中（溶液要完全没过测量部位），搅拌溶液，使溶液均匀，读出溶液的电导率值。

4. 测量其他水样。

5. 关闭电源，用蒸馏水冲洗电极后盖上电极帽，将仪器各部分拆卸归位（先拔下电源插头）。

【任务总结】

1. 技术提示

(1) 冲洗高纯水盛入容器后应迅速测量，否则电导率降低很快，因为空气中的 CO_2 溶入水里变成碳酸根离子。

(2) 盛被测溶液的容器必须清洁，不能有离子沾污。

2. 思考与讨论

见相应任务工单。

3. 技术总结与拓展

请根据本次任务，总结电导率仪使用过程中影响数据结果的操作要点。

【任务评价】

任务考核评价表

班级：		姓名：	学号：		
序号	考核项目	考核标准	权重	得分	备注
1	实验安全与健康	未按要求穿戴口罩/实验服/护目镜/手套等扣除该项所有分数	5		
2	实验卫生	工作场所全程干净整洁，无试剂洒落，若不满足，扣除所有分数	5		
3	环境保护	正确处理回收实验过程中用到的可能对环境造成不良影响的试剂耗材，如出现一次处理不当，扣3分，直至全部扣完	10		
4	装配仪器	仪器安装顺序和方法不当，错一处扣5分，直至全部扣完	10		
5	开机	开机没有按要求预热扣10分	10		
6	测量	没有润洗/未调节温度/未校正量程/未搅拌均匀溶液，各扣5分，直至全部扣完	15		
7	仪器归位	未关闭电源/未将仪器拆卸归位，各扣5分，直至全部扣完	5		
8	数据记录处理	数据记录不当或错误扣10分，直至全部扣完	15		
9	思考与讨论	要点清晰，答题准确，每题5分	15		
10	综合考核	按时签到，课堂表现积极主动	10		
11	合计		100		

任务10 使用分光光度计

【任务导入】

分光光度计是一种基于光学原理而设计制造的科学仪器，用于测量样品的吸光度进而定量分析测定物质浓度。这种仪器主要是根据样品吸收特定波长光的能力来测量样品吸光度的。分光光度计可广泛用于药品检验与分析、环境检测、化工、生物、制药、卫生防疫、科研等领域对物质进行定性、定量分析，是生产、科研、教学的常用仪器。

本次任务以小组为单位，学习紫外-可见分光光度计的操作方法，采用正确的方法完成样品的吸光度测定，并整理提交任务工单。

【任务目标】

1. 了解紫外-可见分光光度计的工作原理。
2. 掌握紫外-可见分光光度计的操作过程。

【任务准备】

紫外-可见分光光度计是众多分光光度计中的一种，在分析检测中具有较广泛的应用。

一、紫外-可见分光光度计的原理

紫外-可见吸收光谱分析是研究物质在紫外-可见光波下的分子吸收光谱的分析方法。分子中的某些基团吸收了紫外-可见光后，发生了电子能级跃迁，而产生了相应的吸收光谱。细分光区可分为 10～200nm 的远紫外光区、200～400nm 的近紫外光区和 400～800nm 的可见光区。

二、紫外-可见分光光度计的构造

紫外-可见分光光度计的型号很多，但基本结构相似，如图 1-21 所示，主要由光源、单色器、吸收池、检测器和数据系统五部分组成。

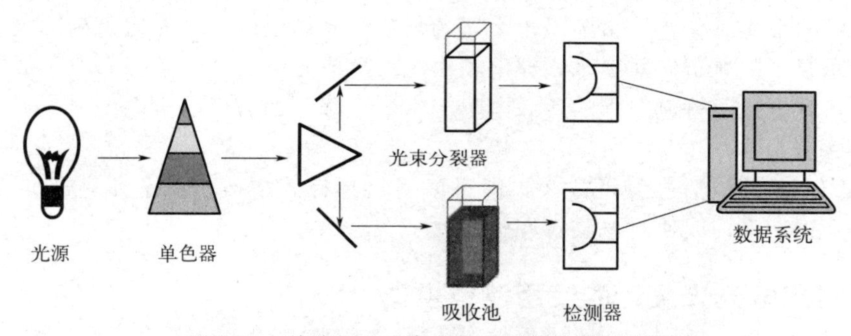

图 1-21　单波长双光束分光光度计结构示意图

1. 光源

光源需提供强度大、稳定性好的入射光。为了保证光源发光强度稳定，需采用稳压电源供电，也可用 12V 直流电源供电。

紫外-可见分光光度计组成部件及分析流程

（1）可见光光源　可见光区常用钨灯或卤钨灯作光源，可发射波长为 320～2500nm 的连续光谱，其中 320～1000nm 的光谱强度大、稳定性好，最适宜于可见光区，测定对可见光有吸收的物质即有色物质。钨灯或卤钨灯除用作可见光光源外，还可作为近红外光源。

（2）紫外光光源　紫外光区常用氢灯或氘灯作光源，能发射波长为 185～375nm 的连续光谱，可用于测定对紫外光有吸收的物质。

2. 单色器

单色器主要由狭缝、色散元件和透镜系统组成。

(1) 狭缝 狭缝用于调节光的强度，让所需要的单色光通过，在一定范围内对单色光的纯度起调节作用，对单色器的分辨率起重要作用。狭缝宽度过宽，入射光的单色性降低，干扰增大准确度降低；但狭缝宽度过窄，光强变弱，测量的灵敏度降低。因此，必须选择适宜的狭缝宽度，以得到强度大、纯度高的单色光，提高测量的灵敏度和准确度。

(2) 色散元件 色散元件是棱镜或光栅或两者的组合，能将光源发出的复合光色散为单色光。棱镜单色器是利用棱镜对不同波长光的折射率不同而将复合光色散为单色光的。常用的棱镜有玻璃棱镜和石英棱镜。可见分光光度计可用玻璃棱镜，但玻璃对紫外光有吸收，故不适用于紫外光区。紫外-可见分光光度计采用的是石英棱镜，适用于紫外和可见光区。光栅单色器的色散作用是以光的衍射和干涉现象为基础的，分辨率比棱镜单色器高，可用的波长范围也较棱镜单色器宽，故目前生产的紫外-可见分光光度计大多采用光栅作为色散元件。

(3) 透镜系统 透镜系统主要用于控制光的方向。

3. 吸收池

吸收池又称样品池或比色皿，用于盛放待测溶液并固定吸收光程。吸收池一般为长方体，有玻璃和石英两种材料的。玻璃吸收池用于可见光区的测定，在紫外光区的测定必须使用石英吸收池。吸收池的规格有 0.5cm、1.0cm、2.0cm、3.0cm 等，应合理选用。测量时将吸收池置于比色皿架中并固定。

紫外吸收池及规范使用

4. 检测器

检测器利用光电效应将透过吸收池的光信号变成电信号。常用的光电转换器件为光电管。光电管基本构造中有一个光敏阴极和一个阳极，阴极是用对光敏感的金属氧化物（多为碱土金属的氧化物）做成的，当光照射到阴极且达到一定能量时，金属原子中电子发射出来，在电场作用下形成光电流。光越强，电子放出越多，光电流也越强。光电流通过电路中的负载电阻产生电压降，即可以引出电信号。

5. 数据系统

检测器产生的模拟信号经过放大，即可以通过指针式电表表头显示，或转变为数字信号，以数字方式输出，或通过电脑打印输出。

三、紫外-可见分光光度计的使用注意事项

(1) 透光度“0”与“100%”的调节 仪器调“0”和“100%”可反复多次进行，特别是在外电压不稳时，每改变一个波长，需重新调“0”和“100%”；如果大幅度调整波长，应等待一段时间让光电管有一定的适应时间后再测定；注意改变灵敏度挡位后，也应重新调“0”和“100%”。

(2) 比色皿的使用 取用比色皿时，应用手捏住比色皿的毛玻璃面，严禁触及透光面；只能用绸布或擦镜纸朝一个方向轻轻擦干光学面上的水分，不得用力来回摩擦；比色皿需要先润洗，用待测液润洗 2～3 次；盛放溶液时只需装至比色皿容积的 2/3～4/5 即可。每套分光光度计中的比色皿架和比色皿不得随意更换。

为了消除比色皿的误差，提高测量的准确度，需要分别对每个比色皿进行校正和配对，即为配套性检验。将一套比色皿都注入蒸馏水，将其中一只的透光率调至 100%，测量其他各只的透光率，凡透光率之差不大于 0.5%，即可配套使用。

（3）吸光度的测量 在测定不同浓度溶液的吸光度时，通常按由稀到浓的顺序进行。一般比色皿架中的放置次序是参比溶液的比色皿靠近实验者，盛被测溶液的比色皿依浓度顺序放置。比色皿架中一般可以放置4个比色皿，其拉杆的拉动有三挡，不拉动时，光路经过参比溶液；拉动一挡时第一个被测溶液进入光路，依次类推。注意拉动时应拉到位（有“哒哒”的声响），向里推时也应推到位。

紫外分光光度计吸收池配套性检验

（4）灵敏度的选择 灵敏度挡数字的增大，灵敏度依次增大。灵敏度挡的选择原则是在将参比溶液的透光率调到“100%”的前提下，尽量使用低灵敏度挡，以提高仪器的稳定性。

（5）试剂不能放置在仪器上，以防试剂溅出腐蚀仪器。如果仪器外壳上沾有溶液应立即用湿毛巾擦干，严禁使用有机溶液擦拭。

（6）仪器内部干燥筒内的干燥剂应经常检查其是否失效。干燥剂失效会导致读数不稳，无法调零；会使反射镜发霉或沾污，影响光效率，导致杂散光增加。因此分光光度计应放置在远离水池等湿度大的地方，并且干燥剂应定期更换。

【任务实施】

练习使用紫外-可见分光光度计（以UV-1800型为例）

1. 开机

揭开防尘罩叠好，确认仪器光路中无阻挡物。连接电源线，打开开关，进入操作界面，仪器进入自检程序，等待仪器自检完成，并预热30min以上。

2. 选择测量模式

自检完成后进入主菜单，利用上下操作键可选择光度测量、定量测量、动力学和系统运用模块。

3. 参数设置

在主菜单中选择“光度测量”，按“ENTER”键进入后，按“GOTOλ”设置好需要的波长，按“SET”键选择吸光度、透光率或者能量三种显示模式。

4. 测量操作

设置完成后，按“START”键进入测量界面，将参比液倒入干净比色皿中并擦拭亮面，放入选择的样品槽中，盖上样品室盖，按“ZERO”键进行空白设置，将待测样品装入比色皿，放入样品槽，按“START”键进行测量。

注：波长若小于400nm，使用石英比色皿；比色皿必须干净、无残留物，放入前亮面擦干净；测量期间禁止开盖。

5. 定量测量

在主菜单中选择“定量测量”，按“ENTER”键进入后，可选取工作曲线法或者系数法两种方法，按“GOTOλ”设置好需要的波长，按“SET”键选择浓度单位，再按“ENTER”键确认，再选择标样数，输入数量。再选择“标样浓度”，按放入标准样品的顺序输入对应的浓度，完成标准曲线（也称工作曲线）的建立，系统自动储存，在“工作曲线法”界面中选择“显示曲线”可查看标准曲线。记录或打印测量结果按“PRINT”键。

6. 关机

测量完毕后，将比色皿取出、洗净，倒置晾干保存。将暗室盖盖好，关闭电源并拔去插头，盖好防尘罩。

测试波长在 340～1100nm 时，在主菜单的“系统设置”里将氘灯关闭，当测试波长在 190～339nm 时，同样方法将钨灯关闭，这样可延长氘灯和钨灯的使用寿命。

7. 仪器的维护保养

仪器应放置在平稳、无振动的工作台，温度在 16～35℃、湿度为 45%～80%、通风条件下操作或存放，稳定电压下进行实验，避免阳光直射和灰尘，环境发生改变后，须进行暗电流校正和波长校正，确保仪器工作准确。

比色皿的使用注意事项与前述相同；吸光度测量时，比色皿的放置与前述也相同，只是比色皿架的移动为仪器自动控制。

【任务总结】

1. 技术提示

(1) 实验中所用的容量瓶和移液管均应经检定校正、洗净后使用。

(2) 使用的石英吸收池必须洁净。当吸收池中装入同一溶剂，在规定波长测定各吸收池的透光率，如透光率相差在 0.5%以下者可配对使用，否则必须加以校正。

(3) 取吸收池时，手指拿毛玻璃面的两侧。装样的体积应在比色皿体积的 2/3～4/5，使用挥发性溶液时应加盖。

(4) 供试品溶液的浓度，除各品种项下已有注明者外，供试品溶液的吸光度以在 0.2～0.8 之间为宜。

2. 思考与讨论

见相应任务工单。

3. 技术总结与拓展

请根据本次任务，总结紫外-可见分光光度计使用过程中影响数据结果的操作要点。

【任务评价】

任务考核评价表

班级：		姓名：	学号：		
序号	考核项目	考核标准	权重	得分	备注
1	实验安全与健康	未按要求穿戴口罩/实验服/护目镜/手套等扣除该项所有分数	5		
2	实验卫生	工作场所全程干净整洁，无试剂洒落，若不满足，扣除所有分数	5		
3	环境保护	正确处理回收实验过程中用到的可能对环境造成不良影响的试剂耗材，如出现一次处理不当，扣 3 分，直至全部扣完	10		

续表

序号	考核项目	考核标准	权重	得分	备注
4	仪器准备	仪器连接与检查不当/未预热30min及以上，每错一处扣5分，直至全部扣完	5		
5	比色皿的使用	手触到比色皿透光面/装液过多或过少/比色皿未清洁、控干、归位保存，各扣2分；未进行比色皿配套性检验扣10分	15		
6	仪器的使用	比色皿没有润洗/参比溶液选择错误/仪器操作错误/测量数据未保存，各扣5分，直至全部扣完	20		
7	仪器归位	未关闭电源/未填写仪器使用记录/未将仪器归位，各扣5分，直至全部扣完	10		
8	数据记录处理	数据记录不当或错误扣10分，直至全部扣完	10		
9	思考与讨论	要点清晰，答题准确，每题5分	10		
10	综合考核	按时签到，课堂表现积极主动	10		
11	合计		100		

模块二

无机化学实验

项目三

制备简单的无机化合物

【项目导言】

本项目作为无机化学实验的重要内容，包含了 5 个任务，为常见无机化合物的制备与提纯实验。通过完成不同的任务，能够熟悉无机化学实验的基本操作，将实验操作与理论相结合，提升对无机化学理论的理解，具备一定分析解决问题的能力。

【项目目标】

知识目标

1. 理解典型无机化合物的制备原理。
2. 知晓典型无机化合物的制备方法。
3. 掌握水浴加热、溶解、结晶、重结晶、减压过滤、蒸发、浓缩等基本操作。
4. 掌握制备产率的计算方法。

技能目标

1. 能够进行正确的加热、分离、蒸发、浓缩等操作，完成目标产品的制备和提纯。
2. 能够对无机化合物产品的产率进行准确的计算。

素质目标

1. 能够正确地处理数据，规范撰写任务工单。
2. 实验过程中培养实事求是的实验态度和精益求精的科学精神。

任务1 提纯氯化钠

【任务导入】

食盐在我们生活中非常常见。中国盐业历史悠久，早在3000多年前，我国已开始采用海水煮盐，是世界上制盐最早的国家。五帝时代发现池盐，战国末期发现井盐，在整个漫长的封建时代，中国的制盐业在当时的世界令人刮目相看，一项项先进的生产技术，如璀璨珍珠般镶嵌在华夏文化的史册上。粗盐是海水或盐井、盐池、盐泉中的盐水经煎晒而成的结晶，即天然盐，是未经加工的大粒盐，主要成分为氯化钠，其中含有泥沙等不溶性杂质，以及可溶性杂质如钙离子、镁离子和硫酸根离子等杂质。

本次实验任务要求每位同学对粗盐进行提纯，得到较纯净的氯化钠，记录实验中的现象和出现的问题，进行实验过程中的技术总结，提交任务工单。

【任务目标】

1. 理解过滤法分离混合物的化学原理。
2. 体会过滤的原理，及其在生活生产等社会实际中的应用。
3. 掌握溶解、过滤、蒸发等实验的操作技能，学会提纯氯化钠。
4. 了解氯化钠纯度检验方法。
5. 具有实事求是、科学严谨的工作态度。

【任务准备】

1. 不溶性杂质的去除

不溶性杂质主要是泥沙、石子等，可通过先溶解再过滤的方法除去。

2. 可溶性杂质的去除

可溶性杂质有SO_4^{2-}、Fe^{3+}、Ca^{2+}、Mg^{2+}、K^+。

(1) 去除SO_4^{2-}　在粗盐溶液中加入稍过量的$BaCl_2$溶液，可将SO_4^{2-}转化为难溶的$BaSO_4$沉淀。将溶液过滤，除去$BaSO_4$沉淀，得到滤液1，溶液中含有Ca^{2+}、Mg^{2+}、Ba^{2+}等离子。

(2) 去除Mg^{2+}、Ca^{2+}、Ba^{2+}　在滤液1中加入NaOH和Na_2CO_3溶液，Mg^{2+}、Ca^{2+}、Ba^{2+}分别转化成$Mg(OH)_2$、$CaCO_3$、$BaCO_3$沉淀，可通过过滤的方法除去。同时得到滤液2，溶液中含有过量的NaOH和Na_2CO_3。对于很少量的可溶性杂质KCl，由于含量很少，在后续的蒸发、浓缩、结晶过程中，绝大部分会留在母液中，不会和NaCl同时结晶出来。

（3）去除 CO_3^{2-}　在滤液 2 中滴加盐酸，至 pH 值约为 6，除去过量的 NaOH 和 Na_2CO_3，得到溶液 3，这时溶液中含有 Cl^-、Na^+、K^+ 等离子。最后对溶液 3 进行蒸发、浓缩、结晶得到纯净的氯化钠。

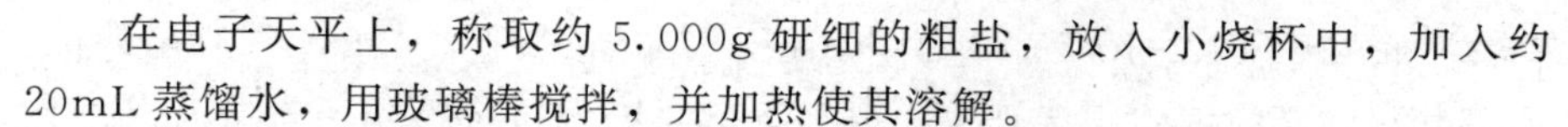

【任务实施】

1. 称量、溶解样品

在电子天平上，称取约 5.000g 研细的粗盐，放入小烧杯中，加入约 20mL 蒸馏水，用玻璃棒搅拌，并加热使其溶解。

2. 不溶性杂质及 SO_4^{2-} 的去除

溶液沸腾时，在搅动下逐滴加入 $1mol \cdot L^{-1}$ $BaCl_2$ 溶液稍过量至沉淀完全（约 2mL），继续加热 5min 后陈化 20min，以便使 $BaSO_4$ 颗粒长大而易于沉淀和过滤。取上层清液少许，加入 1～2 滴 $1mol \cdot L^{-1}BaCl_2$ 溶液，观察澄清液中是否有浑浊现象，可检验沉淀是否完全，重复操作直至澄清液中无浑浊现象。放置一会后用普通漏斗过滤，将滤液置于干净烧杯中。

3. Mg^{2+}、Ca^{2+}、Ba^{2+} 的去除

在滤液中加入 1mL $2mol \cdot L^{-1}$ NaOH 溶液和 3mL $1mol \cdot L^{-1}$ Na_2CO_3 溶液，加热至沸腾。待沉淀沉降后，在上层清液中滴加 $1mol \cdot L^{-1}$ Na_2CO_3 溶液至不再产生沉淀为止。静置片刻，用普通漏斗过滤。

4. CO_3^{2-} 的去除

在滤液中逐滴加入 $2mol \cdot L^{-1}$ HCl 溶液，使滤液呈微酸性（pH＝6），用 pH 试纸检验。

5. 结晶

将得到的滤液置于蒸发皿中，加入的滤液不得超过蒸发皿体积的 2/3，用小火加热蒸发，加热过程中用玻璃棒不断搅拌滤液，使其受热均匀，防止液体飞溅。浓缩至稀糊状，切不可将溶液蒸发至干燥（注意防止蒸发皿破裂）。

6. 抽滤

用布氏漏斗和循环水真空泵减压抽滤、吸干，并用少许蒸馏水洗涤两次，每次都需要抽干。抽滤时先将滤纸打湿，但不能太湿，然后把滤纸紧贴在布氏漏斗的滤孔板上。通过橡胶塞将布氏漏斗安装在准备好的抽滤瓶上，然后连接抽滤瓶支管和真空泵。布氏漏斗的颈口对准抽滤瓶支管，一是为了更好形成负压，使滤液更快流下；二是颈口背对时，布氏漏斗下端液体容易被吸进真空泵里。停止抽滤时，一般先拆下抽气管再关开关，防止循环水倒流。

7. 干燥

将结晶置于干净的蒸发皿中，在石棉网上用小火加热烘干，用玻璃棒将固体转移到称量纸上，称重，记录数据。

8. 计算产率

$$产率=\frac{制得的氯化钠质量}{粗盐质量}\times 100\%$$

9. 产品纯度的检验

取提纯前后的产品各0.5g，分别溶于约5mL蒸馏水中，然后用下列方法对其中的离子进行定性检验并比较二者的纯度。

(1) 硫酸根离子的检验

在两支试管中分别加入提纯前后的产品溶液约1mL，分别加入2滴$6mol \cdot L^{-1}$ HCl和3～4滴$0.2mol \cdot L^{-1}$ $BaCl_2$溶液，观察其现象。有白色沉淀，说明有硫酸根离子存在。

(2) 钙离子的检验

在两支试管中分别加入提纯前后的产品溶液约1mL，加$2mol \cdot L^{-1}$ HAc使其呈酸性，再分别加入3～4滴饱和草酸铵溶液，观察现象。有白色的草酸钙沉淀产生，说明有钙离子存在。

(3) 镁离子的检验

在两支试管中分别加入提纯前后的产品溶液约1mL，先各加入约4～5滴$6mol \cdot L^{-1}$ NaOH，摇匀，再分别加3～4滴镁试剂溶液。溶液有蓝色絮状沉淀产生，表示有镁离子存在；反之，若溶液仍为紫色，表示无镁离子存在。

【任务总结】

1. 技术提示

(1) 普通过滤的标准操作“一贴二低三靠”。

①“一贴” 是指滤纸折叠角度要与漏斗内壁口径吻合，使湿润的滤纸紧贴漏斗内壁而无气泡，因为如果有气泡会影响过滤速度。

②“二低” 一是指滤纸的边缘要稍低于漏斗的边缘，二是在整个过滤过程中还要始终注意到滤液的液面要低于滤纸的边缘，不得超过滤纸高度的2/3。这样可以防止杂质未经过滤而直接流到烧杯中，这样未经过滤的液体与滤液混在一起，而使滤液浑浊，没有达到过滤的目的。

③“三靠” 一是指将待过滤的液体倒入漏斗中时，盛有待过滤液体的烧杯嘴要靠在倾斜的玻璃棒上（用玻璃棒引流），防止液体飞溅和待过滤液体冲破滤纸；二是指玻璃棒下端要轻靠在三层滤纸处以防碰破滤纸，因为三层滤纸比一层滤纸那边厚，三层滤纸那边不易被弄破；三是指漏斗的颈部要紧靠接收滤液的接收器的内壁，以防液体溅出。

(2) 布氏漏斗的颈口与抽滤瓶支管相对，便于抽滤。

(3) 在抽滤过程中不得突然关闭真空泵。如欲取出滤液，或需要停止吸滤，应先将抽滤瓶支管的橡胶管拆下，然后关真空泵，防止溶液倒流。

(4) 为了尽量抽干漏斗上的沉淀，最后可用一个平顶的试剂瓶塞挤压沉淀。

(5) 在布氏漏斗内洗涤沉淀时，应停止吸滤，让少量洗涤剂缓慢通过沉淀，然后进行吸滤。

2. 思考与讨论

见相应任务工单。

3. 技术总结与拓展

最终产率为什么会偏小或偏大？是什么原因导致的？

【任务评价】

任务考核评价表

班级：		姓名：	学号：		
序号	考核项目	考核标准	权重	得分	备注
1	实验安全与健康	未按要求穿戴口罩/实验服/护目镜/手套等扣除该项所有分数	5		
2	实验卫生	工作场所全程干净整洁，无试剂洒落，若不满足，扣除所有分数	10		
3	环境保护	正确处理回收实验过程中用到的可能对环境造成不良影响的试剂耗材，如出现一次处理不当，扣1分，直至全部扣完	10		
4	实验操作	(1)过滤操作不正确(没有按照“一贴二低三靠”操作)：各扣3分； (2)没调节pH值：扣3分； (3)蒸发皿装液过多：扣3分； (4)蒸发浓缩过干：扣5分； (5)抽滤瓶连接不正确：扣3分； (6)抽滤结束时的操作不正确：扣3分	30		
5	数据分析	产率小于30%扣10分； 产率大于100%扣10分	30		
6	思考与讨论	要点清晰，答题准确，每题5分	10		
7	综合考核	按时签到，课堂表现积极主动	5		
8	合计		100		

任务2 制备硫酸铜

【任务导入】

五水合硫酸铜俗称蓝矾、胆矾或孔雀石，是蓝色透明的三斜晶体。在空气中缓慢风化。易溶于水，难溶于无水乙醇。加热时失水，当加热至258℃失去全部结晶水而成为白色无水硫酸铜。五水合硫酸铜用途广泛，如用于棉及丝织品印染的媒染剂、农业的杀虫剂、水的杀菌剂、木材防腐剂、铜的电镀等。同时，还大量用于有色金属选矿（浮选）工业、船舶油漆工业及其他化工原料的制造。

本次实验任务要求每位同学以铜和硫酸为主要原料制备五水合硫酸铜，并进行提纯，记录实验中的现象和出现的问题，进行实验过程中的技术总结，提交任务工单。

【任务目标】

1. 了解由不活泼金属与酸作用制备盐的方法。
2. 掌握重结晶法提纯硫酸铜的原理和方法。
3. 掌握溶解、过滤、蒸发等实验的操作技能。
4. 具有实事求是、科学严谨的工作态度。

【任务准备】

铜是不活泼金属，不能直接和稀硫酸发生反应生成硫酸铜，必须加入氧化剂。本次实验使用双氧水作为氧化剂，将铜氧化成铜离子后再与硫酸根结合得到硫酸铜，也可以选择其他的氧化剂如硝酸来制备硫酸铜。硫酸铜的溶解度随温度升高而增大，可用重结晶法提纯。在硫酸铜粗产品中，加适量水，加热成饱和溶液，趁热过滤除去不溶性杂质。冷却滤液，析出硫酸铜，过滤，与可溶性杂质分离，得到纯的硫酸铜。制备硫酸铜的反应式如下：

$$Cu+H_2O_2+H_2SO_4 \longrightarrow CuSO_4+2H_2O$$

【任务实施】

1. 称取样品

用电子天平称取 2.0g 铜屑，置于 150mL 锥形瓶中。

2. 铜屑的预处理

加入 10%碳酸钠溶液 20mL，加热煮沸，除去表面油污，倾析法除去碱液，用水洗净，重复 2～3 次。

3. 铜与硫酸反应

锥形瓶中加入 $6mol \cdot L^{-1}$ 硫酸溶液 10mL，置于水浴锅中，缓慢滴加 30%双氧水 5～6mL，不时振荡锥形瓶，观察反应现象，当反应变慢后补加 30%双氧水或者 $6mol \cdot L^{-1}$ 硫酸，直至铜屑完全消失或者无气泡产生。

4. 调节 pH 值

铜近于完全反应后，趁热用倾析法除去不溶性杂质，将溶液转移至蒸发皿中，用 pH 试纸检测溶液的 pH 值是否为 1～2，如不是调节 pH 值至 1～2。

5. 结晶

将蒸发皿置于水浴锅上加热浓缩，当溶液浓缩至表面出现晶膜，取下蒸发皿，冷却结晶。

6. 抽滤、干燥

结晶完成后抽滤，吸干水分或放入表面皿自然干燥，称量，即得到五水合硫酸铜粗产品。

7. 重结晶提纯（除去可溶性杂质）

按照粗产品：蒸馏水＝(1：4)～(1：5) 加蒸馏水，置于烧杯中加热，当硫酸铜完全溶解时，立即停止加热。将预热好的抽滤瓶和布氏漏斗取出，趁热抽滤硫酸铜溶液，将滤液转移至蒸发皿，水浴锅上加热、蒸发、浓缩至溶液表面刚出现晶膜，立即停止加热。让蒸发皿冷却至室温或稍冷片刻，再将蒸发皿放在盛有冷水的烧杯上冷却，逐渐长出蓝色晶体，先是棒状，再长大成棱形的五水合硫酸铜晶体。抽滤，尽量抽干，取出晶体，可用滤纸吸干水分，称其质量。

8. 计算产率

$$产率=\frac{五水合硫酸铜产品质量}{理论产量}\times 100\%$$

$$理论产量=\frac{称取的铜屑质量\times M_{CuSO_4 \cdot 5H_2O}}{M_{Cu}}$$

式中，$M_{CuSO_4 \cdot 5H_2O}$ 为五水合硫酸铜的摩尔质量；M_{Cu} 为铜的摩尔质量。

制备硫酸铜

【任务总结】

1. 技术提示

(1) 蒸发浓缩时，不能将滤液蒸干。

(2) 蒸发浓缩时液面中间结膜较好，从边上结膜说明边上温度高，晶体容易失水。

(3) 趁热抽滤时如果温度下降，出现蓝色的晶体，使用少量的热蒸馏水溶解，保证都转移至蒸发皿中。

2. 思考与讨论

见相应任务工单。

3. 技术总结与拓展

围绕以下问题进行总结：加热浓缩滤液时，不使用水浴加热，或对五水合硫酸铜再加热会得到什么物质？如何更好地判断浓缩完成的时间？

【任务评价】

任务考核评价表

班级：		姓名：	学号：		
序号	考核项目	考核标准	权重	得分	备注
1	实验安全与健康	未按要求穿戴口罩/实验服/护目镜/手套等扣除该项所有分数	5		
2	实验卫生	工作场所全程干净整洁，无试剂洒落，若不满足，扣除所有分数	5		
3	环境保护	正确处理回收实验过程中用到的可能对环境造成不良影响的试剂耗材，如出现一次处理不当，扣 1 分，直至全部扣完	10		
4	实验操作	(1)没调节 pH 值：扣 3 分； (2)蒸发皿装液过多：扣 3 分； (3)蒸发浓缩过干：扣 5 分； (4)抽滤瓶连接不正确：扣 3 分； (5)抽滤结束时的操作不正确：扣 3 分	30		

续表

序号	考核项目	考核标准	权重	得分	备注
5	数据分析	产率小于30%扣10分； 产率大于100%扣10分	30		
6	思考与讨论	要点清晰，答题准确，每题2.5分	10		
7	综合考核	按时签到，课堂表现积极主动	10		
8	合计		100		

任务3 工业制备纯碱碳酸钠

【任务导入】

纯碱碳酸钠是一种重要的无机化工原料，广泛用于医药、造纸、冶金、玻璃、纺织、染料等工业，用作食品工业发酵剂等。20世纪20年代，侯德榜先生揭开了氨碱法制碱技术的奥秘，主持建成亚洲第一家纯碱厂，1943年创立的侯氏制碱法缩短了生产流程，减少了对环境的污染，降低了纯碱的成本，克服了氨碱法的不足。该方法曾在全球享有盛誉，得到普遍采用，在人类化学工业史上写下了光辉的一页。

本次任务要求每位同学利用氯化钠和碳酸氢铵制备碳酸钠，规范完成实验操作，正确制备碳酸钠，准确处理数据结果，并整理提交任务工单。

【任务目标】

1. 了解制碱法的反应原理。
2. 学会利用各类盐类溶解度的差异，通过复分解反应制取化合物的方法。
3. 掌握溶解、过滤、蒸发等无机制备实验的基本操作。
4. 学习榜样的力量，树立文化自信。

【任务准备】

1. 碳酸钠制备原理

氯化钠和碳酸氢铵反应生成碳酸氢钠和氯化铵，碳酸氢钠经过高温灼烧，失去二氧化碳和水，生成碳酸钠，反应式如下：

$$NH_4HCO_3 + NaCl \longrightarrow NaHCO_3 + NH_4Cl$$

$$2NaHCO_3 \longrightarrow Na_2CO_3 + H_2O + CO_2\uparrow$$

2. 产品含量测定原理

常用酸碱滴定法检测碳酸钠产品的质量。以盐酸标准溶液作为滴定液，滴定反应式如下：

$$2HCl + Na_2CO_3 \longrightarrow 2NaCl + H_2CO_3$$

$$H_2CO_3 \longrightarrow H_2O + CO_2 \uparrow$$

反应生成的碳酸部分分解成二氧化碳逸出，到达化学计量点时，溶液的 pH 为 3.8～3.9，以甲基橙为指示剂，滴定至橙色即为终点。

【任务实施】

1. 制备中间产物碳酸氢钠

取 25％氯化钠溶液 25mL 于烧杯中，放在水浴上加热，温度控制在 30～35℃。在不断搅拌的情况下，分次加入 10g 研细的碳酸氢铵固体粉末，加完后继续保温，并不时搅拌反应物，使反应充分进行 20min 后，静置，抽滤，得到碳酸氢钠晶体。用少量混合溶液（饱和碳酸氢钠溶液：乙醇＝1：1）洗涤晶体（除去黏附的铵盐），再尽量抽干。

2. 制备碳酸钠

将制得的中间产物碳酸氢钠置入蒸发皿中，在石棉网上灼烧 30min，同时必须用玻璃棒不停翻搅，得到干燥细粉状的碳酸钠，冷却至室温，称量。

3. 计算产率

$$产率 = \frac{碳酸钠产品质量}{理论产量} \times 100\%$$

根据反应物之间的化学计量关系和实验中有关反应物的实际用量，确定产品产率的计算基准，然后计算出理论产量。

4. 测定碳酸钠（产品）含量

（1）配制 $0.1mol \cdot L^{-1}$ 盐酸溶液

通过计算求出配制 $0.1mol \cdot L^{-1}$ 盐酸溶液 500mL 所需浓盐酸（相对密度为 1.19，物质的量浓度约 $12.0mol \cdot L^{-1}$）的体积。首先在 500mL 容量瓶中加入 100mL 蒸馏水，然后用移液管移取计算量的浓盐酸，转移至容量瓶中，摇匀、定容，贴上标签后待标定。

（2）标定 $0.1mol \cdot L^{-1}$ 盐酸溶液

减量称量法称取已烘干的基准物质无水碳酸钠 0.12～0.20g 3 份，分别放入 250mL 锥形瓶中。各加入 20.00mL 蒸馏水使其溶解，加甲基橙指示剂 2 滴（不能同时加指示剂），用配制好的 $0.1mol \cdot L^{-1}$ 盐酸溶液滴定。终点前用锥形瓶内壁靠在滴定管尖嘴处得半滴，再用洗瓶冲洗瓶壁，反复操作至溶液呈橙色，静置 30s 不褪色，再剧烈摇动锥形瓶加速碳酸分解（或将溶液加热煮沸 2min 除二氧化碳，冷却后），再次滴至橙色即为终点，记录消耗盐酸标准溶液的体积读数 V_1。做三次平行实验，同时做空白实验，记录消耗盐酸标准溶液的体积读数 V_2。

$$c = \frac{m_{Na_2CO_3}}{(V_1 - V_2) M_{\frac{1}{2}Na_2CO_3}}$$

式中，c 是盐酸溶液的物质的量浓度，$mol \cdot L^{-1}$；$m_{Na_2CO_3}$ 是碳酸钠基准试剂的质量，g；$M_{\frac{1}{2}Na_2CO_3}$ 是 $\frac{1}{2}$ 碳酸钠的摩尔质量，$g \cdot mol^{-1}$；V_1、V_2 分别是用盐酸滴定碳酸钠时消耗盐酸溶液和空白实验的体积，mL。

（3）测定产品含量

准确称取 1.2～1.5g 产品用蒸馏水将其溶解配成溶液，用 250mL 容量瓶定容。用 25mL 移液管分别移取 25mL 至三只锥形瓶中，加 20mL 蒸馏水和两滴甲基橙指示剂，用已标定的盐酸溶液滴定至溶液变为橙色，即为终点，记下所用盐酸的体积。计算产品含量。

【任务总结】

1. 技术提示

（1）碳酸氢钠固体粉末不能一次性加入氯化钠溶液中。

（2）碳酸氢钠加热分解时注意经常翻搅。

2. 思考与讨论

见相应任务工单。

3. 技术总结与拓展

可以围绕配制浓酸溶液的注意事项、标定盐酸溶液时如何控制指示终点、如何准确读数等内容进行总结。

【任务评价】

任务考核评价表

班级：		姓名：	学号：		
序号	考核项目	考核标准	权重	得分	备注
1	实验安全与健康	未按要求穿戴口罩/实验服/护目镜/手套等扣除该项所有分数	5		
2	实验卫生	工作场所全程干净整洁，无试剂洒落，若不满足，扣除所有分数	10		
3	环境保护	正确处理回收实验过程中用到的可能对环境造成不良影响的试剂耗材，如出现一次处理不当，扣 1 分，直至全部扣完	10		
4	实验操作	(1)蒸发皿装液过多：扣 3 分； (2)蒸发浓缩不搅动：扣 5 分； (3)抽滤瓶连接不正确：扣 3 分； (4)抽滤结束时的操作不正确：扣 3 分； (5)洗涤/试漏/润洗/装液/排空气与调零操作不当：各扣 5 分； (6)滴定姿势/滴定速度/摇瓶/半滴操作/终点判断/读数/记录不正确：各扣 5 分	35		
5	数据分析	产率小于 30%扣 10 分； 产率大于 100%扣 10 分	25		
6	思考与讨论	要点清晰，答题准确，每题 5 分	10		
7	综合考核	按时签到，课堂表现积极主动	5		
8	合计		100		

任务 4 制备氢氧化铝

【任务导入】

我国每年都有大量废弃的铝，如铝质的牙膏皮、铝制器皿、铝饮料罐、药物包装用的铝板等。对废铝进行回收利用，既保护环境，又能节约资源。例如回收的易拉罐、断桥铝和发动机壳等各种废铝可以先通过粉碎机进行撕碎，再将废铝揉搓成小颗粒，进行后续的熔炼，可大大提高熔炼的效率。以这类铝为原料，可生产制备各种铝的化合物。

本次任务是请同学们利用身边的废铝资源制备氢氧化铝。以小组为单位，按实验要求完成氢氧化铝的制备实验，并记录分析实验现象，处理实验数据，按时提交任务工单。

【拓展阅读】

那些低碳环保的饮料包装

每年全世界饮用水市场中，10%以上的为瓶装水。每生产 1 瓶塑料包装饮用水，需要消耗 3 瓶的水量和四分之一瓶石油，制造 1 吨聚对苯二甲酸乙二醇酯（PET）会产出约 3 吨的二氧化碳。为此，开发低碳环保减塑型包装成为饮料包装领域的一大环保课题。

近年来，各个品牌均在努力减少环境污染和损耗。2019 年 9 月起，雪碧从标志性的绿瓶更换为更易回收的透明塑料瓶。2021 年，可口可乐希腊装瓶公司与 Graphic Packaging 合作使用新的 QuikFlex 纸板技术替代其塑料瓶包装；百威英博在英国推出 440mL“超低碳”铝罐，碳足迹仅为普通铝罐的 5%；三得利集团则制造出由 100%植物材料制成的 PET 瓶，原料完全来自木片和糖蜜。利乐中国的环保创新包装技术，如“取不掉的一体化瓶盖”和 E3 超高速灌装机，可减少塑料使用，提高可再生材料占比。Pathwater 提出了铝罐瓶装水的可靠商用方案，生产了可重复使用、可回收的铝制水瓶，并且不断改进包装，让铝罐真正安全、耐用、轻便、经济；内装水经过反渗透过程去除杂质，同时加入电解质补充营养；它有别于其他铝制容器的是，瓶壁更厚、开口更宽，方便重复使用和回收填充。

【任务目标】

1. 通过由废铝制备氢氧化铝，了解废物利用的意义。
2. 熟悉金属铝和氢氧化铝的有关性质。
3. 掌握溶解、过滤、蒸发等实验的操作技能。
4. 树立绿色环保、循环利用的理念。

【任务准备】

氢氧化铝为白色、无定形粉末，无臭无味，不溶于水，可溶于酸和碱，用作分析试剂、媒染剂，也用于制药工业和铝盐制备。

本实验采用铝酸盐法制备氢氧化铝，以废铝为原料，与 NaOH 反应得到偏铝酸钠溶液，然后与 NH_4HCO_3 溶液反应得到氢氧化铝沉淀，其反应式为：

$$2Al+2NaOH+6H_2O \xlongequal{} 2Na[Al(OH)_4]+3H_2\uparrow$$

或

$$2Al+2NaOH+2H_2O \xlongequal{} 2NaAlO_2+3H_2\uparrow$$

$$2NaAlO_2+NH_4HCO_3+2H_2O \xlongequal{} Na_2CO_3+2Al(OH)_3\downarrow+NH_3\uparrow$$

【任务实施】

1. 废铝预处理

对废铝进行表面处理，如除去表面的油漆、油脂等，并将其剪成碎屑，以加快溶解速率。

2. 制备偏铝酸钠

称取 2.000g 铝屑。快速称取 4.400g（超出理论量的 50%）NaOH（固体）于 250mL 锥形瓶中，加入 100mL 蒸馏水溶解，恒温水浴锅上加热，并分次加入 2.000g 铝屑，反应开始后停止加热，并以加铝屑的快慢、多少控制反应速率（反应激烈，以表面皿作盖，防止碱液溅出伤人）。反应至不再有气体产生后，用布氏漏斗减压过滤，将滤液转入 250mL 烧杯中，用少量水淋洗反应锥形瓶两次，对淋洗液再次抽滤，将淋洗液一并转入 250mL 烧杯中。

3. 合成氢氧化铝

将上述偏铝酸钠溶液加热至沸，在不断搅拌下，将 150mL 饱和 NH_4HCO_3 溶液以细流状加入其中，逐渐有沉淀生成，并将沉淀搅拌约 5 分钟。静置澄清，检验是否沉淀完全，待沉淀完全后，用布氏漏斗减压过滤。

4. 氢氧化铝的洗涤、干燥

将氢氧化铝沉淀转入 400mL 烧杯中，加入约 200mL 近沸的蒸馏水，在搅拌下加热 2～3min，静置澄清，倾出清液，重复上述操作两次。最后一次将沉淀移入布氏漏斗减压过滤，并用 100mL 近沸蒸馏水洗涤（此时滤液的 pH 为 7～8），抽干，将氢氧化铝移至表面皿上，放入烘箱中，在 80℃ 下烘干，冷却后称量。

5. 计算产率

$$产率=\frac{氢氧化铝产品质量}{理论产量}\times 100\%$$

$$理论产量=\frac{称取的铝屑质量\times M_{Al(OH)_3}}{M_{Al}}$$

式中，$M_{Al(OH)_3}$ 为氢氧化铝的摩尔质量；M_{Al} 为铝的摩尔质量。

【任务总结】

1. 技术提示

(1) 对偏铝酸钠溶液加热，加入饱和 NH_4HCO_3 溶液的整个过程需不停搅拌，停止加热后还需搅拌一会儿，防止溅出。

(2) 铝与 NaOH 反应生成大量氢气，且反应过程激烈，因此用锥形瓶在恒温水浴锅上加热进行，可以防止溶液被大量蒸发。

(3) 生成的氢氧化铝是胶状沉淀，过滤较慢，为加快过滤速度，可以选用孔隙大的快速滤纸过滤。

2. 思考与讨论

见相应任务工单。

3. 技术总结与拓展

可以围绕以下内容进行总结：如何检验合成氢氧化铝沉淀的反应是否完全？判断产物是否为氢氧化铝的技巧。

【任务评价】

任务考核评价表

班级：		姓名：	学号：		
序号	考核项目	考核标准	权重	得分	备注
1	实验安全与健康	未按要求穿戴口罩/实验服/护目镜/手套等扣除该项所有分数	5		
2	实验卫生	工作场所全程干净整洁，无试剂洒落，若不满足，扣除所有分数	10		
3	环境保护	正确处理回收实验过程中用到的可能对环境造成不良影响的试剂耗材，如出现一次处理不当，扣 1 分，直至全部扣完	10		
4	实验操作	(1)没检验 pH 值：扣 3 分； (2)反应过于激烈：扣 5 分； (3)偏铝酸钠溶液加入饱和 NH_4HCO_3 溶液的过程中没有搅拌：扣 5 分； (4)抽滤瓶连接不正确：扣 3 分； (5)抽滤结束时的操作不正确：扣 3 分	35		
5	数据分析	产率小于 30%扣 10 分； 产率大于 100%扣 10 分	25		
6	思考与讨论	要点清晰，答题准确，每题 5 分	10		
7	综合考核	按时签到，课堂表现积极主动	5		
8	合计		100		

任务5 制备硝酸钾

【任务导入】

在农业中，硝酸钾是一种优质的无氯氮钾复合肥，具有高溶解性，其有效成分氮和钾均能迅速被作物吸收，无化学物质残留。在工业中，硝酸钾广泛用于制造黑火药、火柴、焰火、导火索、金属焊接助剂、合成氨催化剂、玻璃制品、光学玻璃、陶瓷、计算机显示器和彩电玻壳等。在医药上，硝酸钾可用作利尿剂、发汗剂、清凉剂及用于生产青霉素钾盐、利福平等药物。在食品行业中，硝酸钾可用作肉制品的发色剂、防腐剂。但需注意的是，硝酸钾是一种强氧化剂，与有机物接触能引起燃烧和爆炸。因此，硝酸钾应储于阴凉干燥处，远离火种、热源。

本次任务以小组为单位，按实验要求完成硝酸钾的制备实验，并记录分析实验现象，处理实验数据，总结技术要领，按时提交任务工单。

【任务目标】

1. 了解利用不同盐在不同温度下的溶解度差异制备易溶盐的原理和方法。
2. 掌握溶解、过滤、蒸发、结晶等实验的操作技能。
3. 具有安全防范意识。

【任务准备】

利用硝酸钠和氯化钾通过复分解反应来制取硝酸钾。当氯化钾和硝酸钠溶液混合时，混合液中同时存在，由 K^+、Na^+、Cl^-、NO_3^- 组成的四种盐，在不同的温度下有不同的溶解度（表 2-1），利用氯化钠、硝酸钾的溶解度随温度变化而变化的差别，高温除去氯化钠，将滤液冷却得到硝酸钾。其反应式如下：

$$KCl + NaNO_3 \xlongequal{} KNO_3 + NaCl$$

表 2-1　KCl、$NaNO_3$、KNO_3、NaCl 四种盐在水中的溶解度

单位：$g \cdot 100g^{-1}$

物质	0℃	10℃	20℃	30℃	40℃	60℃	80℃	100℃
KNO_3	13.3	20.9	31.6	45.8	63.9	110.0	169	246
KCl	27.6	31.0	34.0	37.0	40.0	45.5	51.1	56.7
$NaNO_3$	73	80	88	96	104	124	148	180
NaCl	35.7	35.8	36.0	36.3	36.6	37.3	38.4	39.8

【任务实施】

1. 硝酸钾的制备

（1）称取样品溶解、加热

用电子天平称取 10.0g 硝酸钠固体和 8.5g 氯化钾固体，放入 100mL 烧杯中，然后向其中加入 20mL 蒸馏水。搅拌均匀后，将烧杯置于放有石棉网的电炉上加热，并不断搅拌，至烧杯内的固体全部溶解，记下此时烧杯中液面的位置。当溶液沸腾时，用温度计测量溶液的温度，并记录。

（2）蒸发浓缩

继续加热溶液并不断搅拌，至溶液体积减小为原体积的 2/3 时，已有氯化钠晶体析出。此时应趁热快速减压抽滤。注意，抽滤所用的布氏漏斗需要在沸水或烘箱中预热。将抽滤得到的滤液移至烧杯中，并用 5mL 热蒸馏水分数次洗涤抽滤瓶，将洗液一并转入盛滤液的烧杯中，记下此时烧杯中液面的位置。加热至滤液体积减小为原体积的 3/4 时，冷却至室温，观察晶体状态。

（3）抽滤、干燥

减压抽滤，去除滤液，将硝酸钾晶体尽量抽干，得到硝酸钾粗品，称量。

（4）计算产率

根据实验量取滤液的体积，设为 V，假设室温为 10℃（在 10℃时硝酸钾的溶解度为 $20.9\text{g}\cdot100\text{g}^{-1}$），则滤液中应该含有硝酸钾的质量 X 为：

$$X=20.9\div100\times V$$

$$\text{理论产量}=\frac{\text{称取的氯化钾质量}\times M_{\mathrm{KNO_3}}}{M_{\mathrm{KCl}}}-X$$

$$\text{产率}=\frac{\text{硝酸钾粗产品质量}}{\text{理论产量}}\times100\%$$

式中，$M_{\mathrm{KNO_3}}$ 为硝酸钾的摩尔质量；M_{KCl} 为氯化钾的摩尔质量。

2. 硝酸钾的重结晶提纯

留下绿豆大小的晶体供纯度检验用。其余的按粗产品与水的质量比为 2∶1，溶于蒸馏水中，加热、搅拌，待晶体全部溶解后，停止加热。待冷却至室温后减压抽滤，即得到纯度较高的硝酸钾晶体，称量，计算重结晶率。

3. 产品纯度检验

分别取绿豆大小的粗产品和一次重结晶得到的产品，放入两支小试管中，各加入 2mL 蒸馏水配成溶液。在溶液中分别滴加 $0.1\text{mol}\cdot\text{L}^{-1}$ 的硝酸银溶液 2 滴，对比观察现象。重结晶后的产品溶液应为澄清，否则说明产品溶液中还含有氯离子，应再次重结晶。

【任务总结】

1. 技术提示

（1）小火加热，并且不断地搅拌，防止暴沸。

（2）直接加热烧杯中的液体时，应在热源上放置石棉网，以防容器因受热不均而发生炸裂。烧杯中所盛放的液体不得超过其容积的1/2。

(3) 趁热过滤时应当先将布氏漏斗在沸水或烘箱中预热，然后快速过滤。

(4) 在洗涤抽滤瓶时，需要用热水分次洗涤。

2. 思考与讨论

见相应任务工单。

3. 技术总结与拓展

围绕以下问题进行总结：实验成败的关键在何处？应该采取哪些措施才能提高实验成功率？

【任务评价】

任务考核评价表

班级：		姓名：	学号：		
序号	考核项目	考核标准	权重	得分	备注
1	实验安全与健康	未按要求穿戴口罩/实验服/护目镜/手套等扣除该项所有分数	5		
2	实验卫生	工作场所全程干净整洁，无试剂洒落，若不满足，扣除所有分数	10		
3	环境保护	正确处理回收实验过程中用到的可能对环境造成不良影响的试剂耗材，如出现一次处理不当，扣1分，直至全部扣完	10		
4	实验操作	(1)烧杯加热不规范(如无石棉网、盛液过多)：各扣3分； (2)蒸发皿装液过多：扣5分； (3)蒸发浓缩过干：扣5分； (4)抽滤瓶连接不正确：扣5分； (5)抽滤结束时的操作不正确：扣5分	30		
5	数据分析	产率小于30%扣10分； 产率大于100%扣10分	25		
6	思考与讨论	要点清晰，答题准确，每题5分	15		
7	综合考核	按时签到，课堂表现积极主动	5		
8	合计		100		

项目四

测定物理量与验证化学原理

【项目导言】

本项目作为无机化学实验的验证化学原理和测定物理量的重要内容，包含了 9 个任务，主要包括摩尔气体常数、中和热、反应速率和活化能、解离常数和稳定常数等物理量的测定以及验证氧化还原反应等内容。同学们通过认真学习理解实验的设计、步骤，进行数据处理和结论分析等关键环节，可以很好地理解抽象的化学原理和物理量，进一步提升分析和解决实验问题的能力。

【项目目标】

知识目标

1. 知晓摩尔气体常数、中和热等典型物理常数的测定方法。
2. 理解各种物理常数的测定原理。
3. 能绘制冷却曲线和时间-温度曲线。
4. 理解浓度、温度、催化剂对反应速率的影响。

技能目标

1. 能够采用正确的方法测定典型的物理常数。
2. 能够根据时间-温度曲线，用外推法求温度差。
3. 能正确处理实验数据。

素质目标

1. 能够运用定律和原理解决问题。
2. 实验过程中具备实事求是的实验态度和精益求精的工匠精神。

任务1 测定摩尔气体常数

【任务导入】

摩尔气体常数（又称通用、理想气体常数及普适气体常数，符号为R）是一个在物态方程式中联系各个热力学函数的物理常数。与它相关的另一个常数叫玻尔兹曼常量(Boltzmann constant)，但用于理想气体定律时通常会被写成更方便的每开尔文每摩尔的单位能量，而不写成每粒子每开尔文的单位能量，即$R=kN_A$（N_A为阿伏伽德罗常数，k为玻尔兹曼常数）。理想气体状态方程中的摩尔气体常数R的准确数值，是通过实验测定出来的。

本次实验任务要求每位同学测定摩尔气体常数，独立完成工作任务，记录实验中的现象和出现的问题，进行实验过程中的技术总结，提交任务工单。

【任务目标】

1. 能理解并运用测定摩尔气体常数的方法。
2. 能理解并运用分压定律与气体状态方程。
3. 能正确完成分析天平的使用与测量气体体积的操作。
4. 具有实验室安全意识。

【任务准备】

气体状态方程的表达式为：

$$pV=nRT=\frac{m}{M_r}RT \tag{1}$$

式中 p——气体的压力或分压，Pa；

V——气体体积，L；

n——气体的物质的量，mol；

m——气体的质量，g；

M_r——气体的摩尔质量，$g \cdot mol^{-1}$；

T——气体的温度，K；

R——摩尔气体常数（文献值：$8.31 Pa \cdot m^3 \cdot K^{-1} \cdot mol^{-1}$ 或 $J \cdot K^{-1} \cdot mol^{-1}$）。

可以看出，只要测定一定温度下给定气体的体积V、压力p与气体的物质的量n或质量m，即可求得R的数值。

本实验利用金属（如Mg、Al或Zn）与稀酸置换出氢气的反应，求取R值。例如：

$$Mg(s)+2H^+(aq)=\!=\!=Mg^{2+}(aq)+H_2(g) \tag{2}$$

$$\Delta_r H^{\ominus}_{m\,298}=-466.85 kJ \cdot mol^{-1}$$

式中，s 表示固态（分子），aq 表示水合的离子（或分子），g 表示气态（分子）。

将已精确称量的一定量镁与过量稀酸反应，用排水集气法收集氢气。氢气的物质的量可根据式（2）由金属镁的质量求得：$n_{H_2}=\frac{m_{H_2}}{M_{H_2}}=\frac{m_{Mg}}{M_{Mg}}$。

由量气管可测出在实验温度与大气压力下，反应所产生的氢气体积。

由于量气管内所收集的氢气是被水蒸气所饱和的，根据分压定律，氢气的分压 p_{H_2}，应是混合气体的总压 p（以 100kPa 计）与水蒸气分压 p_{H_2O} 之差：

$$p_{H_2}=p-p_{H_2O} \tag{3}$$

将所测得的各项数据代入式（1）可得：

$$R=\frac{p_{H_2}V}{n_{H_2}T}=\frac{(p-p_{H_2O})V}{n_{H_2}T} \tag{4}$$

【任务实施】

1. 镁条的称量

取两根镁条，用砂纸擦去其表面氧化膜并用称量纸包好，然后在分析天平上分别称出其质量，记下质量，待用（也可由实验室老师预备）。

镁条质量以 0.0300～0.0400g 为宜。镁条质量若太小，会增大称量及测定的相对误差。质量若太大，则产生的氢气体积可能超过量气管的容积而无法测量。称量要求准确至±0.0001g。

2. 仪器的装置和检查

按照图 2-1 组装仪器。注意应将铁圈装在滴定管夹的下方，以便可以自由移动水准瓶（漏斗）。打开量气管的橡胶塞，从水准瓶注入自来水，使量气管内液面略低于刻度“0”（若液面过低或过高，则会带来什么影响?）。上下移动水准瓶，以赶尽附着于橡胶管和量气管内壁的气泡，然后塞紧量气管的橡胶塞。

为了准确量取反应中产生的氢气体积，整个装置不能有泄漏之处。检查漏气的方法如下：塞紧装置中连接处的橡胶管，然后将水准瓶（漏斗）向下（或向上）移动一段距离，使水准瓶内液面低于（或高于）量气管内液面。若水准瓶位置固定后，量气管内液面仍不断下降（或上升），表示装置漏气，则应检查各连接处是否严密（注意橡胶塞及导气管间的连接是否紧密）。务必使装置不再漏气，然后将水准瓶放回检漏前的位置。

3. 金属与稀酸反应前的准备

取下反应用试管，将 4～5mL 3mol·L^{-1} H_2SO_4 溶液通过漏斗注入试管中（将漏斗移出试管时，不能让酸液沾在试管壁上）。稍稍倾斜试管，将已称好质量的镁条按压平整后蘸少许水贴在试管壁上部，如图 2-2 所示，确保镁条不与硫酸接触，然后小心固定试管，塞紧（旋转）橡胶塞（动作要轻缓，谨防镁条落入稀酸溶液中）。

再次检查装置是否漏气。若不漏气，可调整水准瓶位置，使其液面与量气管内液面保持在同一水平面，然后读出量气管内液体的弯月面最低点读数。要求读准至±0.01mL，并记下读数（为使液面读数尽量准确，可移动铁圈位置，设法让水准瓶与量气管位置尽量靠近）。

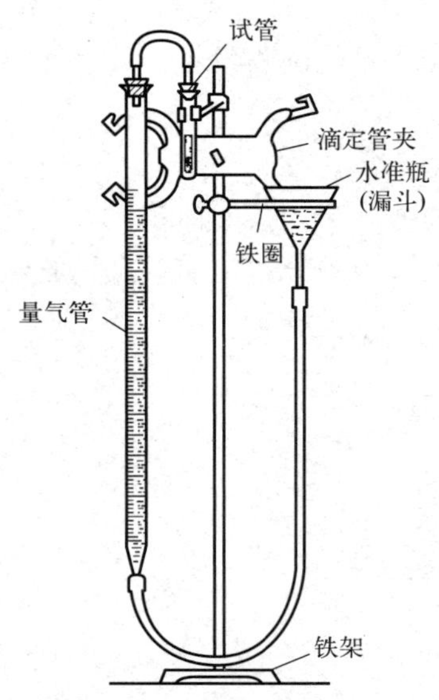

图 2-1 摩尔气体常数测定装置

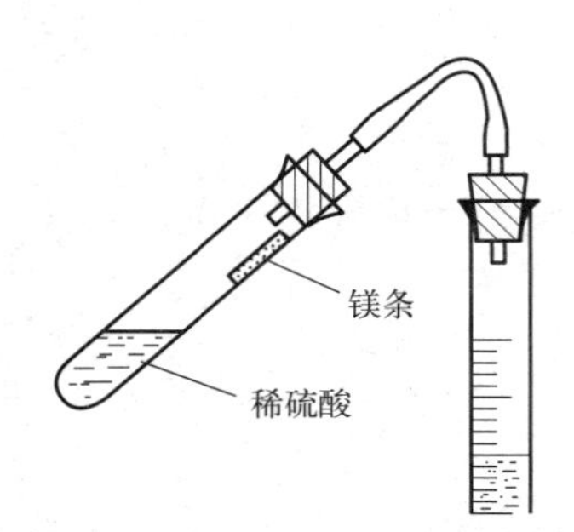

图 2-2 镁条贴在试管壁上半部

4. 氢气的产生、收集和体积的量度

松开铁夹，稍稍抬高试管底部，使稀硫酸与镁条接触（切勿让酸碰到橡胶塞）；待镁条落入稀酸溶液中后，再将试管恢复原位。此时反应产生的氢气会使量气管内液面开始下降。为了不因量气管内气压增大而引起漏气，在液面下降的同时应慢慢向下移动水准瓶，使水准瓶内液面随量气管内液面一齐下降，直至反应结束，量气管内液面停止下降。

待反应试管冷却至室温（需 10 多分钟），再次移动水准瓶，使其与量气管的液面处于同一水平面，读出并记录量气管内液面的位置。每隔 2～3min 读数一次，直到读数不变为止，记下最后的液面读数及此时的室温和大气压力。

打开试管口的橡胶塞，弃去试管内的溶液，洗净试管，并取另一份镁条和硫酸溶液重复进行一次实验。记录实验结果。

【任务总结】

1. 技术提示

(1) 将铁圈装在滴定管夹的下方，以便可以自由移动水准瓶（漏斗）。

(2) 橡胶塞与试管和量气管口要先试试是否合适后再塞紧，不能硬塞，防止管口塞烂。

(3) 从水准瓶注入自来水，使量气管内液面略低于刻度“0”。

(4) 橡胶管内气泡排净标志：橡胶管内透明度均匀，无浅色块状部分。

(5) 气路通畅：试管和量气管间的橡胶管勿打折，保证通畅后再检查漏气或进行反应。

(6) 装 H_2SO_4：用漏斗将 H_2SO_4 注入试管中，不能让酸液沾在试管壁上。

(7) 贴镁条：将镁条按压平整后蘸少许水贴在试管壁上部，确保镁条不与硫酸接触，然后小心固定试管，塞紧（旋转）橡皮塞，谨防镁条落入稀酸溶液中。

(8) 反应：检查不漏气后再反应（切勿使酸碰到橡胶塞）。

(9) 读数：调两液面处于同一水平面，冷却至室温后读数（小数点后两位，单位为 mL）。

2. 思考与讨论

见相应任务工单。

3. 技术总结与拓展

依据实验数据分析实验结果是否理想、存在的问题、改进措施（建议从金属与稀酸反应前的准备，反应后气体的产生、收集、量度，以及测量误差分析等方面进行总结与提升）。

【任务评价】

任务考核评价表

<table>
<tr><td colspan="2">班级：</td><td colspan="2">姓名：</td><td colspan="3">学号：</td></tr>
<tr><td>序号</td><td>考核项目</td><td colspan="2">考核标准</td><td>权重</td><td>得分</td><td>备注</td></tr>
<tr><td>1</td><td>实验安全与健康</td><td colspan="2">未按要求穿戴口罩/实验服/护目镜/手套等扣除该项所有分数</td><td>5</td><td></td><td></td></tr>
<tr><td>2</td><td>溶液的配制</td><td colspan="2">仪器的验漏、洗涤、润洗，溶液的移取、稀释、定容等，每出现1次错误扣1分</td><td>10</td><td></td><td></td></tr>
<tr><td rowspan="4">3</td><td rowspan="4">摩尔气体常数的测定</td><td>称量操作</td><td>擦去氧化膜、正确使用分析天平，准确称量、准确记录等，每出现1次错误扣1分，扣完为止</td><td rowspan="4">35</td><td rowspan="4"></td><td rowspan="4"></td></tr>
<tr><td>仪器的装置与检查</td><td>铁圈固定、液面调节、检漏、洗涤、润洗、装溶液、排气泡等，每出现1次错误扣1分，扣完为止</td></tr>
<tr><td>反应前的准备</td><td>管尖残液处理正确、硫酸注入试管禁止沾壁、放置镁条勿与硫酸接触、固定试管等操作要动作轻缓，谨防镁条落入稀酸中，每出现1次错误扣2分，扣完为止</td></tr>
<tr><td>气体收集量度</td><td>准确记录液面位置，准确读数，每出现1次错误扣1分，扣完为止</td></tr>
<tr><td>4</td><td>记录数据</td><td colspan="2">正确读数，规范、及时记录数据，每错1个扣1分，扣完为止</td><td>5</td><td></td><td></td></tr>
<tr><td>5</td><td>处理数据</td><td colspan="2">计算过程规范、正确，每错1个扣2分，扣完为止</td><td>10</td><td></td><td></td></tr>
<tr><td rowspan="3">6</td><td rowspan="3">精密度</td><td colspan="2">相对极差≤0.5%</td><td>10</td><td rowspan="3"></td><td rowspan="3"></td></tr>
<tr><td colspan="2">0.5%<相对极差≤1.0%</td><td>5</td></tr>
<tr><td colspan="2">相对极差>1.0%</td><td>0</td></tr>
<tr><td>7</td><td>文明操作</td><td colspan="2">将废液、废纸按要求回收至指定容器，实验台面收拾整洁，仪器摆放整齐，关闭水、电、火、门窗。未达到要求扣除该项所有分数</td><td>5</td><td></td><td></td></tr>
<tr><td>8</td><td>重大失误</td><td colspan="2">损坏实验仪器1件，根据仪器重要性倒扣5分或10分</td><td></td><td></td><td></td></tr>
<tr><td>9</td><td>思考与讨论</td><td colspan="2">要点清晰，答题准确，第1～2题每题2分，第3题6分</td><td>10</td><td></td><td></td></tr>
<tr><td>10</td><td>综合考核</td><td colspan="2">考勤、纪律、课堂表现、实验参与度和完成情况等</td><td>10</td><td></td><td></td></tr>
<tr><td>11</td><td colspan="3">合计</td><td>100</td><td></td><td></td></tr>
</table>

任务 2 凝固点降低法测定硫的摩尔质量

【任务导入】

摩尔质量是一个物理量，单位物质的量的物质所具有的质量称为摩尔质量（molar mass），用符号 M 表示。当物质的量以 mol 为单位时，摩尔质量的单位为 $g \cdot mol^{-1}$，在数上等于该物质的原子量或分子量。对于某一化合物来说，它的摩尔质量是固定不变的。而物质的质量则随着物质的量不同而发生变化。

本次实验任务要求每位同学能够完成凝固点降低法测定硫的摩尔质量，记录实验中的现象和出现的问题，进行实验过程中的技术总结，提交任务工单。

【任务目标】

1. 能理解并运用凝固点降低法测定摩尔质量的原理和方法。
2. 能正确认识硫-萘体系冷却过程，练习绘制冷却曲线。
3. 具有实验室安全意识。

【任务准备】

溶剂中有溶质溶解时，溶液的凝固点就要降低。若溶质不和溶剂生成固溶体，而且溶液是难挥发的非电解质稀溶液，则溶液的凝固点降低值 ΔT_f，与溶液的浓度成正比：

$$\Delta T_f = T_f^* - T_f = K_f b = K_f \frac{1000m_1}{Mm_2}$$

式中，ΔT_f 为凝固点降低值；T_f^* 为溶剂的凝固点；T_f 为稀溶液的凝固点；K_f 为溶剂质量摩尔凝固点降低常数，$K \cdot kg \cdot mol^{-1}$，它与溶剂性质有关，不同溶剂有不同的 K_f 值；b 为溶质的质量摩尔浓度，$mol \cdot kg^{-1}$；M 为溶质的摩尔质量，$g \cdot mol^{-1}$；m_1 和 m_2 分别为溶质和溶剂的质量，g。

利用溶液凝固点降低值与溶液浓度的关系，可测定溶质的摩尔质量。本实验是以萘（$K_f = 6.9 K \cdot kg \cdot mol^{-1}$）为溶剂来测定硫的摩尔质量。将已知量的硫溶解于一定量的萘中，通过实验测出 ΔT_f，即可求得硫的摩尔质量：

$$M = 1000K_f \frac{m_1}{m_2 \Delta T_f}$$

纯溶剂的凝固点就是它的液相和固相共存时的平衡温度。若将纯溶剂逐步冷却，在未凝固之前，温度将均匀下降。凝固时由于放出热量（熔化热），因冷却而散失的热量得到了补偿，故温度将保持不变，直到全部液体凝固后温度才继续均匀下降。其冷却曲线如图 2-3（Ⅰ）所示。A 点所对应的温度 T^* 为纯溶剂的凝固点。但实际过程中常发生过冷现象，即在其凝固点以下才开始析出固体，当开始结晶时由于放出热量，温度又开始上升，待液体全部凝固，温度再均匀下降。这种冷却曲线如图 2-3(Ⅱ）所示，B 点所对应的温度 T^* 才是溶剂的凝固点（一般可加强搅拌来避免或减弱过冷现象）。

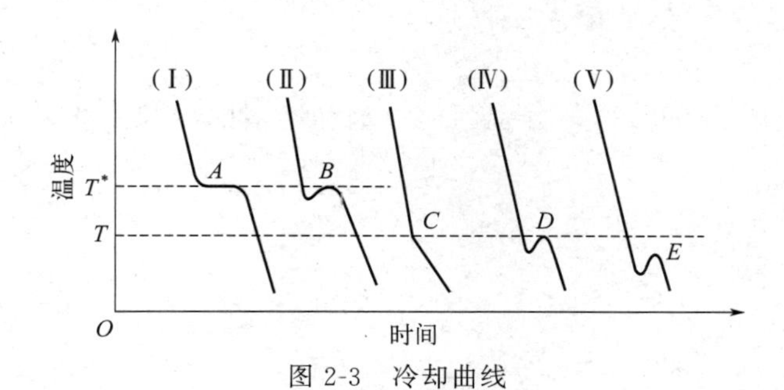

图 2-3　冷却曲线

溶液的凝固点是该溶液的液相与溶剂的固相共存时的平衡温度。若将溶液逐步冷却，其冷却曲线与纯溶剂不同，因为当溶剂一旦开始从溶液中结晶析出，溶液的浓度便随之增大，溶液的凝固点也随之进一步下降。但又因为在溶剂结晶析出时伴有热量放出，温度下降的速率就与溶剂开始凝固析出之前有所不同，因而在冷却曲线（Ⅲ）上出现一个转折点 C，这个转折点对应的温度就是溶液的凝固点，它相当于溶剂从溶液中第一次凝固析出时的温度。这时如有过冷现象，则会出现曲线（Ⅳ）上的 D 点，这时温度回升后出现的最高点才是溶液的凝固点。如果过冷现象严重，则得曲线（Ⅴ），就会使凝固点的测定结果偏低。

【任务实施】

1. 纯萘凝固点的测定

按图 2-4 所示安装仪器，其中水浴锅用一高型烧杯代替。称取 20.0g 萘，小心倒入大试管中，塞上橡胶塞。加热至大部分萘开始熔化时，取下橡胶塞，换上装有 1/10K 刻度的温度计和带有搅拌棒的橡胶塞，继续加热至萘全部熔化后，停止加热。在不停地搅拌下，从 358K 开始每隔 30s 记录一次时间和温度的数据，直到 348K 为止（可用放大镜观察温度）。

2. 硫萘溶液凝固点的测定

将上述试管中的萘重新加热至全部熔化。小心将事先称好的硫黄粉（1.00g 左右）倒入试管内，继续加热和搅拌使硫溶于萘中，得到的硫萘溶液应是均匀透明的，若有不溶的残余硫，可取下盛水的烧杯以及温度计，隔着石棉网小心用煤气灯加热试管，搅拌至硫全部溶解。停止加热，然后将试管重新放回水浴烧杯中，片刻后将温度计插回橡胶塞上（注意温度计的温度指示不要超过最高刻度），加热使硫萘溶液温度达 358K 以上。移开煤气灯，在不断搅拌下，同样从 358K 至 348K，每隔 30s 记录一次时间和温度的数据。

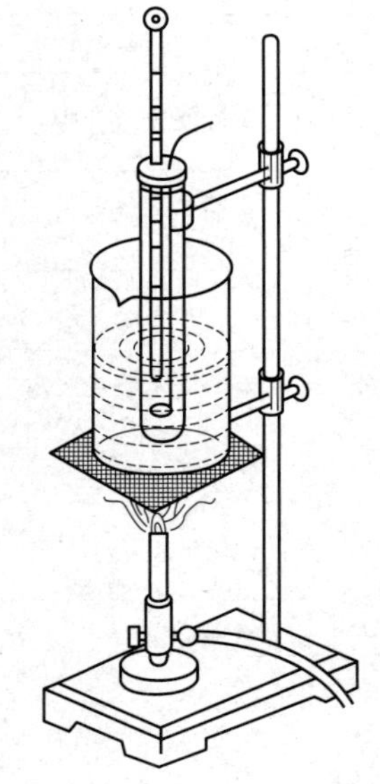
图 2-4　测定凝固点装置

实验完毕，清洗试管。清洗时先加热试管，使内容物全部熔化后，取出装有温度计和搅拌棒的橡胶塞（未熔化时切不能拔出温度计，以免折断），把熔融物倒在一个折叠成漏斗形的纸上（小心勿溅在皮肤上），冷却后放入垃圾缸。残留在试管内的硫萘混合物可用约 5mL 的环己烷溶解，然后倒入回收瓶中。

3. 记录和结果

（1）列表记录温度-时间数据，分别画出溶剂和溶液的冷却曲线，求出它们的凝固点以及 ΔT_f。

（2）计算硫的摩尔质量。

【任务总结】

1. 技术提示

（1）实验所用的试管必须洁净、干燥。

（2）冷却过程中的搅拌要充分，但不可使搅拌桨超出液面，以免把样品溅在器壁上。

（3）结晶必须完全熔化后才能进行下一次测量。

2. 思考与讨论

见相应任务工单。

3. 技术总结与拓展

依据实验数据分析实验结果是否理想、存在的问题、改进措施（建议从时间-温度数据记录、溶剂和溶液的冷却曲线绘制及测量误差分析等方面进行总结与提升）。

【任务评价】

任务考核评价表

班级：		姓名：	学号：		
序号	考核项目	考核标准	权重	得分	备注
1	实验安全与健康	未按要求穿戴口罩/实验服/护目镜/手套等扣除该项所有分数	5		
2	溶液的配制	仪器的验漏、洗涤、润洗，溶液的移取、稀释、定容等，每出现 1 次错误扣 1 分	10		
3	硫的摩尔质量测定	纯萘溶剂、硫萘溶液单独测量，从 358K 开始，每隔 30s 记录一次时间和温度的数据，直到 348K 为止	15		
		列表记录温度-时间数据，分别作出溶剂和溶液的冷却曲线，并求出它们的凝固点以及 ΔT_f，计算硫的摩尔质量	20		
4	记录数据	正确读数，规范、及时记录数据，每错 1 个扣 1 分，扣完为止	5		
5	处理数据	计算过程规范、正确，每错 1 个扣 2 分，扣完为止	10		
6	精密度	相对极差≤0.5%	10		
		0.5%＜相对极差≤1.0%	5		
		相对极差＞1.0%	0		

续表

序号	考核项目	考核标准	权重	得分	备注
7	文明操作	将废液、废纸按要求回收至指定容器，实验台面收拾整洁，仪器摆放整齐，关闭水、电、火、门窗。未达到要求扣除该项所有分数	5		
8	重大失误	损坏实验仪器1件，根据仪器重要性倒扣5分或10分			
9	思考与讨论	要点清晰，答题准确，第1～2题3分，第3题4分	10		
10	综合考核	考勤、纪律、课堂表现、实验参与度和完成情况等	10		
11	合计		100		

任务3 测定中和热

【任务导入】

化学反应的热效应在生活中有很多有趣的应用，比如暖宝宝、自热米饭等，“自热米饭”的秘诀来自饭盒底部，这里有用塑料膜密封的生石灰，在使用时需将密封膜撕掉，并倒入水，这时会发生放热的反应，产生的热量对米饭进行加热。中和热是热效应中的一种，是指在稀溶液中强酸跟强碱发生中和反应生成1mol液态水时所释放的热量。一元强酸与强碱的中和热约为57.3kJ·mol^{-1}，与酸碱种类无关，因为这实际上是1mol H^+与1mol OH^-反应生成1mol H_2O的反应热。弱酸、弱碱以及多元酸碱的中和热，因有电离热的影响，不是定值。

本次实验任务要求每位同学测定中和热，独立完成工作任务，记录实验中的现象和出现的问题，进行实验过程中的技术总结，提交任务工单。

【任务目标】

1. 能理解并运用量热法测定HCl与NaOH、HAc和NaOH的中和热。
2. 能掌握测定中和热的原理和基本操作方法。
3. 能正确制作时间-温度曲线，用外推法求温度差。
4. 具有实验室安全意识。

【任务准备】

化学反应中所吸收或放出的热量叫化学反应的热效应（ΔH）。酸碱中和反应焓变ΔH为负值，可使系统升温。将某个中和反应置于一个较为密闭的系统中，通过测定温度变化，就能算出该中和反应的热效应。

图2-5是为测定反应热而设计的量热计。它是一个保温杯，瓶胆具有真空隔热作用，紧

扣的盖上有两个洞，一个插精密温度计，另一个插环状搅拌棒，它们都用橡胶塞或橡胶管套紧，使保温杯尽量不与外界发生热交换。

反应放出的热量引起量热计和反应液温度的升高。理论上，反应放出的热量应当等于反应液得到的热量和量热计所得的热量之和。计算公式为

$$Q=(mC_{H_2O}+C_{计})\Delta T$$

式中，m 为反应液的质量；C_{H_2O} 为反应液的热容；$C_{计}$ 为量热计热容；ΔT 为温度变量。$C_{计}$ 和 ΔT 可以通过实验测出。由于反应时整个系统比周围环境温度高，尽管密闭，总会有部分热量散失。因此，实验中读到的最高温度并非系统按照 Q 值的计算公式可以达到的最高温度，实验得到的温度总是偏低。采取时间-温度作图，然后用外推法求出系统的最高温度，可以减少实验方法的误差（图 2-6）。

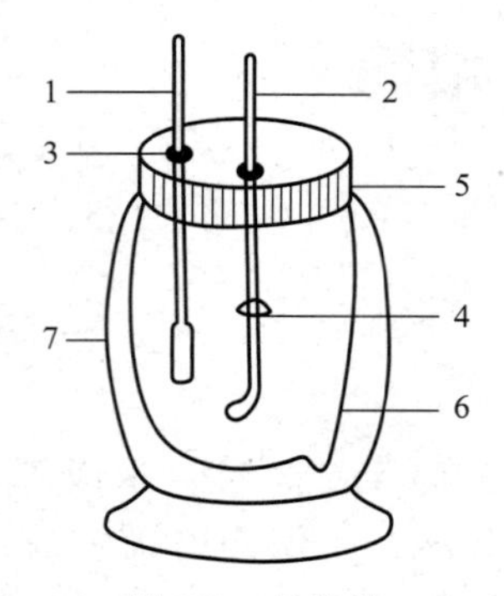

图 2-5　量热计

1—温度计；2—搅拌棒；3—橡胶塞；

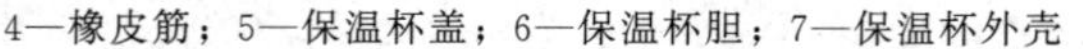
4—橡皮筋；5—保温杯盖；6—保温杯胆；7—保温杯外壳

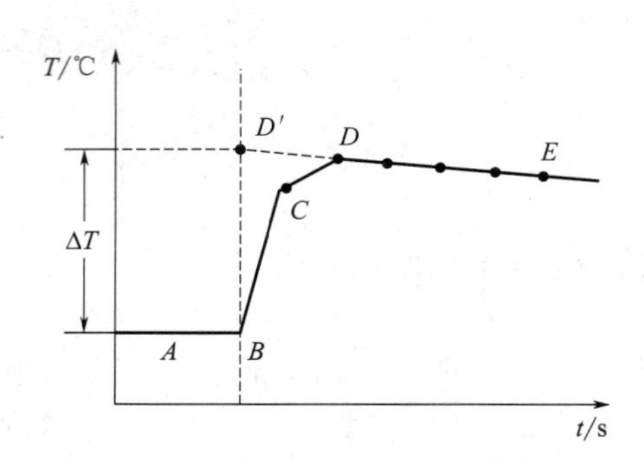

图 2-6　外推法求中和反应的温度

每隔一定时间记录一次温度，然后绘制反应的时间-温度曲线。AB 段的温度是反应前的温度，C 点的温度是反应中的温度，DE 是反应完成后的温度下降曲线。显然用 C 或 D 点的温度作为反应体系上升的最高温度是不合适的。反向延长 DE，与通过开始反应时刻 B 点、垂直于横坐标轴的垂线 BD 相交于 D 点，D 点所对应的温度才是反应后系统的最高温度，由此得出 ΔT。作图时应注意：

（1）DE 作为温度下降曲线，一定要画准确，否则外推出的 D 点将不准。尤其是测定量热计的热容时，误差会很大。

（2）纵坐标轴以温度确定刻度时，可根据测定的具体数值将其放大并标明，而不要拘泥于从“0”开始。

【任务实施】

1．测定量热计的热容

测定量热计热容的方法是将一定量的热水，加入到盛有一定量冷水的量热计中，热水失去的热量等于冷水和量热计得到的热量。

（1）按图 2-5 所示装好量热计（注意勿使温度计与杯底接触），在量热计中放入 70mL 蒸馏水，盖好盖子，等系统达到平衡时，记下温度（精确到 0.1℃）。

（2）在一个干净烧杯中放入70mL蒸馏水，在石棉网上加热到室温以上15～20℃左右离开火源稍停1～2min，迅速记录热水温度并将其全部倒入量热计中（注意勿将水溅在量热计外缘），盖好盖子，上下均匀搅动搅拌棒。

（3）迅速观察温度变化。一人看秒表、作记录；一人右手提搅拌棒，左手轻提温度计并读数，最初每隔3s读一次数据，5次数据读完后，可每隔15s读一次，然后做出量热计热容的温度-时间曲线图，用外推法确定混合后的最高温度$T_{混合}$及ΔT（ΔT=混合温度－冷水温度），注意$T_{热}-T_{混合}>\Delta T$，否则$T_{混合}$有问题，检查外推法作图。

（4）计算量热计的热容。

$$Q=(热水温度-混合温度)\times 70\times 10^{-3}$$
$$=70\times \Delta T\times 10^{-3}+C_{计}\,\Delta T$$
$$C_{计}=\frac{[(T_{热}-T_{混合})-\Delta T]\times 70\times 10^{-3}}{\Delta T}\times 4.18(\text{kJ/K})$$

2. 测定HCl和NaOH反应的中和热

（1）量取70mL $1.0\text{mol}\cdot\text{L}^{-1}$ NaOH溶液倒入量热计中，再用量筒量取70mL $1.0\text{mol}\cdot\text{L}^{-1}$ HCl，静置3min，然后分别用量热计上的精密温度计与另一温度计同时记录下酸、碱溶液此时的温度，要求两溶液温度之差在0.5℃以内，否则要校对温度计或将刚测过的量热计冷却至室温（为了节省时间，常常先测定量热计热容，后测定HCl和NaOH反应的中和热）。

（2）打开量热计的盖子，迅速准确将全部盐酸溶液倒入其中，盖好盖子，在轻轻搅拌的同时，迅速记录温度，方法同（1）。用外推法确定$T_{混合}$及ΔT，计算中和热，注意HCl或NaOH的浓度不都是$1.0\text{mol}\cdot\text{L}^{-1}$时应用浓度较小的溶液求出反应所生成的$H_2O$量（用物质的量表示），并计算出$1.0\text{mol}\cdot\text{L}^{-1}$酸碱反应的中和热。

3. 测定HAc和NaOH反应的中和热

用$1.0\text{mol}\cdot\text{L}^{-1}$ HAc溶液代替$1.0\text{mol}\cdot\text{L}^{-1}$ HCl，按照任务实施2进行操作，最后计算HAc和NaOH的反应中和热。

4. 数据处理

（1）量热计的热容。

（2）盐酸和NaOH的中和热。

（3）HAc和NaOH的中和热。

【任务总结】

1. 技术提示

（1）测定要准确，记录温度要及时，中和热是通过测定温度的变化来计算的，要知道每一阶段溶液的准确温度，需做好温度数据的记录。

（2）注意仪器使用，在测定盐酸溶液的温度后，要用水洗净温度计上的少量酸液，若酸液带入到碱溶液中会由于反应放热而影响到碱溶液温度的测定，还应选用两支不同的吸量管分别量取盐酸与氢氧化钠溶液。

（3）注意保温，温度的变化对实验结果会造成较大的误差，测量必须在相对隔热的装置中进行，保证装置的隔热效果。在测量温度时，应该选取混合液的最高温度作为测定值。

2. 思考与讨论

见相应任务工单。

3. 技术总结与拓展

依据实验数据分析实验结果是否理想、存在的问题、改进措施（建议从中和热测定过程中温度的变化影响及温度测量时误差分析等方面进行总结与提升）。

【任务评价】

任务考核评价表

班级：		姓名：	学号：		
序号	考核项目	考核标准	权重	得分	备注
1	实验安全与健康	未按要求穿戴口罩/实验服/护目镜/手套等扣除该项所有分数	5		
2	测定量热计的热容	安装装置、称量、调温度、读数、作图等每错1次扣2分	10		
3	测定NaOH与HCl反应的中和热	称量、读数、校对仪器等，每出现1次错误扣10分，扣完为止	30		
	测定NaOH与HAc反应的中和热	称量、读数、校对仪器等，每出现1次错误扣10分，扣完为止			
4	记录数据	正确读数，规范、及时记录数据，每错1个扣1分，扣完为止	10		
5	处理数据	计算过程规范、正确，每错1个扣2分，扣完为止	5		
6	精密度	相对极差≤0.5%	10		
		0.5%＜相对极差≤1.0%	5		
		相对极差＞1.0%	0		
7	文明操作	废液、废纸按要求回收至指定容器，实验台面收拾整洁，仪器摆放整齐，关闭水、电、火、门窗。未达到要求扣除该项所有分数	5		
8	重大失误	损坏实验仪器1件，根据仪器重要性倒扣5分或10分			
9	思考与讨论	要点清晰，答题准确，第1～2题2.5分，第3题5分	10		
10	综合考核	考勤、纪律、课堂表现、实验参与度和完成情况等	10		
11	合计		100		

任务4 测定化学反应速率和活化能

【任务导入】

生活中化学反应有快有慢，比如炸药爆炸、金属锈蚀、溶洞形成、镁条燃烧、溶液中离子的形成、食物腐败和塑料老化等。可以通过观察反应的一些现象来判断反应的快慢，化学反应速率表示的就是化学反应的快慢。

本次实验任务要求每位同学测定化学反应速率和活化能，独立完成工作任务，记录实验中的现象和出现的问题，进行实验过程中的技术总结，提交任务工单。

【任务目标】

1. 能理解并运用浓度、温度、催化剂对反应速率的影响。
2. 能掌握化学反应速率和活化能测定的方法。
3. 能理解并掌握 $K_2S_2O_8$ 氧化 KI 的化学反应速率测定原理和方法。
4. 能正确采用作图法处理实验数据。
5. 具有实验室安全意识。

【任务准备】

化学反应速率是指化学反应进行的快慢，通常以单位时间内反应物或生成物浓度的变化值（减少值或增加值）来表示。反应速率与反应物的性质和浓度、温度、压力、催化剂等都有关，如果反应在溶液中进行，也与溶剂的性质和用量有关。其中压力关系较小（气体反应除外），催化剂影响较大。可通过控制反应条件来控制反应速率以达到某些目的。

反应活化能是指分子从常态转变为容易发生化学反应的活跃状态所需要的能量。对于基元反应，反应活化能即基元反应的活化能；对于复杂的非基元反应，反应活化能是总包反应的表观活化能，即各基元反应活化能的代数和。

对任一化学反应 $aA+bB \longrightarrow cC+dD$

反应速率为 $V=kc_A^a c_B^b$

由初始速率可求得速率常数和反应级数。

在水溶液中，过二硫酸钾与碘化钾发生反应的方程式为：

$$S_2O_8^{2-}+3I^- \longrightarrow 2SO_4^{2-}+I_3^- \quad (1)$$

则该反应的反应速率可用浓度表示为：

$$v=kc_{S_2O_8^{2-}}^m c_{I^-}^n \quad (2)$$

为了能测出在一定时间内 $S_2O_8^{2-}$ 浓度的改变量，在混合过二硫酸钾和碘化钾溶液时，同时加入一定体积的已知浓度并含有淀粉指示剂的 $Na_2S_2O_3$ 溶液。故而在反应（1）进行的同时，有下列反应发生：

$$2S_2O_3^{2-}+I_3^- \longrightarrow S_4O_6^{2-}+3I^- \quad (3)$$

反应（3）进行得非常快，几乎瞬间完成，而反应（1）发生得缓慢。由反应（1）生成的 I_3^- 立即与 $S_2O_3^{2-}$ 反应生成无色的 $S_4O_6^{2-}$ 和 I^-，反应开始一段时间内溶液呈无色，当 $Na_2S_2O_3$ 耗尽时，则由反应（1）继续生成的微量的 I_3^- 会很快与淀粉作用，使溶液显蓝色。

从反应方程式（1）和（3）的关系可以看出 $S_2O_8^{2-}$ 浓度减少的量，总是等于 $S_2O_3^{2-}$ 减少量的一半，即：

$$\Delta c_{S_2O_8^{2-}}=\Delta c_{S_2O_3^{2-}}/2 \quad (4)$$

由于在 Δt 时间内 $S_2O_3^{2-}$ 全部耗尽，所以 $\Delta c_{S_2O_3^{2-}}$ 实际上就是反应刚开始时 $Na_2S_2O_3$ 的浓度。在本实验中，每份混合液中 $Na_2S_2O_3$ 的起始浓度都是相同的，因而，$\Delta c_{S_2O_3^{2-}}$ 也是不变的，这样，只要记下从反应开始到溶液出现蓝色所需要的时间（Δt），就可以求算一定温度下的平均反应速率：

$$v=\Delta c_{S_2O_8^{2-}}/\Delta t=\Delta c_{S_2O_3^{2-}}/2\Delta t \tag{5}$$

测得不同浓度下的反应速率，即能计算出该反应的反应级数 m 和 n。

又可从下式求得一定温度下的反应速率常数：

$$k=\Delta c_{S_2O_8^{2-}}/(\Delta t c_{S_2O_8^{2-}}^m c_{I^-}^n)=\Delta c_{S_2O_3^{2-}}/(2\Delta t c_{S_2O_8^{2-}}^m c_{I^-}^n) \tag{6}$$

测出不同温度时的 k 值，以 $\lg k$ 对 $1/T$ 作图得一直线，其斜率为 $-\frac{E_a}{2.30R}$，从所得斜率值可求活化能 E_a。

【任务实施】

1. 浓度对反应速率的影响

在室温下，按对应任务工单中实验数据记录表所示试剂用量，用专用移液管把一定量的 KI、$Na_2S_2O_3$、KNO_3、K_2SO_4 和淀粉溶液加入小烧杯中，搅拌均匀，然后移取相应体积的 $K_2S_2O_8$ 溶液迅速加入到已搅拌均匀的溶液中，同时启动秒表，并不断搅拌，待溶液一出现蓝色时，立即停止计时并记录时间。

根据实验数据计算反应级数和反应速率常数。I^- 浓度不变时，用实验 1、2、3 的 v 及 $c_{S_2O_8^{2-}}$ 的数据，以 $\lg v$ 对 $\lg c_{S_2O_8^{2-}}$ 作图，直线的斜率即为 m；同理用实验 3、4、5 的 $\lg v$ 对 $\lg c_{I^-}$ 作图，直线的斜率即为 n。根据速率方程 $v=kc_{S_2O_8^{2-}}^m c_{I^-}^n$，求出 v 及 m、n 后计算出相应的 k。

2. 温度对化学反应速率的影响

（1）用专用移液管按照上述实验 5 号的试剂用量把 KI、$Na_2S_2O_3$、KNO_3、K_2SO_4 和淀粉溶液加入小烧杯中，混合均匀，再将 2mL $K_2S_2O_3$ 溶液放入另一个小烧杯中，然后将两个烧杯同时放入冰水浴中，待温度恒定后，将混合溶液迅速加入到 $K_2S_2O_3$ 溶液中，同时启动秒表并不断搅拌溶液，待溶液出现蓝色时，停止计时并记录时间。

（2）在 30℃下进行上述实验，记录每次实验的温度与反应时间。

（3）计算实验 6～8 三个不同温度实验的平均反应速率和反应速率常数 k，然后以 $\lg k$ 为纵坐标，$1/T$ 为横坐标作图，由所得直线的斜率求 E_a。

3. 催化剂对化学反应速率的影响

按实验 1 的试剂用量并向 KI、$Na_2S_2O_3$、KNO_3、K_2SO_4 和淀粉混合溶液中加 2 滴 $0.02mol\cdot L^{-1}Cu(NO_3)_2$，搅匀后迅速加入相应剂量的 $K_2S_2O_3$ 溶液，记录反应时间。

【任务总结】

1. 技术提示

（1）用秒表计时之前要练习启动和停止操作，秒表计时操作要迅速、准确。

（2）向 KI、淀粉和 $Na_2S_2O_3$ 混合溶液中加入 $(NH_4)_2S_2O_8$ 时，越快越好，而且一定要充分搅拌，实验过程中也要不断搅拌溶液直到终点。

（3）恒温水浴箱温度与反应溶液温度略有差别，故恒温后应测定溶液温度。

（4）各次计时点（溶液显色程度）的观察要尽量一致。

2. 思考与讨论

见相应任务工单。

3. 技术总结与拓展

依据实验数据分析实验结果是否理想、存在的问题、改进措施（建议从浓度、温度、催化剂对反应速率的影响，以及测量误差分析等方面进行总结与提升）。

【任务评价】

任务考核评价表

班级：		姓名：	学号：		
序号	考核项目	考核标准	权重	得分	备注
1	实验安全与健康	未按要求穿戴口罩/实验服/护目镜/手套等扣除该项所有分数	5		
2	秒表的校准	秒表计时操作要迅速准确，每错 1 次扣 2 分	5		
3	溶液的配制	仪器的验漏、洗涤、润洗，溶液的移取、稀释、定容等，每出现 1 次错误扣 1 分	10		
4	化学反应速率和活化能的测定	浓度对反应速率的影响：洗涤、润洗、吸取溶液、调刻线、放溶液等，每出现 1 次错误扣 1 分	30		
		温度对反应速率的影响：润洗、吸取溶液、调刻线、放溶液、有明显终点控制等，每出现 1 次错误扣 1 分			
		催化剂对反应速率的影响：洗涤、润洗、吸取溶液、调刻线、放溶液等，混合时注意记录反应时间，每出现 1 次错误扣 1 分			
5	记录数据	正确读数，规范、及时记录数据，每错 1 个扣 1 分，扣完为止	5		
6	处理数据	计算过程规范、正确，每错 1 个扣 2 分，扣完为止	5		
7	精密度	相对极差≤0.5%	10		
		0.5%<相对极差≤1.0%	5		
		相对极差>1.0%	0		
8	文明操作	将废液、废纸按要求回收至指定容器，实验台面收拾整洁，仪器摆放整齐，关闭水、电、火、门窗。未达到要求扣除该项所有分数	5		
9	重大失误	损坏实验仪器 1 件，根据仪器重要性倒扣 5 分或 10 分			
10	思考与讨论	要点清晰，答题准确，每题 5 分	10		
11	综合考核	考勤、纪律、课堂表现、实验参与度和完成情况等	10		
12	合计		100		

任务 5 测定醋酸的解离度和解离常数

【任务导入】

弱电解质在水溶液中只部分电离，绝大部分以分子形式存在，因此在弱电解质溶液中，弱电解质解离和生成始终在进行，并最终达到平衡，这种平衡称为解离平衡。弱电解质达到解离平衡时，解离度是指已解离的分子数和原有分子数之比，用希腊字母 α 来表示。解离度相当于化学平衡中的转化率，其大小反映了弱电解质解离的程度，α 越小，解离的程度越小，电解质越弱。其大小主要取决于电解质本身，除此之外还受溶液起始浓度、温度和其它电解质存在等因素的影响。

本次任务要求每位同学测定醋酸的解离度和解离常数，记录实验中的现象和出现的问题，进行实验过程中的技术总结，提交任务工单。

【任务目标】

1. 能够理解并运用电位滴定法测定醋酸解离常数的原理和方法。
2. 能理解 pH 计的原理，正确使用 pH 计。
3. 能够正确使用滴定管。
4. 具体实验室安全意识。

【任务准备】

醋酸在水溶液中解离平衡如下：

$$\mathrm{HAc} \rightleftharpoons \mathrm{H^+} + \mathrm{Ac^-}$$

其解离常数表达式为：

$$K_a^{\ominus} = \frac{[c_{eq}(\mathrm{Ac}^{\ominus})/c^{\ominus}]\,[c_{eq}(\mathrm{H}^+)/c^{\ominus}]}{[c_{eq}(\mathrm{HAc})/c^{\ominus}]}$$

当 HAc 溶液用 NaOH 溶液滴定，醋酸被中和了一半时，溶液中 $c_{eq}(\mathrm{Ac^-})=c_{eq}(\mathrm{HAc})$，根据以上表达式，此时 $K_a^{\ominus}=c_{eq}(\mathrm{H^+})/c^{\ominus}$，即 $\mathrm{p}K_a^{\ominus}=\mathrm{pH}$。如果测得此时溶液的 pH，即可求出醋酸的酸常数 $K_a^{\ominus}$。

电位滴定法是在滴定过程中根据指示电极和参比电极的电位差或溶液的 pH 突跃来确定终点的一种方法。在酸碱电位滴定过程中，随着滴定剂的不断加入，被测物与滴定剂发生反应，溶液 pH 不断变化，在化学计量点附近发生 pH 突跃。因此，测量溶液 pH 的变化，就能确定滴定终点。

在接近化学计量点时，每次滴定剂的加入量要小到 0.10mL，滴定到超过化学计量点为止。这样就得到一系列滴定剂用量 V 和相应的 pH 数据。

常用的确定滴定终点的方法有以下几种。

（1）绘制 pH-V 曲线法

以滴定剂用量 V 为横坐标，以 pH 为纵坐标，绘制 pH-V 曲线。作两条与滴定曲线相切的与坐标轴线 45°角的直线，其等分线与曲线的交点即为终点［图 2-7(a)］。

（2）绘制 $\Delta pH/\Delta V$-V 曲线法

$\Delta pH/\Delta V$ 代表 pH 的变化值与对应的加入滴定剂体积的增量（ΔV）的比。绘制 $\Delta pH/\Delta V$-V 曲线，曲线的最高点即为滴定终点［图 2-7(b)］。

（3）绘制（$\Delta^2 pH/\Delta V^2$）-V 曲线法（二级微商法）

$\Delta pH/\Delta V$-V 曲线上有一个最高点，这个最高点也是 $\Delta^2 pH/\Delta V^2$ 等于零的点，这就是滴定终点。该法也可不经绘图而直接由内插法确定滴定终点［图 2-7(c)］。

本实验利用 pH 计测得用 NaOH 中和一定量 HAc 溶液时的 pH 变化。以 NaOH 的体积 V 为横坐标，pH 为纵坐标，绘制 pH-V 曲线［图 2-7(a)］。确定滴定终点体积 V，以后，求出醋酸含量，再从曲线上查出 HAc 被中和一半（1/2V）时的 pH。此时，$pH = pK_a^{\ominus}$，从而计算出 $K_a^{\ominus}$。

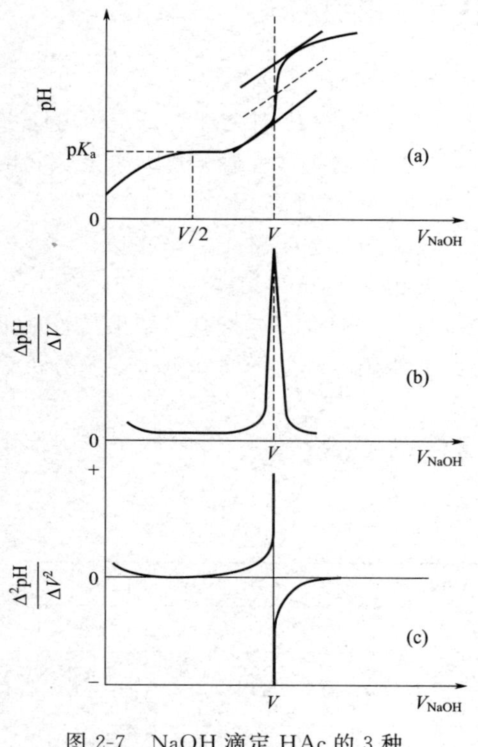

图 2-7　NaOH 滴定 HAc 的 3 种滴定曲线示意图

【任务实施】

1. 用标准缓冲溶液校准酸度计。

2. 从酸式滴定管准确放出 30.00mL 0.1mol·L^{-1}HAc 溶液于 100mL 烧杯中，滴加 1～2 滴酚酞指示剂，用碱式滴定管中的 0.1mol·L^{-1}NaOH 标准溶液滴定至酚酞刚出现微粉红色为止，记录滴定终点时消耗 NaOH 的体积（mL），供下面测定 pH 时参考。

3. 在 100mL 烧杯中，从酸式滴定管准确加入 30.00mL 0.1mol·L^{-1}HAc 溶液，放入搅拌磁子，将烧杯放在电磁搅拌器上，然后从碱式滴定管中准确加入 5.00mL 0.1mol·L^{-1} NaOH 标准溶液，开启电磁搅拌器混合均匀后，用酸度计测定其 pH。

4. 用上面同样的方法，逐滴加入一定体积 NaOH 溶液后，测定溶液的 pH，每次加入 NaOH 溶液的体积可参照下面的用量。

（1）在滴定终点 5mL 以前，每次加入 5.00mL。

（2）在滴定终点前 5～1mL，每次加入 2.00mL。

（3）在滴定终点前 1mL，每次加入 0.50mL、0.20mL、0.20mL、0.10mL。

（4）在超过滴定终点 1mL 内，每次加入 0.10mL、0.20mL、0.20mL、0.50mL。

（5）在超过滴定终点 1mL 后，每次加入 2.00mL。

5. 将实验中滴定消耗的 NaOH 溶液的体积（mL）和对应的 pH，分别做好记录。

【任务总结】

1. 技术提示

（1）测定 pH 时要注意每次用蒸馏水清洗电极并用吸水纸吸干。

（2）切勿把搅拌磁子连同废液一起倒掉。

2. 思考与讨论

见相应任务工单。

3. 技术总结与拓展

依据实验数据分析实验结果是否理想、存在的问题、改进措施（建议从溶液的配制、酸度计的使用、滴定操作和测量误差分析等方面进行总结与提升）。

【任务评价】

任务考核评价表

<table>
<tr><td colspan="2">班级：</td><td colspan="2">姓名：</td><td colspan="3">学号：</td></tr>
<tr><td>序号</td><td>考核项目</td><td colspan="2">考核标准</td><td>权重</td><td>得分</td><td>备注</td></tr>
<tr><td>1</td><td>实验安全与健康</td><td colspan="2">未按要求穿戴口罩/实验服/护目镜/手套等扣除该项所有分数</td><td>5</td><td></td><td></td></tr>
<tr><td>2</td><td>酸度计的校准</td><td colspan="2">预热、调 pH、调温度、清洗电极等每错 1 次扣 2 分</td><td>10</td><td></td><td></td></tr>
<tr><td>3</td><td>溶液的配制</td><td colspan="2">仪器的验漏、洗涤、润洗溶液的移取、稀释、定容等，每出现 1 次错误扣 1 分</td><td>10</td><td></td><td></td></tr>
<tr><td rowspan="8">4</td><td rowspan="8">测定醋酸的解离度和解离常数</td><td>移液操作</td><td>洗涤、润洗、吸取溶液、调刻线、放溶液等，每出现 1 次错误扣 1 分，扣完为止</td><td rowspan="8">30</td><td rowspan="8"></td><td rowspan="8"></td></tr>
<tr><td rowspan="3">滴定操作</td><td>滴定前：验漏、洗涤、润洗、装溶液、排气泡、调零，每出现 1 次错误扣 1 分，扣完为止</td></tr>
<tr><td>滴定中：管尖残液处理正确、滴定速度适当、有明显终点控制，每出现 1 次错误扣 2 分，扣完为止</td></tr>
<tr><td>滴定后：终点判断正确，每出现 1 次错误扣 2 分，扣完为止</td></tr>
<tr><td rowspan="2">电磁搅拌器操作</td><td>正确放置盛有溶液的器皿、合理操作搅拌速度，每错 1 个扣 1 分，扣完为止</td></tr>
<tr><td>清洗电极并及时擦干、回收搅拌磁子，每出现 1 次错误扣 1 分，扣完为止</td></tr>
<tr><td colspan="2">本项分值扣完为止</td></tr>
<tr><td colspan="2"></td></tr>
<tr><td>5</td><td>记录数据</td><td colspan="2">正确读数，规范、及时记录数据，每错 1 个扣 1 分，扣完为止</td><td>5</td><td></td><td></td></tr>
<tr><td>6</td><td>处理数据</td><td colspan="2">计算过程规范、正确，每错 1 个扣 2 分，扣完为止</td><td>5</td><td></td><td></td></tr>
</table>

续表

序号	考核项目	考核标准	权重	得分	备注
7	精密度	相对极差≤0.5%	10		
		0.5%<相对极差≤1.0%	5		
		相对极差>1.0%	0		
8	文明操作	将废液、废纸按要求回收至指定容器，实验台面收拾整洁，仪器摆放整齐，关闭水、电、火、门窗。未达到要求扣除该项所有分数	5		
9	重大失误	损坏实验仪器1件，根据仪器重要性倒扣10分			
10	思考与讨论	要点清晰，答题准确，每题5分	10		
11	综合考核	考勤、纪律、课堂表现、实验参与度和完成情况等	5		
12	合计		100		

任务6 配制缓冲溶液

【任务导入】

在生物化学研究工作中，常常需要使用缓冲溶液来维持实验体系的酸碱度。溶液体系pH值的变化往往直接影响到研究工作的成效。如果“提取酶”实验体系的pH值变动或大幅度变动，酶活性就会下降甚至完全丧失。所以配制缓冲溶液是一个不可或缺的关键步骤。

缓冲溶液是无机及分析化学中的重要概念，缓冲溶液是指具有能够维持pH相对稳定性能的溶液。pH值在一定的范围内不因稀释或外加少量的酸或碱而发生显著的变化，缓冲溶液依据共轭酸碱对及其物质的量不同而具有不同的pH值和缓冲容量。

本次任务要求每位同学配制缓冲溶液，独立完成工作任务，记录实验中的现象和出现的问题，进行实验过程中的技术总结，提交任务工单。

【任务目标】

1. 能理解弱电解质解离平衡的特点及影响其平衡移动的因素。
2. 能理解酸碱反应及影响酸碱反应的主要因素。
3. 能理解并正确完成缓冲溶液的配制。
4. 能正确进行缓冲溶液pH的计算。
5. 具有实验室安全意识。

【任务准备】

根据电解质溶液导电能力大小把电解质分为强电解质和弱电解质。弱电解质在水溶液中的解离过程是可逆的，在一定条件下建立平衡，称为解离平衡。如 HAc：

$$HAc(aq) \rightleftharpoons H^{+} + Ac^{-}(aq)$$

$$K_{a}^{\ominus} = \frac{[c(H^{+})/c^{\ominus}][c(Ac^{-})/c^{\ominus}]}{c(HAc)/c^{\ominus}}$$

解离平衡是化学平衡的一种，遵循化学平衡原理。

在已经达到解离平衡的 HAc 溶液中加入含有相同离子的强电解质，即增加 H^{+} 或 Ac^{-} 的浓度，则平衡就向生成 HAc 分子的方向移动，使弱电解质 HAc 的解离度降低，这种现象称为同离子效应。

在上述这种弱酸（碱）及其盐的混合溶液中，加入少量的碱（酸）或将其稀释时，溶液的 pH 改变很小，这种溶液称为缓冲溶液。任何缓冲溶液的缓冲能力都是有限的。如果溶液稀释的倍数太大，或加入的强碱（酸）的量太大时，溶液的 pH 就会发生较大的变化，而失去缓冲能力。

【任务实施】

1. 酸碱溶液的 pH

（1）用广泛 pH 试纸测定浓度均为 $0.10mol \cdot L^{-1}$ 的 HAc 溶液、HCl 溶液、$NH_3 \cdot H_2O$ 和 NaOH 溶液的 pH，填于电解质强弱比较表（见任务工单）中，并与实验前计算出的理论值进行比较。

（2）取两支试管各加一颗 Zn 粒，分别加入 2mL $0.10mol \cdot L^{-1}$ 的 HCl 和 $0.10mol \cdot L^{-1}$ 的 HAc 溶液，比较反应进行的快慢。加热试管，进一步观察反应速率的差别。

2. 同离子效应

（1）在试管中加入 2mL $0.10mol \cdot L^{-1}$ 的 HAc 溶液，再加入 1 滴甲基橙指示剂，观察溶液的颜色。作记录，再向其中加入少量 NaAc 固体，振荡试管使其溶解，观察溶液颜色的变化，说明其原因。

（2）在试管中加饱和 PbI_2 溶液 5 滴，然后加 $0.2mol \cdot L^{-1}$KI 溶液 1～2 滴，振荡试管观察现象，说明其原因。

（3）参照（1）设计另一个实验（$2.0mol \cdot L^{-1}NH_3 \cdot H_2O$ 与 NH_4Cl 固体），用以证明同离子效应。

3. 缓冲溶液

（1）缓冲溶液的配制

按照一组 2.50mL、7.50mL，另一组 5.00mL、5.00mL 的体积用吸量管分别准确吸取 $0.5mol \cdot L^{-1}$ HAc 和 $0.5mol \cdot L^{-1}$ NaAc 溶液依次加到 100mL 的容量瓶中，稀释到刻度，摇匀待用；再分别稀释 7.50mL、3.00mL 体积的 $0.1mol \cdot L^{-1}$ HAc 溶液和 2.50mL、1.00mL 体积的 $0.1mol \cdot L^{-1}$ NaAc 溶液。

（2）测量新配制的缓冲溶液的 pH

准确移取 3 份 25.00mL 编号为 1 的缓冲溶液，分别置于 3 个 50mL 烧杯中，编上号码。用酸度计测量其 pH，将数据记录下来。然后用吸量管在第一份中加入 0.050mL 的 $1.0mol \cdot L^{-1}$ HCl 溶液，第二份中加入 0.050mL 的 $1.0mol \cdot L^{-1}$ NaOH 溶液，第三份中加入 1mL 的去离子水，分别用酸度计测量它们的 pH。编号为 2、3、4 的缓冲溶液重复 1 号缓冲溶液的操作，并记录数据。

【任务总结】

1. 技术提示

（1）缓冲液不能长久存放在定量加液器中，因该器皿不密闭，易造成氨的挥发（醋酸-醋酸钠缓冲液中的醋酸也同理），导致溶液失效。

（2）缓冲溶液只能抵御少量强酸、强碱的作用，其缓冲范围一般为 $pK_a \pm 1$。外加（环境）的强酸（或强碱）的浓度不能太大，量也不能太多。

2. 思考与讨论

见相应任务工单。

3. 技术总结与拓展

依据实验数据分析实验结果是否理想、存在的问题、改进措施（建议从缓冲溶液的配制、酸度计的使用及测量误差分析等方面进行总结与提升）。

【任务评价】

任务考核评价表

班级：		姓名：	学号：		
序号	考核项目	考核标准	权重	得分	备注
1	实验安全与健康	未按要求穿戴口罩/实验服/护目镜/手套等扣除该项所有分数	5		
2	酸度计的校准	预热、调 pH、调温度、清洗电极等，每错 1 次扣 2 分	10		
3	pH 试纸的使用与指示剂颜色判断	正确使用 pH 试纸，准确判断指示剂颜色；正确使用酸度计，准确读数。每错 1 个扣 1 分，扣完为止	30		
4	溶液的配制	仪器的验漏、洗涤、润洗，溶液的移取、稀释、定容等，每出现 1 次错误扣 1 分	10		
5	记录数据	正确读数，规范、及时记录数据。每错 1 个扣 1 分，扣完为止	5		
6	处理数据	计算过程规范、正确，每错 1 个扣 2 分，扣完为止	5		
7	精密度	相对极差≤0.5%。	10		
		0.5%＜相对极差≤1.0%	5		
		相对极差＞1.0%	0		
8	文明操作	将废液、废纸按要求回收至指定容器，实验台面收拾整洁，仪器摆放整齐，关闭水、电、火、门窗。未达到要求扣除该项所有分数	5		

续表

序号	考核项目	考核标准	权重	得分	备注
9	重大失误	损坏实验仪器1件，根据仪器重要性倒扣5分或10分			
10	思考与讨论	要点清晰，答题准确，第1～2题每题3分，第3题4分	10		
11	综合考核	考勤、纪律、课堂表现、实验参与度和完成情况等	5		
12	合计		100		

任务7　验证氧化还原反应

【任务导入】

氧化还原反应（oxidation-reduction reaction）是化学反应前后，元素的氧化数有变化的一类反应。氧化还原反应的实质是电子的得失或共用电子对的偏移。氧化还原反应是化学反应中的三大基本反应之一［另外两个为（路易斯）酸碱反应与自由基反应］。自然界中的燃烧、呼吸作用、光合作用，生产生活中的化学电池、金属冶炼、火箭发射等等都与氧化还原反应息息相关。研究氧化还原反应，对人类的进步具有极其重要的意义。

本次任务要求每位同学验证氧化还原反应，独立完成工作任务，记录实验中的现象和出现的问题，进行实验过程中的技术总结，提交任务工单。

【任务目标】

1. 能掌握电极电势对氧化还原反应的影响。
2. 能正确理解氧化型或还原型浓度、溶液酸度的改变对电极电势的影响。
3. 能够正确理解氧化还原反应的可逆性。
4. 能够进行有关原电池装置和反应的操作。

【任务准备】

1. 氧化还原反应

反应前后有氧化数发生改变（电子得失）的反应，称为氧化还原反应。得到电子、氧化数降低的物质称为氧化剂，通常用Ox表示。失去电子、氧化数升高的物质称为还原剂，通常用Red表示。

2. 电极电势

在氧化还原反应中，氧化剂（还原剂）和其产物构成了氧化还原电对（Ox/Red），其电极反应可用下式表示：

$$a\text{Ox}+n\text{e}^- \rightleftharpoons b\text{Red}$$

在25℃时电对的电极电势可按能斯特方程计算：

$$\varphi=\varphi^{\ominus}=\frac{0.0592\text{V}}{n}\lg\frac{c^a_{\text{Ox}}}{c^b_{\text{Red}}}$$

上式，φ 为电对的电极电势；$\varphi^{\ominus}$ 为电对的标准电极电势；c^a_{Ox}、c^b_{Red} 分别为该电对氧化态和还原态的对应浓度。

由能斯特方程可知，电极电势的大小不仅与组成电极的物质有关，而且还与溶液中参与电极反应的各物质的浓度（气体为分压）、温度等因素有关。若电极反应中有 H^+ 参加反应，则还应将 H^+ 的浓度写在能斯特方程式中。氧化剂和还原剂的相对强弱，可以用其组成电对的电极电势来衡量。一个电对的电极电势越大，其氧化态的氧化能力越强，其还原态的还原能力越弱；反之则相反。

【任务实施】

1. 电极电势与氧化还原反应方向的关系

（1）在分别盛有5滴0.50mol·L^{-1} $Pb(NO_3)_2$ 和5滴0.50mol·L^{-1} $CuSO_4$ 的点滴板穴中，各放入一块表面擦净的锌片，观察锌片表面和溶液颜色有无变化。以表面擦净的铅粒代替锌片，加入分别盛有0.50mol·L^{-1} $ZnSO_4$ 和0.5mol·L^{-1} $CuSO_4$ 溶液的点滴板穴中，观察有无变化。根据实验结果定性比较电对 Zn^{2+}/Zn、Pb^{2+}/Pb、Cu^{2+}/Cu 的电极电势的大小。

（2）往试管中加入0.5mL 10mol·L^{-1} KI溶液和2滴0.10mol·L^{-1} $FeCl_3$ 溶液，摇匀后注入 CCl_4 充分振荡，观察 CCl_4 层颜色有无变化。

用0.10mol·L^{-1} KBr溶液代替KI溶液进行同样的实验，反应能否发生？为什么？根据实验结果，定性比较：电对 Br_2/Br^-、I_2/I^-、Fe^{3+}/Fe^{2+} 电极电势的相对高低，并指出哪个物质的氧化性最强，哪个物质的还原性最强。

（3）在两份0.5mL 0.100mol·L^{-1} $FeSO_4$ 中分别滴加1滴碘水和1滴溴水，观察反应现象。

根据上面三个实验的结果，说明电极电势与氧化还原反应方向的关系。

2. 浓度和酸度对电极电势及氧化还原反应的影响

（1）浓度的影响

① 在两只小烧杯中分别加入10mL 0.10mol·L^{-1} $ZnSO_4$ 和10mL 0.10mol·L^{-1} $CuSO_4$ 溶液，在 $ZnSO_4$ 溶液中插入锌片，$CuSO_4$ 溶液中插入铜片，组成两电极，中间以盐桥相通，将锌片和铜片分别与万用表的负极和正极相连，近似测量两极间的电势差。

取出盐桥，在 $CuSO_4$ 溶液中逐滴加入6.0mol·L^{-1} 氨水至生成的沉淀溶解为止（10～15滴左右），形成深蓝色溶液，再放入盐桥，观察电池的电势差有何变化。再向 $ZnSO_4$ 溶液中逐滴加入6.0mol·L^{-1} 氨水至生成的沉淀溶解为止，观察电势差又有何变化。

用能斯特方程解释上述实验现象。

② 在两支干燥的试管中分别加入黄豆粒大小的 MnO_2，分别加入5滴1.0mol·L^{-1} HCl和5滴浓HCl，将湿润的 KI^- 淀粉试纸悬在试管中，观察现象，写出有关反应，并解释

原因。

(2) 酸度的影响

① 在两只小烧杯中，分别加入 10mL 0.1mol·L^{-1} $FeSO_4$ 和 10ml 0.1mol·L^{-1} $K_2Cr_2O_7$ 溶液。在 $FeSO_4$ 溶液中插入铁片，向 $K_2Cr_2O_7$ 溶液中插入碳棒，组成两电极，中间以盐桥相通。将铁片和碳棒分别与万用表负极和正极相接，近似测量两电极间的电势差。在 $K_2Cr_2O_7$ 溶液中，加入 9 滴 3.0mol·L^{-1} H_2SO_4 溶液，混合均匀，观察电势差变化；再逐滴加入 2mL 6.0mol·L^{-1} NaOH 溶液，混合均匀，观察电势差又有何变化，并解释实验现象。

② 在两支各盛 0.5mL 0.10mol·L^{-1} KBr 溶液的试管中分别加入 0.5mL 3.0mol·L^{-1} H_2SO_4 溶液和 0.5mL 6.0mol·L^{-1} HAc 溶液，然后向两试管中分别加入 0.01mol·L^{-1} $KMnO_4$ 溶液，观察两试管中紫红色褪去的快慢，请解释实验现象。

3. 催化剂对氧化还原反应速率的影响

在 1mL 2.0mol·L^{-1} H_2SO_4 溶液中，加入 3mL 蒸馏水和 5 滴 0.002mol·L^{-1} $MnSO_4$ 溶液混合后分成两份：往一份中加入黄豆大小的 $K_2S_2O_8$，微热，观察溶液有无变化；往另一份中加入 1 滴 0.10mol·L^{-1} $AgNO_3$ 溶液和同样量的 $K_2S_2O_8$，微热，观察溶液颜色变化。写出有关反应并解释实验现象。

4. 摇摆反应（过氧化氢的氧化还原性）

首先量取 400mL 30% H_2O_2 溶液稀释到 1000mL 得 A 溶液；其次称取 40g KIO_3 和量取 40mL 2.0mol·L^{-1} H_2SO_4 溶液混合后，稀释到 1000mL（相当于 HIO_3 溶液）得 B 溶液；最后称取 15.5g 丙二酸、3.5g $MnSO_4 \cdot 2H_2O$ 和 0.5g 淀粉（先溶于热水）稀释到 1000mL 得 C 溶液。往试管中按任意顺序加入 A、B、C 三种溶液各 1mL 并混合均匀，等少许时间，溶液由无色变为蓝色，又由蓝色变为无色，如此反复十余次，最后变为蓝色。

【任务总结】

1. 技术提示

(1) 实验过程中要注意安全，避免化学品直接接触皮肤和眼睛。

(2) 在反应结束后，要妥善处理废液和化学品。

(3) 实验步骤中的移液管要清洗干净，避免发生化学反应而残留。

(4) 观察化学反应情况时要认真，及时记录颜色、透明度等变化，并在反应结束后进行定性分析。

(5) 实验完成后，要及时清洗实验器材，避免化学品残留和交叉污染。

2. 思考与讨论

见相应任务工单。

3. 技术总结与拓展

依据实验数据分析实验结果是否理想、存在的问题、改进措施（建议从电极电势与氧化还原反应方向的关系，浓度和酸度对电极电势的影响，浓度、酸度和催化剂对氧化还原反应的影响等方面进行总结与提升）。

【任务评价】

任务考核评价表

<table>
<tr><td colspan="2">班级：</td><td colspan="2">姓名：</td><td colspan="3">学号：</td></tr>
<tr><td>序号</td><td>考核项目</td><td colspan="2">考核标准</td><td>权重</td><td>得分</td><td>备注</td></tr>
<tr><td>1</td><td>实验安全与健康</td><td colspan="2">未按要求穿戴口罩/实验服/护目镜/手套等扣除该项所有分数</td><td>5</td><td></td><td></td></tr>
<tr><td>2</td><td>准备工作</td><td colspan="2">正确使用盐桥、清洗电极等，每错1次扣4分</td><td>10</td><td></td><td></td></tr>
<tr><td>3</td><td>溶液的配制</td><td colspan="2">仪器的验漏、洗涤、润洗、溶液的移取、稀释、定容等，每出现1次错误扣1分</td><td>10</td><td></td><td></td></tr>
<tr><td rowspan="4">4</td><td rowspan="4">验证氧化还原反应</td><td>测量操作</td><td>正确测量电极电势，每出现1次错误扣5分，扣完为止</td><td rowspan="4">20</td><td rowspan="4"></td><td rowspan="4"></td></tr>
<tr><td rowspan="3">万用表操作</td><td>测量前：机械调零、选择合适挡位、水平放置、绝缘、远离易燃物、选择合适温度，每出现1次错误扣1分，扣完为止</td></tr>
<tr><td>测量中：选择合适量程和合适探头间距、正确连接正负极，每出现1次错误扣2分，扣完为止</td></tr>
<tr><td>测量后：开关转回空挡、收回万用表，每出现1次错误扣4分，扣完为止</td></tr>
<tr><td>5</td><td>记录数据</td><td colspan="2">正确读数，规范、及时记录数据，每错1个扣1分，扣完为止</td><td>5</td><td></td><td></td></tr>
<tr><td>6</td><td>处理数据</td><td colspan="2">计算过程规范、正确，每错1个扣2分，扣完为止</td><td>10</td><td></td><td></td></tr>
<tr><td rowspan="3">7</td><td rowspan="3">精密度</td><td colspan="2">相对极差≤0.5%</td><td>10</td><td rowspan="3"></td><td rowspan="3"></td></tr>
<tr><td colspan="2">0.5%<相对极差≤1.0%</td><td>5</td></tr>
<tr><td colspan="2">相对极差>1.0%</td><td>0</td></tr>
<tr><td>8</td><td>文明操作</td><td colspan="2">将废液、废纸按要求回收至指定容器，实验台面收拾整洁，仪器摆放整齐，关闭水、电、火、门窗。未达到要求扣除该项所有分数</td><td>10</td><td></td><td></td></tr>
<tr><td>9</td><td>重大失误</td><td colspan="2">损坏实验仪器1件，根据仪器重要性倒扣10分</td><td></td><td></td><td></td></tr>
<tr><td>10</td><td>思考与讨论</td><td colspan="2">要点清晰，答题准确，每题2分</td><td>10</td><td></td><td></td></tr>
<tr><td>11</td><td>综合考核</td><td colspan="2">考勤、纪律、课堂表现、实验参与度和完成情况等</td><td>5</td><td></td><td></td></tr>
<tr><td>12</td><td colspan="3">合计</td><td>100</td><td></td><td></td></tr>
</table>

任务 8 测定硫酸钡的溶度积

【任务导入】

溶度积，是指沉淀的溶解平衡常数，用 K_{sp} 表示，溶度积的大小反映了难溶电解质的溶解能力。溶度积常数仅适用于难溶电解质的饱和溶液，对易溶的电解质不适用。在温度一定时，每一种难溶盐类化合物的 K_{sp} 皆为一特定值。

在一定温度下，难溶电解质晶体与溶解在溶液中的离子之间存在沉淀溶解和生成的平衡，称为沉淀溶解平衡。将难溶电解质 AgCl 放入水中，固体表面的一部分 Ag^+ 和 Cl^- 在水分子的不断作用下脱离 AgCl 固体，与水分子缔合成水合离子进入溶液，此过程称作沉淀的溶解；与此同时，溶液中的水合 Ag^+ 和 Cl^- 不断运动，其中一部分受到 AgCl 固体的表面带相反电荷的离子吸引，又会重新结合成固体 AgCl，此过程称作沉淀的生成。难溶电解质的溶解和生成是可逆过程。一段时间后，当难溶电解质溶解的速率和生成的速率相等时，溶液中各离子的浓度不再发生变化，难溶电解质固体和溶液中水合离子间的沉淀溶解平衡由此建立：

$$AgCl(s) \rightleftharpoons Ag^+(aq) + Cl^-(aq)$$

难溶电解质的沉淀溶解平衡及平衡常数表达式如下：

$$A_nB_m(s) \rightleftharpoons nA^{m+}(aq) + mB^{n-}(aq), K_{sp} = [A^{m+}]^n[B^{n-}]^m$$

本次任务要求每位同学测定硫酸钡的溶度积，独立完成工作任务，记录实验中的现象和出现的问题，进行实验过程中的技术总结，提交任务工单。

【任务目标】

1. 能熟练地制备硫酸钡。
2. 能应用电导法测定硫酸钡的溶度积。
3. 能准确理解电导率仪使用原理，并能正确进行操作。
4. 具有实验室安全意识。

【任务准备】

硫酸钡是难溶电解质，在饱和溶液中存在如下平衡：

$$BaSO_4(s) \rightleftharpoons Ba^{2+}(aq) + SO_4^{2-}(aq)$$

$$K_{sp}(BaSO_4) = c_{Ba^{2+}} c_{SO_4^{2-}}$$

由此可见，只需测定出 $c(Ba^{2+})$、$c(SO_4^{2-})$ 中任何一种浓度值即可求出 $K_{sp}(BaSO_4)$，由于 $BaSO_4$ 的溶解度很小，因此可把饱和溶液看作无限稀释的溶液，$c_{Ba^{2+}} = c_{SO_4^{2-}} = c_{BaSO_4}$，

离子的活度与浓度近似相等。由于饱和溶液的浓度很低，因此，常常采用电导法，通过测定电解质溶液的电导率计算离子浓度。

电导是电阻的倒数：

$$G=\sigma \frac{A}{l}$$

式中，G 为电导；A 为截面积，m^2；l 为长度，m；l/A 为电导池常数或电极常数，在电极上标出；σ 为电导率，$S \cdot m^{-1}$。

由于测得 $BaSO_4$ 的饱和溶液的电导率包括水的电导率，因此 $BaSO_4$ 的电导率：

$$\sigma(BaSO_4)=\sigma(BaSO_4\ 溶液)-\sigma(H_2O)$$

当测定在两平行电极之间溶液的电导时，面积 $A=1cm^2$，电极相距 1cm，溶液浓度为 $1mol \cdot m^{-3}$，则电解质溶液的电导为摩尔电导率，用 λ 表示。当溶液浓度无限稀时，正负摩尔电导率之间的影响趋于零，摩尔电导率 λ 趋于最大值，用 λ_0 来表示，称为极限摩尔电导率。$\lambda_0(BaSO_4)=287.2\times10^{-4}S \cdot m^2 \cdot mol^{-1}$。电导率 σ 与摩尔电导率 λ 的关系为 $\sigma=\lambda c$，因此，只要测得电导率 σ 值，即可求得溶液浓度：

$$c(BaSO_4)=\frac{\sigma(BaSO_4)}{1000\lambda_0(BaSO_4)}$$

【任务实施】

1. $BaSO_4$ 饱和溶液的制备

取 2.0mL 0.5$mol \cdot L^{-1}$ Na_2SO_4 溶液和 2.0mL 0.5$mol \cdot L^{-1}$ $BaCl_2$ 溶液，加入同一个 200mL 烧杯中，产生 $BaSO_4$ 沉淀，加水约 100mL，加热煮沸 3～5min，搅拌、静置、冷却后，弃去上层清液。利用倾析法（用来分隔液体和固体，固体的密度必须比液体大得多，而且不溶于液体。将载有混合物的容器微倾，使液体流出而固体不倒出）和离心分离（由于离心机等设备可产生相当高的角速度，离心力远大于重力，于是溶液中的悬浮物便易于沉淀析出，又由于密度不同的物质所受到的离心力不同，从而沉降速度不同，能使密度不同的物质分离）的方法反复洗涤沉淀，直至清液中不含 Cl^-（用 $AgNO_3$ 检验）为止。

2. 测定电导率

（1）取约 40mL 纯水，测定其电导率，测定时其操作要迅速。

（2）取制得的饱和 $BaSO_4$ 溶液的清液，测定其电导率（$BaSO_4$ 溶液）。

由此计算 $BaSO_4$ 饱和溶液的浓度及其溶度积 $K_{sp}(BaSO_4)$。

【任务总结】

1. 技术提示

（1）要充分洗涤沉淀至不含杂质，以免影响测定结果。

（2）测定电导率速度要快，防止吸收二氧化碳。

（3）配制硫酸钡饱和溶液的水和测定电导率的纯水要一致。

2. 思考与讨论

见相应任务工单。

3. 技术总结与拓展

依据实验数据分析实验结果是否理想、存在的问题、改进措施（建议从 $BaSO_4$ 饱和溶液制备、电导率的测定和产生误差分析等方面进行总结与提升）。

【任务评价】

任务考核评价表

<table>
<tr><td colspan="2">班级：</td><td colspan="2">姓名：</td><td colspan="3">学号：</td></tr>
<tr><td>序号</td><td>考核项目</td><td colspan="2">考核标准</td><td>权重</td><td>得分</td><td>备注</td></tr>
<tr><td>1</td><td>实验安全与健康</td><td colspan="2">未按要求穿戴口罩/实验服/护目镜/手套等扣除该项所有分数</td><td>5</td><td></td><td></td></tr>
<tr><td>2</td><td>准备工作</td><td colspan="2">清洗电极等每错 1 次扣 4 分</td><td>10</td><td></td><td></td></tr>
<tr><td>3</td><td>溶液的配制</td><td colspan="2">仪器的验漏、洗涤、润洗，溶液的移取、稀释、定容等，每出现 1 次错误扣 1 分</td><td>10</td><td></td><td></td></tr>
<tr><td rowspan="4">4</td><td rowspan="4">测定 $BaSO_4$ 饱和溶液的电导率</td><td>制备操作</td><td>规范操作，正确制备 $BaSO_4$ 饱和溶液，能利用倾析法和离心分离的方法反复洗涤沉淀，直至清液中不含 Cl^- 为止。每出现 1 次错误扣 2 分，扣完为止</td><td rowspan="4">20</td><td rowspan="4"></td><td rowspan="4"></td></tr>
<tr><td rowspan="3">电导率测定操作</td><td>测量前：机械调零、选择合适挡位、水平放置、绝缘、远离易燃物、选择合适温度，每出现 1 次错误扣 1 分，扣完为止</td></tr>
<tr><td>测量中：选择合适量程及探头间距、正确连接正负极，每出现 1 次错误扣 2 分，扣完为止</td></tr>
<tr><td>测量后：开关转回空挡、收回万用表，每出现 1 次错误扣 4 分，扣完为止</td></tr>
<tr><td>5</td><td>记录数据</td><td colspan="2">正确读数，规范、及时记录数据，每错 1 个扣 1 分，扣完为止</td><td>5</td><td></td><td></td></tr>
<tr><td>6</td><td>处理数据</td><td colspan="2">计算过程规范、正确，每错 1 个扣 2 分，扣完为止</td><td>5</td><td></td><td></td></tr>
<tr><td rowspan="3">7</td><td rowspan="3">精密度</td><td colspan="2">相对极差≤0.5%</td><td>10</td><td></td><td></td></tr>
<tr><td colspan="2">0.5%<相对极差≤1.0%</td><td>5</td><td></td><td></td></tr>
<tr><td colspan="2">相对极差>1.0%</td><td>0</td><td></td><td></td></tr>
<tr><td>8</td><td>文明操作</td><td colspan="2">将废液、废纸按要求回收至指定容器，实验台面收拾整洁，仪器摆放整齐，关闭水、电、火、门窗。未达到要求扣除该项所有分数</td><td>10</td><td></td><td></td></tr>
<tr><td>9</td><td>重大失误</td><td colspan="2">损坏实验仪器 1 件，根据仪器重要性倒扣 10 分</td><td></td><td></td><td></td></tr>
<tr><td>10</td><td>思考与讨论</td><td colspan="2">要点清晰，答题准确，第 1～2 题 3 分，第 3 题 4 分</td><td>10</td><td></td><td></td></tr>
<tr><td>11</td><td>综合考核</td><td colspan="2">考勤、纪律、课堂表现、实验参与度和完成情况等</td><td>10</td><td></td><td></td></tr>
<tr><td>12</td><td colspan="3">合计</td><td>100</td><td></td><td></td></tr>
</table>

任务9　测定磺基水杨酸合铁（Ⅲ）配合物的稳定常数

【任务导入】

稳定常数指配位平衡的平衡常数，通常指配合物的累积稳定常数，用 $K_{稳}$ 表示。例如：对具有相同配位体数目的同类型配合物来说，$K_{稳}$ 值愈大，配合物愈稳定。配合物的稳定性，可以用生成配合物的平衡常数来表示。此平衡常数越大，表示形成配合物的倾向越大，此配合物越稳定。所以配合物的生成常数又称为稳定常数。

本次任务要求每位同学测定磺基水杨酸合铁（Ⅲ）配合物的稳定常数，记录实验中的现象和出现的问题，进行实验过程中的技术总结，提交任务工单。

【任务目标】

1. 了解光度法测定配合物组成及稳定常数的原理和方法。
2. 能够正确测定 pH=2 时，磺基水杨酸合铁（Ⅲ）配合物的组成及其稳定常数。
3. 能正确使用分光光度计。
4. 具有实验室安全意识。

【任务准备】

磺基水杨酸与 Fe^{3+} 可以形成稳定的配合物。配合物的组成因溶液 pH 值的不同而改变。本实验测定 pH=2～3 时所形成的红褐色磺基水杨酸合铁配合物的组成及其稳定常数。实验中通过加入一定量的 $HClO_4$ 溶液来控制溶液的 pH 值。

由于所测溶液中磺基水杨酸是无色的，Fe^{3+} 溶液的浓度很稀，也可认为是无色的，只有磺基水杨酸合铁配合物（MR_n）是有色的。根据朗伯-比尔定律，当波长、溶液的温度及比色皿（溶液的厚度）均一定时，溶液的吸光度只与配合物的浓度成正比。通过对溶液吸光度的测定，可以求出配合物的组成。

用光度法测定配合物组成时，常用等摩尔连续变化法（也叫浓比递变法）。所谓等摩尔连续变化法就是：在保持溶液中金属离子的浓度（c_M）与配体的浓度（c_R）之和不变的前提下，改变 c_m 与 c_R 的相对量，配制成一系列溶液，并测定相应的吸光度。以吸光度为纵坐标，以 c_R 在总浓度中所占分数为横坐标作图，得一曲线。将曲线两边的直线延长相交于 B'，B'点的吸光度 A'最大，由 B'点横坐标值 F 可以计算配合物中金属离子与配体的配位比，即可求出配合物 MR_n 中配体的数目 n。

由图 2-8 可以看出，最大吸光度 A'，可被认为 M 与 R 全部形成配合物时的吸光度。但由于配合物处于平衡时有部分解离，其浓度要稍小一些，因此，实验测得的最大吸光度在 B 点，其值为 A。配合物解离度 $\alpha=A'-A/A'$。

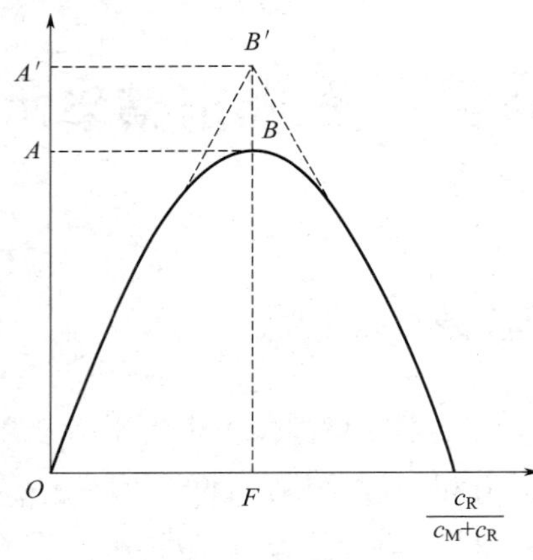

图 2-8 等摩尔连续变化法

配合物的表观稳定常数 K 可由以下平衡关系导出：

$$M+nR \rightleftharpoons MR_n$$

平衡浓度 $\quad c\alpha \quad c\alpha \quad c(1-\alpha)$

$$K=\frac{[MR_n]}{[M][R]^n}=\frac{c(1-\alpha)}{c\alpha(c\alpha)^n}=\frac{1-\alpha}{c^n\alpha^{n+1}}$$

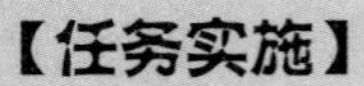

【任务实施】

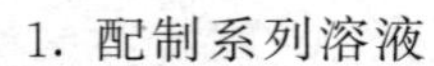

1. 配制系列溶液

将 11 个 50mL 容量瓶洗净编号。

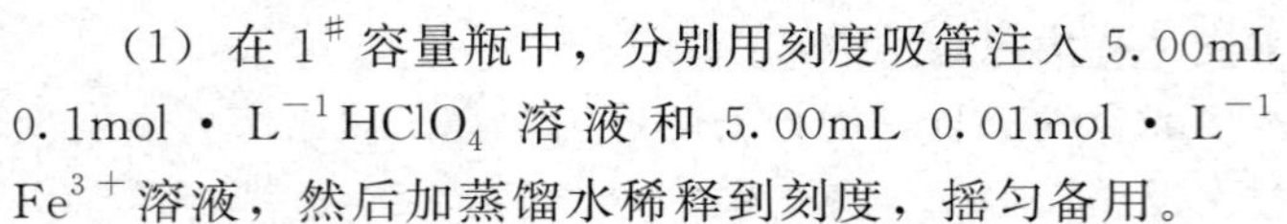

(1) 在 1# 容量瓶中，分别用刻度吸管注入 5.00mL 0.1mol·L^{-1} $HClO_4$ 溶液和 5.00mL 0.01mol·L^{-1} Fe^{3+} 溶液，然后加蒸馏水稀释到刻度，摇匀备用。

(2) 用 3 支 5mL 刻度吸管依次吸取梯度体积的 0.1mol·L^{-1} $HClO_4$、0.01mol·L^{-1} Fe^{3+} 溶液和 0.01mol·L^{-1} 磺基水杨酸溶液，分别注入 2#～11# 容量瓶，将溶液配好备用。

2. 测定系列溶液的吸光度

用 72 型分光光度计，用波长为 500nm 的光源、1cm 比色皿，以蒸馏水为空白测定 1#～11# 系列溶液的吸光度。

3. 以吸光度 A 为纵坐标，$\frac{c_R}{c_M+c_R}$为横坐标作图，求出磺基水杨酸合铁（Ⅲ）配合物的组成和计算表观稳定常数 K。

【任务总结】

1. 技术提示

(1) 酸度对配位平衡有较大的影响。如果考虑弱酸的电离平衡（磺基水杨酸是一个二元弱酸），则对表观稳定常数要加以校正，校正后即可得 $K_{稳}$。校正公式为：

$$\lg K_{稳}=\lg K+\lg a$$

式中，$K_{稳}$ 为绝对稳定常数；K 为表观稳定常数；a 为酸效应系数。对于磺基水杨酸，当 pH=2 时，$\lg a=10.3$。

(2) 0.01mol·L^{-1} Fe^{3+} 溶液的配制：称取 0.4820g $(NH_4)_2Fe(SO_4)_2 \cdot 12H_2O$，以 0.1mol·$L^{-1}$ $HClO_4$ 溶液溶解，全部转移至 100mL 容量瓶中，并用 0.1mol·L^{-1} $HClO_4$ 溶液稀释至刻度。

(3) 0.01mol·L^{-1} 磺基水杨酸溶液的配制：称取 0.2540g 磺基水杨酸，用 0.1mol·L^{-1} $HClO_4$ 溶液溶解，全部转移至 100mL 容量瓶中，并用 0.1mol·L^{-1} $HClO_4$ 溶液稀释至刻度。

2. 思考与讨论

见相应任务工单。

3. 技术总结与拓展

依据实验数据分析实验结果是否理想、存在的问题、改进措施（建议从系列溶液配制、吸光度的测定和产生误差分析等方面进行总结与提升）。

【任务评价】

任务考核评价表

班级：		姓名：	学号：		
序号	考核项目	考核标准	权重	得分	备注
1	实验安全与健康	未按要求穿戴口罩/实验服/护目镜/手套等扣除该项所有分数	5		
2	实验仪器的调整	预热、调零、选择合适吸收池等操作，若不满足要求扣除此项所有分数	10		
3	系列溶液的配制	仪器的验漏、洗涤、润洗，溶液的移取、稀释、定容等，每出现1次错误扣1分	10		
4	磺基水杨酸合铁(Ⅲ)配合物稳定常数的测定	仪器在未接通电源时，指针必须位于零刻度上，否则需进行机械调零；大幅度改变测试波长时，需等灯热平衡后，重新校正"0"和"100"点再测量；比色皿使用完毕，立即用蒸馏水冲洗干净，并用干净柔软的纱布将水迹擦去，以防止表面光洁度被破坏，影响比色皿的透光率，每出现1次错误扣1分	30		
5	记录数据	正确读数，规范、及时记录数据，每错1个扣1分，扣完为止	5		
6	处理数据	计算过程规范、正确，每错1个扣2分，扣完为止	5		
7	精密度	相对极差≤0.5%	10		
		0.5%<相对极差≤1.0%	5		
		相对极差>1.0%	0		
8	文明操作	将废液、废纸按要求回收至指定容器，实验台面收拾整洁，仪器摆放整齐，关闭水、电、火、门窗。未达到要求扣除该项所有分数	5		
9	重大失误	损坏实验仪器1件，根据仪器重要性倒扣5分或10分			
10	思考与讨论	要点清晰，答题准确，每题5分	10		
11	综合考核	考勤、纪律、课堂表现、实验参与度和完成情况等	5		
12	合计		100		

项目五

认识元素及其化合物

【项目导言】

本项目围绕元素化合物共包含 3 个任务，首先带领学生认识碱金属和碱土金属，然后引领学生认识 p 区元素的性质；在此基础上，再来研究 d 区元素的性质和特点。同学们通过规范的实验操作，完成实验任务，能够系统掌握各种元素及化合物的性质和变化规律。实验过程中，具备安全环保意识，养成多思考、勤动手、规范操作的实验习惯。

【项目目标】

知识目标

1. 知晓各种元素的主要性质。
2. 掌握不同元素的化合物的主要类型、性质及变化规律。
3. 掌握元素的鉴定方法。

技能目标

1. 能够根据各种元素的性质按要求完成实验，并正确观察分析实验现象。
2. 能够采用正确的方法处理实验数据。

素质目标

1. 能够运用元素化合物的性质和变化规律解决问题。
2. 实验过程中具备安全环保意识。

任务1　认识s区元素碱金属与碱土金属

【任务导入】

碱金属和碱土金属是十分活泼的主族金属元素，在自然界中碱金属不以单质形式存在。碱金属和碱土金属能和水发生激烈的反应，生成强碱性的氢氧化物，同时放出氢气，是名副其实的“火爆族”，其火爆程度（反应激烈程度）随着金属性的增强而增大。碱金属和碱土金属密度小，为防止其与空气或水反应，应将其存放在矿物油、液体石蜡或封在稀有气体中，以隔绝空气和水。

本次任务要求每位同学进行碱金属和碱土金属的性质实验，认真记录现象和分析出现的问题，进行实验过程中的技术总结，提交任务工单。

【任务目标】

1. 知晓碱金属和碱土金属的主要性质。
2. 了解钠盐、钾盐的难溶性。
3. 能够使用焰色反应观察碱金属和碱土金属离子的焰色特征。
4. 具有实验室安全意识，完成钠、钾的安全实验操作。

【任务准备】

碱金属是元素周期表中第ⅠA族的元素，系周期表中最典型的金属元素，化学性质非常活泼，其单质都是强还原剂。碱金属能与水剧烈反应，放出氢气，反应激烈程度随金属性增强而加剧，实验时应避免钠、钾与皮肤接触，防止钠、钾与皮肤的湿气作用而放热引燃金属灼伤皮肤。碱土金属是元素周期表中第ⅡA族的元素，包括镁（Mg）、钙（Ca）、锶（Sr）和钡（Ba）。它们有两个最外层电子，较为稳定。

碱金属的盐类通常易溶于水，例如NaCl、NaOH、KCl等都是易溶于水的碱金属化合物。仅有极少数的盐是难溶的，例如LiF、Li_2CO_3等，利用此特性可以鉴定碱金属离子。碱土金属的盐有不少是难溶的。碱金属、碱土金属及其挥发性化合物，在高温火焰中电子被激发。当电子从较高的能级跃迁到较低的能级时，便可辐射出一定波长的光，使火焰呈现不同的特征颜色，如锂呈现紫红色，钠呈现黄色，钾呈现紫色，钙呈现砖红色等。利用这些特征颜色可以鉴定对应的离子是否存在，这种利用火焰鉴别金属的方法称为“焰色反应”。

在空气中燃烧时，碱金属会形成普通氧化物。例如Li_2O、Na_2O、K_2O等。这些氧化物的颜色和热稳定性会随着原子序数的增加而增加。碱土金属在空气中燃烧时会形成普通氧化物，如MgO和CaO等。这些氧化物的颜色和热稳定性与碱金属相似。

【任务实施】

1. 钠、钾、镁、钙在空气中的燃烧反应

(1) 取绿豆粒大小的一块金属钠，用滤纸吸干表面上的煤油，立即放入坩埚中加热到金属钠开始燃烧时停止加热，观察焰色；冷却至室温，观察产物的颜色；加 2mL 去离子水使产物溶解，再加 2 滴酚酞试液，观察溶液的颜色；加 $0.2mol \cdot L^{-1}$ 的 H_2SO_4 溶液酸化后，加 1 滴 $0.01mol \cdot L^{-1}$ 的 $KMnO_4$ 溶液，观察反应现象并记录。

(2) 取绿豆粒大小的一块金属钾，进行同金属钠的操作；冷却至室温，观察产物颜色；加去离子水 2mL 溶解产物，再加 2 滴酚酞试液，观察溶液颜色并记录。

(3) 称取 0.3g 左右的镁粉，放入坩埚中加热使镁粉燃烧，反应完全后，冷却至接近室温，观察产物颜色；将产物转移到试管中，加 2mL 去离子水，立即用湿润的红色石蕊试纸检查逸出的气体，再用酚酞试液检查溶液的酸碱性，记录现象。

(4) 取绿豆粒大小的一块金属钙，用滤纸吸干表面上的煤油后，直接在氧化焰中加热，反应完全后，重复上述实验内容 (3)。

2. 钠、钾、镁、钙与水的反应

(1) 在两个烧杯中分别加入去离子水约 30mL，用镊子各取绿豆粒大小的金属钠和钾，用滤纸吸干表面煤油，放入水中观察反应情况，比较两者反应的剧烈程度，检验溶液的酸碱性。为了安全，应事先准备好表面皿，当金属放入水中时，立即盖在烧杯上。

(2) 在两支试管中各加 2mL 水，一支常温，对另一支加热至沸腾；取两根镁条，用砂纸擦去氧化膜，将镁条分别放入冷、热水中，比较两者反应的剧烈程度，检验溶液的酸碱性。

(3) 取绿豆粒大小的一块金属钙，用滤纸吸干表面煤油，将其与冷水反应，比较镁、钙与水反应的剧烈程度。

3. 焰色反应

将镍铬丝顶端小圆环蘸取浓 HCl 溶液，在氧化焰中烧至接近无色，再蘸 $2mol \cdot L^{-1}$ 的 LiCl 溶液，在氧化焰中灼烧，观察火焰的颜色。按上述方法试验 $1mol \cdot L^{-1}$NaCl 溶液、$1mol \cdot L^{-1}$ 的 KCl 溶液、$0.5mol \cdot L^{-1}$ 的 $CaCl_2$ 溶液、$0.5mol \cdot L^{-1}$ 的 $SrCl_2$ 溶液和 $0.5mol \cdot L^{-1}$ 的 $BaCl_2$ 溶液。比较 $0.01mol \cdot L^{-1}$、$1mol \cdot L^{-1}$ 的 NaCl 溶液和 $0.5mol \cdot L^{-1}$ 的 Na_2SO_4 溶液焰色反应持续时间的长短。

4. 盐类的溶解性

(1) 在三支试管中分别加入 $0.1mol \cdot L^{-1}$ 的 $MgCl_2$ 溶液、$0.1mol \cdot L^{-1}$ 的 $CaCl_2$ 溶液和 $0.1mol \cdot L^{-1}$ 的 $BaCl_2$ 溶液各 1mL，再各加入 5 滴饱和 Na_2CO_3 溶液，静置沉降，弃去上清液，验证各沉淀物是否溶于 $2mol \cdot L^{-1}$ 的 HAc 溶液，总结相关的性质。

(2) 在三支试管中分别加入 $0.1mol \cdot L^{-1}$ 的 $MgCl_2$ 溶液、$0.1mol \cdot L^{-1}$ 的 $CaCl_2$ 溶液和 $0.1mol \cdot L^{-1}$ 的 $BaCl_2$ 溶液各 1mL，再各加 5 滴 $0.5mol \cdot L^{-1}$ 的 K_2CrO_4 溶液，观察有无沉淀生成。若有沉淀，则分别验证沉淀是否溶于 $2mol \cdot L^{-1}$ 的 HAc 溶液和 $2mol \cdot L^{-1}$ 的 HCl 溶液，总结相关的性质。

(3) 在两支试管中分别加入 0.5mL $2mol \cdot L^{-1}$ 的 LiCl 溶液和 0.5mL $0.1mol \cdot L^{-1}$ 的

$MgCl_2$ 溶液，再分别加入 0.5mL 1mol·L^{-1} 的 NaF 溶液，观察是否有沉淀生成。用饱和 Na_2CO_3 溶液代替 NaF 溶液，重复上述实验，观察有无沉淀产生，若无沉淀，可加热观察是否产生沉淀。

【任务总结】

1. 技术提示

(1) 同族中随着原子序数的递增，元素还原性增强；同周期碱金属比碱土金属性质更加活泼。

(2) 实验过程中若实验室中发生镁燃烧的事故，不能用水或二氧化碳来灭火，应用砂子或干粉灭火器灭火。

2. 思考与讨论

见相应任务工单。

3. 技术总结与拓展

依据实验结果总结碱金属和碱土金属的性质，并总结钠、钾实验中应如何保证安全操作。

【任务评价】

任务考核评价表

班级：		姓名：	学号：		
序号	考核项目	考核标准	权重	得分	备注
1	实验安全与健康	未按要求穿戴口罩/实验服/护目镜/手套等扣除该项所有分数	5		
2	实验卫生	工作场所全程干净整洁，无试剂洒落，若不满足要求，扣除所有分数	5		
3	环境保护	正确处理回收实验过程中用到的可能对环境造成不良影响的试剂耗材，如出现一次处理不当，扣1分，直至全部扣完	10		
4	溶液的配制	仪器的验漏、洗涤、润洗，溶液的移取、稀释、定容等，每出现1次错误扣2分	10		
5	实验操作	(1)实验步骤不准确/加入溶液的量不准确，每错一处扣2分； (2)钠、钾实验操作不正确/试管使用不正确，每错一处扣5分； (3)实验现象描述不准确，每错一处扣3分； (4)对实验结果的总结不正确，每错一处扣3分	45		
6	文明操作	实验结束后将实验台面收拾整洁，仪器摆放整齐，关闭水、电、火、门窗。未达到要求扣除该项所有分数	5		
7	重大失误	损坏实验仪器1件，根据仪器重要性倒扣5分或10分			

续表

序号	考核项目	考核标准	权重	得分	备注
8	思考与讨论	要点清晰,答题准确,每题5分	10		
9	综合考核	考勤、纪律、课堂表现、实验参与度和完成情况等	10		
10	合计		100		

任务2 认识p区非金属元素——卤素、氧、硫

【任务导入】

公元约900年，阿拉伯炼金术士Razes制取了稀盐酸，开启了卤素家族的发展史。卤族元素包括氟（F）、氯（Cl）、溴（Br）、碘（I）、砹（At）、鿬（Ts），卤素在自然界中均以典型的盐类存在，是成盐元素。

氧气在宇宙中的含量排第三位，它是地壳中最丰富、分布最广的元素，也是构成生物界与非生物界最重要的元素。单质氧在大气中占20.9%，人体中氧元素占了一半，氧气是动物维持生命过程和燃烧过程的必要物质，还广泛应用于冶金、化工、航天和环保等领域。

硫元素的性质较为活泼，它在适宜的条件下能与大多数元素直接反应（惰性气体、碘、氮分子除外）。世界上每年生产的硫主要用于制造硫酸，生产橡胶制品、纸张、硫酸盐、硫化物等，还有一部分用于农业、漂染和医药等领域。

本次任务要求每位同学参考相关知识，独立完成p区卤素、氧元素、硫元素性质的考察，记录实验中的现象和出现的问题，提交任务工单。

【任务目标】

1. 知晓卤素单质的氧化性和离子还原性的变化规律。
2. 掌握卤素离子的鉴定方法。
3. 能够通过实验验证过氧化氢、硫化氢和硫化物的性质。
4. 能够正确进行S^{2-}的鉴定。
5. 养成多思考、勤操作的实验习惯。

【任务准备】

1. 卤素

卤素指周期表中ⅦA族元素，包括氟（F）、氯（Cl）、溴（Br）、碘（I）、砹（At）、鿬（Ts）。卤素单质都有氧化性，氟单质的氧化性最强。卤素单质氧化性强弱顺序为$F_2>Cl_2>Br_2>I_2$。卤素离子的还原性强弱按照相反的顺序变化，即为$I^->Br^->Cl^->F^-$。卤化氢

均为无色具有刺激性气味的气体，还原性强弱顺序为 HI＞HBr＞HCl＞HF，HI 可将浓硫酸还原为 H_2S，HBr 可将浓硫酸还原为 SO_2，而 HCl 不能还原浓硫酸。

卤素的含氧酸盐有多种形式：HXO、HXO_2、HXO_3、HXO_4（X＝Cl、Br、I）。随着卤素氧化数的升高，其热稳定性增大，酸性增强，氧化性减弱。次氯酸和次氯酸盐都是强氧化剂，氯酸盐在中性溶液中没有明显的氧化性，但在酸性介质中能表现出明显的氧化性。

Cl^-、Br^-、I^- 能和 Ag^+ 生成难溶于水的 AgCl（白色）、AgBr（淡黄色）、AgI（黄色）沉淀。AgCl 在氨水和 $(NH_4)_2CO_3$ 溶液中，会生成配离子 $[Ag(NH_3)_2]^+$ 而溶解，AgBr 和 AgI 则不溶。利用这个性质可以将 AgCl 与 AgBr、AgI 分离，在分离出 AgBr、AgI 的溶液中，再加入 HNO_3 酸化，AgCl 会重新沉淀。

Br^- 和 I^- 可通过 Cl_2 氧化为 Br_2 和 I_2 后，在 CCl_4 中分别显棕黄色和紫红色，可用来鉴定 Br^- 和 I^-。

2. 氧和硫

氧和硫分别是第ⅥA 族中第二周期和第三周期的元素，是典型的非金属元素。氧在化合物中常见的氧化数为－2；在过氧化物中的氧化数为－1，代表性物质为过氧化氢（H_2O_2）。

硫的最高氧化数为－6，最低氧化数为－2，此外还具有＋4 等多种氧化数，因此可形成多种化合物。H_2S 气体具有较强的还原性，常温下具有臭鸡蛋气味，可根据此特殊气味进行鉴别，也可根据 H_2S 能使 $Pb(Ac)_2$ 试纸变黑的现象，来检验 S^{2-}。此外在弱碱性条件下，它能与亚硝酰铁氰化钠 $Na_2[Fe(CN)_5NO]$ 反应生成红紫色配合物，利用这种特征反应能鉴定 S^{2-}。H_2S 可与多种金属离子反应生成不同颜色的金属硫化物沉淀，各种金属硫化物在水中的溶解度不同，可以根据金属硫化物的溶解度和颜色的差异进行金属离子的分离和鉴定。

【任务实施】

氯水和溴化钾、碘化钾实验演示

1. 验证卤素单质的氧化性及卤素离子的还原性

（1）分别加入 10 滴 0.2mol·L^{-1} 的 KBr 溶液和 0.2mol·L^{-1} 的 KI 溶液到两支试管，再分别加入 CCl_4，逐滴加入饱和氯水，边滴加边振荡试管，观察并记录实验现象。

（2）试管中加入 10 滴 0.2mol·L^{-1} 的 KI 溶液和适量 CCl_4，再逐滴加入饱和溴水，边加边振荡试管，观察并记录实验现象。

（3）向三支干燥试管中分别加入少量 NaCl、KBr 和 KI 固体，再分别加入浓硫酸几滴，观察试管中的现象；分别将润湿的 pH 试纸、KI-淀粉试纸和醋酸铅试纸放在试管口，加热试管，观察并记录实验现象。

2. 鉴定卤素离子

卤素离子的检验

（1）鉴定 Cl^-

在离心试管中加入 0.5mL 0.2mol·L^{-1} 的 NaCl 溶液，然后逐滴加入 0.5mL 0.2mol·L^{-1} 的 $AgNO_3$ 溶液，生成沉淀后离心分离。弃去上清液，观察沉淀的颜色。滴加 6mol·L^{-1} 的 HNO_3，观察沉淀是否溶解，若不溶解，则加入 6mol·L^{-1} 的氨水，振荡试管，直至沉淀溶解。再向试管中加 6mol·L^{-1} 的 HNO_3，沉淀再次析出。

（2）鉴定 Br^- 和 I^-

分别向两支试管中加入 10 滴 0.2mol·L^{-1} 的 KBr 和 0.2mol·L^{-1} 的 KI 溶液，加入 10 滴 CCl_4，再逐滴加入饱和氯水，边滴加边振荡试管，观察实验现象。通过 CCl_4 中的颜色判断原液中有 Br^- 还是 I^-。

3. 验证过氧化氢的性质

（1）在试管中加入 0.5mL 0.1mol·L^{-1} 的 KI 溶液，酸化后加 5 滴 30g·L^{-1} H_2O_2 溶液和 10 滴 CCl_4，充分摇荡，观察并记录溶液颜色。

（2）取 0.5mL 0.1mol·L^{-1} 的 $KMnO_4$ 溶液，酸化后滴加 30g·L^{-1} H_2O_2 溶液，观察并记录现象。

4. 验证硫化氢和硫化物的性质

（1）硫化氢的还原性

① 试管中加入 10 滴 0.1mol·L^{-1} $KMnO_4$ 和数滴 1.0mol·L^{-1} H_2SO_4，再加入 1mL H_2S 溶液，观察并记录现象。

② 试管中加入 10 滴 0.1mol·L^{-1} $FeCl_3$，再加入 1mL H_2S 水溶液，观察现象。

（2）硫化物的溶解性

在 4 支试管中，分别加入 0.1mol·L^{-1} NaCl、0.1mol·L^{-1} $ZnSO_4$、0.1mol·L^{-1} $CuSO_4$、0.1mol·L^{-1} $Hg(NO_3)_2$ 各 5 滴，然后各加入 H_2S 水溶液 1mL，观察现象并记录。离心沉降，吸去上清液，在沉淀中分别加入数滴 2.0mol·L^{-1} HCl，观察并记录现象。将不溶解的沉淀离心分离，用数滴 6.0mol·L^{-1} HCl 处理沉淀，观察现象。

将仍不溶解的沉淀再次离心分离，用少量蒸馏水洗涤沉淀，加入数滴浓 HNO_3，微热，观察并记录现象。

在仍不溶解的沉淀中，再加入王水（HNO_3 和 HCl 以 1∶3 的体积比混合），微热，观察并记录现象。

（3）鉴定 S^{2-}

① 在点滴板上滴 1 滴 0.1mol·L^{-1} Na_2S，再加 1 滴 10g·$L^{-1}$$Na_2[Fe(CN)_5NO]$，观察现象，此法可以鉴定 S^{2-} 的存在。

② 在试管中加入 5 滴 0.1mol·L^{-1} Na_2S，再加入 5 滴 6.0mol·L^{-1} HCl，在试管口上遮盖湿润的 $Pb(Ac)_2$ 试纸，微热，观察并记录现象。

【任务总结】

1. 技术提示

（1）操作时要注意安全，避免试剂接触皮肤，注意有刺激性、有毒气体的安全闻嗅。

（2）使用试管夹加热时，注意试管口不能对着人，特别是加热盛有固体的试管时，试管口向下倾斜 45 度。

（3）加热时要预热以防止试管因骤热破裂，受热要均匀，以免暴沸或试管炸裂，加热后不能骤冷，防止破裂。

2. 思考与讨论

见相应任务工单。

3. 技术总结与拓展

可围绕实验过程或实验结果中，可能存在的主要问题和改进措施进行总结。

【任务评价】

任务考核评价表

班级：		姓名：	学号：		
序号	考核项目	考核标准	权重	得分	备注
1	实验安全与健康	未按要求穿戴口罩/实验服/护目镜/手套等扣除该项所有分数	5		
2	实验卫生	工作场所全程干净整洁，无试剂洒落，若不满足，扣除所有分数	5		
3	环境保护	正确处理回收实验过程中用到的可能对环境造成不良影响的试剂耗材，如出现一次处理不当，扣 1 分，直至全部扣完	10		
4	溶液的配制	仪器的洗涤、润洗，溶液的移取、稀释、定容等，每出现 1 次错误扣 2 分	10		
5	实验操作	(1)实验步骤不准确/加入溶液的量不准确，每错一处扣 2 分； (2)试管使用操作不正确/闻嗅气体的方法不正确，每错一处扣 5 分； (3)实验现象描述不准确，每错一处扣 3 分； (4)对实验结果的总结不正确，每错一处扣 3 分	40		
6	文明操作	实验结束后将实验台面收拾整洁，仪器摆放整齐，关闭水、电、火、门窗。未达到要求扣除该项所有分数	5		
7	重大失误	损坏实验仪器 1 件，根据仪器重要性倒扣 5 分或 10 分			
8	思考与讨论	要点清晰，答题准确，第 1～2 题每题 3 分，第 3 题 4 分，第 4 题 5 分	15		
9	综合考核	考勤、纪律、课堂表现、实验参与度和完成情况等	10		
10	合计		100		

任务 3　认识 d 区元素及化合物

【任务导入】

d 区元素包括周期表中第ⅢB～ⅦB、Ⅷ和ⅠB～ⅡB 族元素，不包括镧以外的镧系和锕以外的锕系元素。d 区元素都是金属元素。这些元素的共同特征是都有可变的氧化态，由于

d 轨道未满大多可以形成比较稳定的配合物，并且水合离子具有特征的颜色。过渡元素与其它配体形成的配离子也常具有颜色。大多数过渡金属以氧化物或硫化物的形式存在于地壳中，金、银等几种单质可以稳定存在。

本次任务要求每位同学参考相关知识，独立完成 d 区代表性元素如 Cr、Mn、Fe 等性质的考察，记录实验中的现象和出现的问题，提交任务工单。

【任务目标】

1. 知晓 d 区元素主要氢氧化物的酸碱性及氧化还原性。
2. 掌握 d 区元素主要化合物的氧化还原性。
3. 能够运用 Fe、Co、Ni 配合物的性质完成在离子鉴定中的应用。
4. 能够对 Cr、Mn、Fe、Co、Ni 离子进行分离及鉴定。

【任务准备】

铬、锰、铁、铜、锌分别为第四周期的ⅥB、ⅦB、ⅧB、ⅠB、ⅡB 族元素。它们一般都有可变的氧化数。高氧化态常作为氧化剂，低氧化态常作为还原剂。在不同的酸碱介质中反应，其氧化、还原产物不同。其中几种重要化合物的性质如下：

1. Cr 重要化合物的性质

$Cr(OH)_3$（蓝绿色）是典型的两性氢氧化物，$Cr(OH)_3$ 与 NaOH 反应所得的绿色 $NaCrO_2$ 具有还原性，易被 H_2O_2 氧化生成黄色的 Na_2CrO_4：

$$Cr(OH)_3 + NaOH = NaCrO_2 + 2H_2O$$

$$2NaCrO_2 + 3H_2O_2 + 2NaOH = 2Na_2CrO_4 + 4H_2O$$

$$2[Cr(OH)_4]^- + 3H_2O_2 + 2OH = 2CrO_4^{2-} + 8H_2O$$

铬酸盐与重铬酸盐可以互相转化，溶液中存在下列平衡关系：

$$2CrO_4^{2-} + 2H^+ \rightleftharpoons Cr_2O_7^{2-} + H_2O$$

利用上述一系列反应，可以鉴定 Cr^{3+}、CrO_4^{2-} 和 $Cr_2O_7^{2-}$。

重铬酸盐是强氧化剂，易被还原成+3 价铬。

2. Mn 重要化合物的性质

+2 价的锰在碱性介质中为白色氢氧化物，但在空气中易被氧化，逐渐变成棕色二氧化锰。

$Mn(OH)_2$（白色）是中强碱，具有还原性，易被空气中 O_2 所氧化：

$$4Mn(OH)_2 + O_2 = 4MnO(OH)(\text{褐色}) + 2H_2O$$

MnO(OH) 不稳定分解产生 MnO_2 和 H_2O。在酸性溶液中，Mn^{2+} 很稳定，与强氧化剂（如 $NaBiO_3$、PbO_2、$S_2O_8^{2-}$ 等）作用时，可生成紫红色 MnO_4^-：

$$2Mn^{2+} + 5BiO_3^- + 14H^+ = 2MnO_4^- + 5Bi^{3+} + 7H_2O$$

此反应用来鉴定 Mn^{2+}。

MnO_4^{2-}（绿色）能稳定存在于强碱溶液中，而在中性或微碱性溶液中易发生歧化反应：

$$3MnO_4^{2-} + 2H_2O = 2MnO_4^- + MnO_2\downarrow + 4OH^-$$

MnO_4^- 具有强氧化性，它的还原产物与溶液的酸碱性有关。在酸性介质中被还原成 Mn^{2+}，溶液为浅粉色，稀时近似为无色；在中性介质中被还原成棕色 MnO_2；在碱性介质中被还原为 MnO_4^{2-}，溶液为绿色。其反应式如下：

$$2MnO_4^- + SO_3^{2-} + 2OH^- = 2MnO_4^{2-} + SO_4^{2-} + H_2O$$

$$2MnO_4^- + 5SO_3^{2-} + 6H^+ = 2Mn^{2+} + 5SO_4^{2-} + 3H_2O$$

$$2MnO_4^- + 3SO_3^{2-} + H_2O = 2MnO_2\downarrow + 3SO_4^{2-} + 2OH^-$$

3. Fe 重要化合物的性质

二价铁和三价铁的盐在溶液中易水解，二价铁离子是还原剂，而三价铁离子是弱的氧化剂。$Fe(OH)_2$（白色）除具有碱性外，还具有还原性，易被空气中 O_2 所氧化：

$$4Fe(OH)_2 + O_2 + 2H_2O = 4Fe(OH)_3$$

铁系元素是很好的配合物的形成体，能形成多种配合物，常见的有氨的配合物。铁系元素还有一些配合物，不仅很稳定，而且具有特殊颜色，根据这些特性，可鉴定铁系元素离子，如 Fe^{3+} 与黄血盐 $K_4[Fe(CN)_6]$溶液反应，生成深蓝色配合物：

$$Fe^{3+} + K^+ + [Fe(CN)_6]^{4-} = K[Fe(CN)_6Fe]$$

Fe^{2+} 与赤血盐 $K_3[Fe(CN)_6]$溶液反应，生成深蓝色配合物：

$$Fe^{2+} + K^+ + [Fe(CN)_6]^{3-} = K[Fe(CN)_6Fe]$$

当溶液中混有少量 Fe^{3+} 时，Fe^{3+} 与 SCN^- 作用生成血红色配离子：

$$Fe^{3+} + nSCN^- = [Fe(SCN)_n]^{3-n}\ (n=1\sim6)$$

4. Cu 重要化合物的性质

Cu^{2+} 具有氧化性，与 I^- 反应时，不是生成 CuI_2，而是生成白色的 CuI 沉淀：

$$2Cu^{2+} + 4I^- = 2CuI\downarrow + I_2$$

在浓 HCl 溶液中，将 $CuCl_2$ 溶液与 Cu 屑加入，混合均匀并加热，可得泥黄色 $[CuCl_2]^-$，将所得溶液稀释可得到白色的 CuCl：

$$Cu^{2+} + Cu + 4Cl^- = 2[CuCl_2]^-$$

$$[CuCl_2]^- = CuCl\downarrow + Cl^-$$

Cu^{2+} 与 $NH_3 \cdot H_2O$ 作用，先生成沉淀，后溶解生成配合物：

$$2CuSO_4 + 2NH_3 \cdot H_2O = Cu_2(OH)_2SO_4\downarrow(蓝) + (NH_4)_2SO_4$$

$$Cu_2(OH)_2SO_4 + 8NH_3 = [Cu(NH_3)_4]SO_4 + [Cu(NH_3)_4](OH)_2$$

5. Zn 重要化合物的性质

Zn^{2+} 与碱作用生成白色 $Zn(OH)_2$ 沉淀，$Zn(OH)_2$ 具有两性，在 NaOH 溶液中形成无色$[Zn(OH)_4]^{2-}$。

Zn^{2+} 与 $NH_3 \cdot H_2O$ 作用，先生成沉淀，后溶解生成配合物：

$$ZnSO_4 + 2NH_3 \cdot H_2O = Zn(OH)_2\downarrow(白) + (NH_4)_2SO_4$$

$$Zn(OH)_2 + 4NH_3 = [Zn(NH_3)_4](OH)_2$$

【任务实施】

1. 氢氧化物的制备和性质

（1）在分别装有 0.1mol·L^{-1} $CrCl_3$、$MnSO_4$、$FeSO_4$、$CuSO_4$、$AgNO_3$、$ZnSO_4$ 溶液的六支试管中滴加新配制的 2mol·L^{-1} NaOH，观察并记录现象。

（2）将各沉淀分成三份，分别加入 2mol·L^{-1} H_2SO_4、6mol·L^{-1}HCl 和 6mol·L^{-1} NaOH，观察现象。

2. 铬的化合物

（1）Cr^{3+}的还原性和鉴别

取一支试管，加入 0.1mol·$L^{-1}$$CrCl_3$ 溶液 5 滴，再逐滴加入 6mol·L^{-1}NaOH 溶液，边滴边振摇，直至生成的沉淀完全溶解并过量 1 至 2 滴，然后滴加 3%$H_2O_2$3 滴，加热。待试管冷却后，再将上述溶液用 2mol·L^{-1}HAc 溶液酸化，然后滴加 0.1mol·L^{-1} $Pb(NO_3)_2$ 溶液 2 滴。此反应常用作 Cr^{3+}的鉴定反应（$PbCr_2O_7$ 沉淀为亮黄色）。

（2）$Cr_2O_7^{2-}$ 的氧化性

在试管中加入 0.1mol·L^{-1} $K_2Cr_2O_7$ 溶液 4 滴，并加入 2mol·$L^{-1}$$H_2SO_4$ 溶液 2 滴对溶液进行酸化，再逐滴加入 0.1mol·L^{-1} Na_2SO_3 溶液，边滴边振摇。

（3）CrO_4^{2-} 和 $Cr_2O_7^{2-}$ 之间的相互转化

取一支试管，加入 0.1mol·L^{-1} $K_2Cr_2O_7$ 溶液 5 滴，然后加入 2mol·L^{-1} NaOH 溶液 4 滴。再滴加 2mol·L^{-1} H_2SO_4 溶液进行酸化。

3. 锰的化合物

（1）MnO_4^- 的还原产物与反应介质酸碱性的关系

取三支试管，各滴加 0.01mol·L^{-1} $KMnO_4$ 溶液 4 滴，分别在第一支试管中滴加 2mol·L^{-1} H_2SO_4 溶液 2 滴，在第二支试管中滴加蒸馏水 2 滴，在第三支试管中滴加 2mol·L^{-1}NaOH 溶液 2 滴，然后分别向三支试管中各滴加 0.1mol·$L^{-1}$$Na_2SO_3$ 溶液 8～10 滴，观察并解释各试管中所发生的现象。

（2）Mn^{2+}的鉴定

取一支试管，加入 0.1mol·L^{-1} $MnSO_4$ 溶液 2 滴和蒸馏水 10 滴，再加入 6mol·L^{-1} HNO_3 溶液 10 滴，然后加入少量 $NaBiO_3$ 固体，微热，振荡，静置。

4. 铁的化合物

（1）Fe^{2+}和 Fe^{3+}的特性反应

取试管一支，加入新配制的 $FeSO_4$ 溶液约 1mL，滴加 5 滴 0.1mol·$L^{-1}$$K_3[Fe(CN)_6]$ 溶液。另取试管一支，滴加 0.1mol·L^{-1} $FeCl_3$ 溶液 5 滴，再滴加几滴 0.1mol·L^{-1} $K_4[Fe(CN)_6]$ 溶液。再取两支试管，分别加入新配制的 $FeSO_4$ 溶液 5 滴（无反应）和 0.1mol·L^{-1} $FeCl_3$ 溶液 5 滴，然后向两支试管中各加入 0.1mol·L^{-1} KSCN 溶液几滴，比较颜色。

（2）Fe 的配合物的稳定性

取两支试管，分别加入 2 滴 0.1mol·L^{-1} $K_4[Fe(CN)_6]$溶液和 0.1mol·L^{-1} K_3

$[Fe(CN)_6]$溶液，然后向两支试管中各加入 0.1mol・L^{-1} NaOH 溶液 2 滴，观察是否有沉淀生成（均无反应）。

5. 铜的化合物

（1）$[Cu(NH_3)_4]^{2+}$的生成

取离心试管一支，加入 0.1mol・L^{-1} $CuSO_4$ 溶液 10 滴和 2mol・L^{-1} NaOH 溶液 2 滴，制备少量 $Cu(OH)_2$，离心分离沉淀，弃去清液，再加入 6mol・L^{-1} NH_3・H_2O 溶液，边加入边充分振荡，观察现象。

（2）Cu^{2+}的氧化性

取离心试管一支，加入 0.1mol・L^{-1} $CuSO_4$ 溶液 5 滴，然后加入 0.1mol・L^{-1}KI 溶液 10 滴。离心分离沉淀，将上层清液转移至另一支试管，滴加 1%淀粉溶液 1 滴，观察溶液颜色变化。洗涤沉淀，观察沉淀的颜色。

（3）Cu^{2+}的鉴定

取试管一支，滴入 0.1mol・L^{-1} $CuSO_4$ 溶液 5 滴和 0.1mol・$L^{-1}$$K_4[Fe(CN)_6]$溶液 5 滴，观察现象。

【任务总结】

1. 技术提示

（1）对于有毒的物质，要正确回收和处理。

（2）试剂瓶的胶头滴管要注意区分，不能张冠李戴。

（3）离心分离时要确保离心机处于稳定水平的工作台上，并连接好电源，离心管需按离心要求放置并防止离心不平衡。

2. 思考与讨论

见相应任务工单。

3. 技术总结与拓展

试从实验过程或实验结果中，找出可能存在的主要问题，思考如何改进。

【任务评价】

任务考核评价表

班级：		姓名：	学号：		
序号	考核项目	考核标准	权重	得分	备注
1	实验安全与健康	未按要求穿戴口罩/实验服/护目镜/手套等扣除该项所有分数	5		
2	实验卫生	工作场所全程干净整洁，无试剂洒落，若不满足，扣除所有分数	5		
3	环境保护	正确处理回收实验过程中用到的可能对环境造成不良影响的试剂耗材，如出现一次处理不当，扣 1 分，直至全部扣完	10		

续表

序号	考核项目	考核标准	权重	得分	备注
4	溶液的配制	仪器的洗涤、润洗，溶液的移取、稀释、定容等，每出现1次错误扣2分	10		
5	实验操作	(1)实验流程不准确/加入溶液的量不准确，每错一处扣2分； (2)试管使用操作不正确，每错一处扣5分； (3)实验现象描述不正确，每错一处扣3分； (4)对实验结果的总结不正确，每错一处扣3分	40		
6	文明操作	实验结束后将实验台面收拾整洁，仪器摆放整齐，关闭水、电、火、门窗。未达到要求扣除该项所有分数	5		
7	重大失误	损坏实验仪器1件，根据仪器重要性倒扣5分或10分			
8	思考与讨论	要点清晰，答题准确，每题5分	15		
9	综合考核	考勤、纪律、课堂表现、实验参与度和完成情况等	10		
10	合计		100		

模块三

分析化学实验

项目六

滴定分析实验

【项目导言】

本项目作为化学分析实验的重要内容，从标准溶液的配制、标定到不同产品的含量分析，包含了酸碱滴定、配位滴定、氧化还原滴定和沉淀滴定等15个工作任务。通过完成任务，加深对酸碱滴定、氧化还原滴定、配位滴定和沉淀滴定原理的理解，规范滴定分析操作，全面提升滴定操作技能水平和数据处理能力，在每个产品的滴定分析过程中培养严谨求实、精益求精的工匠精神。

【项目目标】

知识目标

1. 掌握各种滴定方法的基本原理。

2. 熟悉滴定分析常用的标准溶液和指示剂。

3. 学会标准溶液的配制与浓度确定方法。

技能目标

1. 能够准确计算标准溶液的浓度，并能完成标准溶液的配制与标定。

2. 能够选择合适的滴定方法和指示剂，进行滴定分析的基本操作，学会滴定终点的判断与控制。

3. 能够采用合适的滴定方法准确测定产品的含量。

素质目标

1. 具备数据处理能力，能够规范撰写任务工单。

2. 体会滴定分析实验研究的重要意义，具备实验室“安全第一”意识和严谨求实、精益求精的工匠精神。

任务 1　配制和标定氢氧化钠标准溶液

【任务导入】

氢氧化钠（sodium hydroxide），也称苛性钠、烧碱、火碱，是一种无机化合物，化学式为 NaOH，氢氧化钠具有强碱性，腐蚀性极强。氢氧化钠对纤维、皮肤、玻璃、陶瓷等有腐蚀作用，溶解它或浓溶液稀释时会放出热量；与无机酸发生中和反应也能产生大量热，生成相应的盐类；与金属铝和锌、非金属硼和硅等反应放出氢；与氯、溴、碘等卤素发生歧化反应。能在水溶液中沉淀金属离子为氢氧化物；能使油脂发生皂化反应，生成相应的有机酸的钠盐和醇。

氢氧化钠主要用于造纸、纤维素浆粕的生产和肥皂、合成洗涤剂、合成脂肪酸的生产以及动植物油脂的精炼。在纺织印染工业用作棉布退浆剂、煮炼剂和丝光剂。在化学工业用于生产硼砂、氰化钠、甲酸、草酸、苯酚等。在石油工业用于精炼石油制品，并用于油田钻井泥浆中。还用于生产氧化铝、金属锌和金属铜的表面处理以及玻璃、搪瓷、制革、医药、染料和农药方面。食品级产品在食品工业上用作酸中和剂，可作柑橘、桃子等的去皮剂，也可作为空瓶、空罐等容器的洗涤剂，以及脱色剂、脱臭剂。

在化妆品膏霜类中，氢氧化钠和硬脂酸等皂化起乳化剂作用，用以制造雪花膏、洗发膏等。

本实验任务是世界职业院校技能大赛化学实验技术赛项考核项目之一。要求每位同学掌握氢氧化钠标准溶液的配制与标定，在实验中能够独立完成实验操作，准确记录实验数据和实验现象，实验完成后对实验过程有相应的技术总结，提交任务工单。

【任务目标】

1. 掌握基准物质标定标准溶液的方法。
2. 初步掌握酸碱指示剂的选择方法。
3. 掌握滴定管、容量瓶的使用。
4. 具备规范意识，实验过程中能细致认真、精益求精。

【任务准备】

NaOH 容易吸收空气中的 CO_2 而生成 Na_2CO_3，使配得的溶液中含有少量 Na_2CO_3，反应式为：$2NaOH+CO_2 = Na_2CO_3+H_2O$，因此配制的 NaOH 标准溶液需要进行标定。

标定 NaOH 标准溶液可用的基准试剂有邻苯二甲酸氢钾、苯甲酸、草酸等，最常用的是邻苯二甲酸氢钾。邻苯二甲酸氢钾容易获得纯品，不吸湿，不含结晶水，容易干燥且分子量大。使用时，一般要在 105～110℃下干燥，保存在干燥器中。标定反应为：

$$\text{C}_6\text{H}_4(\text{COOK})(\text{COOH}) + \text{NaOH} \rightleftharpoons \text{C}_6\text{H}_4(\text{COOK})(\text{COONa}) + \text{H}_2\text{O}$$

根据反应式，当反应到达化学计量点时，两者的物质的量相等。根据基准物的准确质量 m 以及滴定所消耗的滴定剂的体积 V，就可以得到氢氧化钠标准溶液的准确浓度 c。

实验采用的指示剂是酚酞，可以满足准确滴定的要求。滴定至溶液由无色变为浅粉色且30s不褪色即为滴定终点。

【任务实施】

1. 0.1mol·L^{-1}NaOH 溶液的配制

称取约 2g 固体 NaOH 于小烧杯中，马上用 100mL 蒸馏水搅拌使之溶解，稍冷却后转入容量瓶中；用蒸馏水洗涤烧杯和玻璃棒，将洗液也加入容量瓶中，振荡；往容量瓶中加蒸馏水至 500mL，用橡胶塞塞住，充分摇匀，贴上标签注明“0.1mol·L^{-1}NaOH 溶液”，放置备用。

氢氧化钠溶液配制

2. 0.1mol·L^{-1} NaOH 溶液的标定

用减量法精确称取于 105～110℃电烘箱中干燥至恒重的邻苯二甲酸氢钾基准试剂三份，每份 0.4～0.6g，分别置于三个锥形瓶中，加蒸馏水 20mL 溶解，每个锥形瓶在滴定前加 2 滴酚酞指示液（不可同时加指示剂）。用待标定 NaOH 溶液滴定其中一个锥形瓶中的溶液。终点前用锥形瓶内壁靠在滴定管尖嘴处得半滴，再用洗瓶冲洗瓶壁，反复操作至溶液呈浅粉色，静置 30s 不褪色，即为终点。记录消耗 NaOH 溶液的体积 V_1。做三次平行实验。

3. 空白实验

加蒸馏水 20mL 于 250mL 锥形瓶中，加 2 滴酚酞指示液（10g·L^{-1}），用待标定 NaOH 溶液滴定至溶液呈浅粉色，保持 30s 不褪色，即为终点，记录消耗 NaOH 溶液的体积 V_2。

氢氧化钠溶液标定

4. 数据记录与处理

由以上数据，可根据下列公式计算出 NaOH 的浓度 c_1。

$$c_1 = \frac{m_{KHC_8H_4O_4}}{(V_1 - V_2)M_{KHC_8H_4O_4}}$$

式中，c_1 是 NaOH 溶液的浓度，mol·L^{-1}；$m_{KHC_8H_4O_4}$ 是 $KHC_8H_4O_4$ 的质量，g；$M_{KHC_8H_4O_4}$ 是 $KHC_8H_4O_4$ 的摩尔质量，g·mol^{-1}；V_1、V_2 分别是用 $KHC_8H_4O_4$ 标定 NaOH 溶液时消耗 NaOH 溶液的体积和空白实验体积，mL，所有滴定管读数均需校准。

【任务总结】

1. 技术提示

（1）固体氢氧化钠应放在表面皿上或小烧杯中称量，不能在称量纸上称量，因为氢氧化钠极易吸潮，所以称量速度尽量快。

（2）滴定前，应检查橡胶管内和滴定管尖处是否有气泡，如有气泡应排出。否则影响读数，会给测定带来误差。

（3）盛放基准物的3个锥形瓶应编号，以免混淆。防止过失误差。

2. 思考与讨论

见相应任务工单。

3. 技术总结与拓展

围绕规范称量、配制标准溶液和滴定终点的确定，总结实验过程中对结果影响较大的操作要点和技巧。

【任务评价】

任务考核评价表

班级：		姓名：	学号：		
序号	考核项目	考核标准	权重	得分	备注
1	实验安全与健康	未按要求穿戴口罩/实验服/护目镜/手套等扣除该项所有分数	5		
2	实验卫生	工作场所全程干净整洁，无试剂洒落，若不满足，扣除所有分数	5		
3	环境保护	正确处理回收实验过程中用到的可能对环境造成不良影响的试剂耗材，如出现一次处理不当，扣1分，直至全部扣完	5		
4	溶液配制	称量/配制过程操作不当：各扣5分	15		
5	滴定操作	(1)洗涤/试漏/润洗/装液/排空气/调零操作不当：各扣3分； (2)滴定姿势/滴定速度/摇瓶/半滴操作/终点判断/读数/记录不正确：各扣3分	25		
6	数据分析	(1)不缺项/计算正确/有效数字：每错一个扣1分，最多扣5分； (2)精密度：相对平均偏差小于0.20%不扣分，以0.20%递增，每增加0.20%扣2.5分，最多扣20分	25		
7	思考与讨论	要点清晰，答题准确，每题2.5分	10		
8	综合考核	按时签到，课堂表现积极主动	10		
9	合计		100		

任务2 测定工业盐酸的含量

【任务导入】

盐酸是氯化氢的水溶液。在制革、印染、食品、医药、化工、冶金等工业部门大量使用盐酸。准确测量工业盐酸的含量不仅满足工业生产中准确使用盐酸的需要，还有利于对盐酸废液后处理的方法方式的选择。盐酸对环境存在强污染性，盐酸本身和产生的酸雾会腐蚀人体组织，可能会不可逆地损伤呼吸器官、眼部、皮肤和胃肠等。

党的二十大报告中明确提出“加强生态环境保护”，对盐酸含量的精确测定不仅能够提高分析检测能力，还能够更好地保护生态环境。前者体现了分析工作者精益求精的工匠精神，后者则展现出分析工作对于环境卫生保护的重要作用。

本次实验任务要求每位同学参考 GB/T 320—2006《工业用合成盐酸》的相关知识进行含量的测定，记录实验中的现象和出现的问题，进行实验过程中的技术总结，提交任务工单。

【任务目标】

1. 能理解并运用强碱滴定强酸的反应原理。
2. 能正确选择指示剂。
3. 能够正确测定工业盐酸中 HCl 含量。
4. 具有实验室安全和环保意识。

【任务准备】

工业上生产盐酸的主要方法是氯气跟氢气直接化合，然后用水吸收生成的氯化氢气体。工业上制取盐酸时，由于生产工艺的影响，其中会含有杂质，影响到 HCl 的含量，工业盐酸的含量一般为 30%～33%，工业盐酸有强烈腐蚀性，能腐蚀金属，对动植物纤维和人体肌肤均有腐蚀作用。

工业用合成盐酸主要通过测定总酸度（以 HCl）的质量分数计来确定其产品等级，本次任务首先以溴甲酚绿为指示剂，用氢氧化钠标准溶液滴定至溶液由黄色变为蓝色即为终点。反应式如下：

$$HCl + NaOH \longrightarrow NaCl + H_2O$$

【任务实施】

1. 量取约 3mL 待测样品，置于内装约 15mL 水并已称量（精确到 0.0001g）的锥形瓶中，混匀并称量（精确到 0.0001g），向样品中加入 2～3 滴溴甲酚绿指示液，用氢氧化钠标准溶液滴定至溶液由黄色变为蓝色即为终点，测定三个平行样，记录所消耗氢氧化钠标准溶液的体积 V。

2. 量取约 3mL 待测样品，置于内装约 15mL 水并已称量（精确到 0.0001g）的锥形瓶中，混匀并称量（精确到 0.0001g），向样品中加入 2～3 滴酚酞指示剂，用氢氧化钠标准溶液滴定至溶液呈微红色，并且 30s 不褪色即为终点，测定三个平行样，记录所消耗氢氧化钠标准溶液的体积 V。

3. 数据记录与处理。

盐酸含量 x（以质量分数表示）按下式计算：

$$x=\frac{c(\mathrm{NaOH})V(\mathrm{NaOH})M(\mathrm{HCl})}{m\times 1000}\times 100\%$$

式中，$c(\mathrm{NaOH})$ 为氢氧化钠标准溶液的浓度，$\mathrm{mol\cdot L^{-1}}$；$V(\mathrm{NaOH})$ 为滴定待测试液所消耗氢氧化钠标准溶液的体积，mL；$M(\mathrm{HCl})$ 为氯化氢的摩尔质量，$M=36.46\mathrm{g\cdot mol^{-1}}$；$m$ 为试样质量，g。

【任务总结】

1. 技术提示

(1) 选择不同的指示剂进行滴定终点判断时，注意终点颜色突变情况。

(2) 滴定管、移液管的操作要规范。

2. 思考与讨论

见相应任务工单。

3. 技术总结与拓展

围绕取样以及滴定过程中需要注意哪些安全防护、如何准确判断滴定终点等方面总结。

【任务评价】

任务考核评价表

班级：		姓名：	学号：		
序号	考核项目	考核标准	权重	得分	备注
1	实验安全与健康	未按要求穿戴口罩/实验服/护目镜/手套等扣除该项所有分数	5		
2	实验卫生	工作场所全程干净整洁，无试剂洒落，若不满足，扣除所有分数	5		
3	环境保护	正确处理回收实验过程中用到的可能对环境造成不良影响的试剂耗材，如出现一次处理不当，扣 1 分，直至全部扣完	5		
4	溶液配制	称量/配制过程操作不当，各扣 5 分	15		
5	滴定操作	(1)洗涤/试漏/润洗/装液/排空气/调零操作不当：各扣 3 分； (2)滴定姿势/滴定速度/摇瓶/半滴操作/终点判断/读数/记录不正确：各扣 3 分	25		
6	数据分析	(1)不缺项/计算正确/有效数字：每错一个扣 1 分，最多扣 5 分； (2)精密度：相对平均偏差小于 0.20%不扣分，以 0.20%递增，每增加 0.20%扣 2.5 分，最多扣 20 分	25		
7	思考与讨论	要点清晰，答题准确，每题 5 分	10		
8	综合考核	按时签到，课堂表现积极主动	10		
9	合计		100		

任务 3 测定食醋中的总酸量

【任务导入】

醋是中国各大菜系中传统的调味品。醋消肿，据现有文字记载，中国古代劳动人民以酒作为发酵剂来发酵酿制食醋，东方醋起源于中国，有文献记载的酿醋历史在三千年以上。“醋”中国古代称之为“苦酒”，说明“醋”是起源于“酒”的。

果蔬制品、饮料、乳制品、酒、蜂产品、淀粉制品、谷物制品和调味品中均含有酸。食醋的酸味强度的高低主要由其中所含醋酸量的大小所决定。

本实验任务要求每位同学通过食醋中总酸量的测试学习，掌握用已标定的标准溶液测定未知物含量的方法，巩固滴定管、容量瓶等实验仪器的使用，准确记录实验数据和实验现象，能够对实验过程有相应的总结，提交任务工单。

【任务目标】

1. 学会用氢氧化钠溶液滴定醋酸的原理。
2. 学会强碱滴定弱酸的基本原理及指示剂的选择原则。
3. 掌握酸碱滴定的基本技能。
4. 学会用化学定量分析法解决实际问题。

【任务准备】

总酸是指最终能释放出的氢离子数量，是一个定值。pH 代表物质在溶液中释放氢离子（或氢氧根离子）的能力，这涉及到一个溶液中 H^+ 的平衡问题，可以随物质的浓度变化而释放或多或少的 H^+。食醋中所含醋酸的量也不同，一般大概在 3%～8%之间，食醋的酸味强度的高低主要由其中所含醋酸量的大小所决定。

食醋中含醋酸（HAc）3%～8%，此外还含有其他有机酸，用氢氧化钠溶液滴定时，实际测出的是总酸量，测定结果用醋酸表示。与 NaOH 溶液反应的方程式如下：

$$NaOH + CH_3COOH \longlongequal CH_3COONa + H_2O$$

$$n NaOH + H_nA(\text{有机酸}) \longlongequal Na_nA + n H_2O$$

由于是强碱滴定弱酸，理论上化学计量点的 pH 在 8.7 左右，因此选择酚酞指示剂，滴定至溶液出现微红色且 30s 不褪色即为滴定终点。

根据滴定消耗 NaOH 溶液的体积和浓度，计算食醋样品中的总酸量。

【任务实施】

1. 配制待测食醋溶液

用 25mL 移液管移取 25.00mL 食醋，于 250mL 容量瓶中稀释至刻度，摇匀。

2. 转入 NaOH 溶液至滴定管中

将滴定管洗净后，用 0.1mol・L^{-1} 氢氧化钠溶液润洗滴定管 3 次，每次用溶液 3～4mL。排出气泡，调节液面位于“0”刻度线以下。静置，读取滴定管读数，记为氢氧化钠溶液体积初读数 V_1。

3. 待测食醋溶液的测定

用 25mL 移液管移取 25.00mL 待测食醋溶液于 250mL 洗净的锥形瓶中，加入 2 滴酚酞指示剂溶液，逐滴加入氢氧化钠溶液，边滴边摇，在临近滴定终点时，减慢滴定速度，当溶液的粉红色在 30s 内不褪色时，即到达滴定终点。静置后读取滴定管读数，记为氢氧化钠溶液体积终读数 V_2。做三次滴定平行实验。

4. 数据记录及处理

根据 NaOH 标准溶液的浓度 c_{NaOH} 和滴定时消耗的体积 V_{NaOH}（V_2-V_1），可计算出 25mL 食醋中的总酸量。

$$m_{HAc}=c_{NaOH}V_{NaOH}\times\frac{M_{HAc}}{1000}\times\frac{25}{250}$$

式中，c_{NaOH} 是 NaOH 溶液的浓度，mol・L^{-1}；V_{NaOH} 是用 NaOH 标准溶液滴定时消耗的体积，mL；M_{HAc} 是 HAc 的摩尔质量，g/mol。

【任务总结】

醋酸含量的测定

1. 技术提示

（1）由于 NaOH 固体易吸收空气中的 CO_2 和水分，不能直接配制其标准溶液，而必须用标定法。

（2）NaOH 吸收空气中的 CO_2，使配得的溶液中含有少量 Na_2CO_3。含有碳酸盐的碱溶液，使滴定反应复杂化，甚至使测定产生一定误差，因此，应配制不含碳酸盐的碱溶液。

2. 思考与讨论

见相应任务工单。

3. 技术总结与拓展

可围绕以下内容进行总结：容量瓶的定容关键点和定容操作；滴定过程中，滴定剂的选择依据；滴定中半滴、1/4 滴操作的控制等技术要点。

【任务评价】

任务考核评价表

班级：		姓名：	学号：		
序号	考核项目	考核标准	权重	得分	备注
1	实验安全与健康	未按要求穿戴口罩/实验服/护目镜/手套等扣除该项所有分数	5		
2	实验卫生	工作场所全程干净整洁，无试剂洒落，若不满足，扣除所有分数	5		

续表

序号	考核项目	考核标准	权重	得分	备注
3	环境保护	正确处理回收实验过程中用到的可能对环境造成不良影响的试剂耗材，如出现一次处理不当，扣1分，直至全部扣完	5		
4	溶液配制	称量/配制过程操作不当：各扣5分	15		
5	滴定操作	(1)洗涤/试漏/润洗/装液/排空气/调零操作不当：各扣3分； (2)滴定姿势/滴定速度/摇瓶/半滴操作/终点判断/读数/记录不正确：各扣3分	25		
6	数据分析	(1)不缺项/计算正确/有效数字：每错一个扣1分，最多扣5分； (2)精密度：相对平均偏差小于0.20%不扣分，以0.20%递增，每增加0.20%扣2.5分，最多扣20分	25		
7	思考与讨论	要点清晰，答题准确，第1～2题3分，第3题4分	10		
8	综合考核	按时签到，课堂表现积极主动	10		
9	合计		100		

任务4 配制和标定盐酸标准溶液

【任务导入】

盐酸是氯化氢的水溶液，属于一元无机强酸，是一种非常重要的化工原料，是无色透明的液体，有比较强烈的刺鼻气味，同时还具有较高的腐蚀性。浓盐酸具有极强的挥发性，因此，将盛有浓盐酸的容器打开后上方会出现雾气，这是因为浓盐酸挥发性强，产生的氯化氢气体与空气中的水蒸气结合产生盐酸小液滴，使瓶口上方出现酸雾。

盐酸在工业生产和生活中应用广泛。盐酸是胃酸的主要成分，它能够促进食物消化、抵御微生物感染；由于可以与难溶性碱反应，它可用于制取洁厕灵、除锈剂等日用品。在工业上，盐酸有着广泛的应用，处理铁或钢材之前，可用盐酸反应掉表面的锈或铁氧化物。由于盐酸的刺激性和腐蚀性，在使用、运输以及储存过程中需要注意安全操作，以防止盐酸泄漏。在使用过程中需要注意个人防护，如穿戴橡胶手套或聚氯乙烯手套、护目镜、耐化学品的衣物和鞋子等，以降低直接接触盐酸所带来的危险。操作人员必须经过专门培训，严格遵守操作规程。

本次任务要求每位同学正确配制和标定盐酸标准溶液，掌握滴定操作要点，记录实验中的现象和出现的问题，进行实验过程中的技术总结，提交任务工单。

【任务目标】

1. 学会配制标准溶液和用基准物质来标定标准溶液浓度的方法。

2. 掌握滴定管、容量瓶的使用。

3. 掌握滴定操作及滴定终点的判断。

4. 实验中具备敏锐观察和发现问题的能力。

【任务准备】

市售盐酸为无色透明的 HCl 水溶液，HCl 含量为 36%～38%（质量分数）。由于浓盐酸易挥发出 HCl 气体，若直接配制准确度差，因此配制盐酸标准溶液时需用间接配制法。将浓盐酸稀释成所需近似浓度，然后用基准物质进行标定。

当用无水 Na_2CO_3 为基准物标定 HCl 溶液的浓度时，由于 Na_2CO_3 易吸收空气中的水分，因此使用前应在 270～300℃条件下干燥至恒重，密封保存在干燥器中。称量时的操作应迅速，防止再吸水而产生误差。标定 HCl 的反应式为：

$$Na_2CO_3 + 2HCl = 2NaCl + CO_2\uparrow + H_2O$$

由于滴定到第二化学计量点时，才能将基准物质无水 Na_2CO_3 全部反应完全，此时产物是 H_2CO_3。已知 298K 时饱和 H_2CO_3 水溶液的 pH 约为 4.0，故选用甲基橙为指示剂，滴定至溶液由黄色变为橙色即为滴定终点。根据碳酸钠的质量和所用盐酸的体积可算出盐酸标准溶液的准确浓度。

【任务实施】

1. 0.1mol·L^{-1} 盐酸溶液的配制

首先依据浓盐酸的浓度和密度（相对密度为 1.19，浓度约 12mol·L^{-1}）计算出配制 500mL 0.1mol·L^{-1} 溶液所需浓盐酸的体积。然后用小量筒量取浓盐酸，倒入预先盛有约 300mL 蒸馏水的大量杯中，加水稀释至 500mL，转入容量瓶中，充分摇匀定容，贴上标签注明“0.1mol·L^{-1} 盐酸溶液”，放置备用。

盐酸溶液的配制

2. 0.1mol·L^{-1} 盐酸溶液的标定

用减量法精确称取于 270～300℃电烘箱中干燥至恒重的无水 Na_2CO_3 基准试剂三份，每份 0.12～0.20g，分别置于三个锥形瓶中，加蒸馏水 20mL 溶解，每个锥形瓶在滴定前加 2 滴甲基橙指示液（不可同时加指示剂）。用待标定的 HCl 溶液滴定至溶液的黄色恰好变为橙色即为终点，记录消耗 HCl 溶液的体积 V_1。做三次平行实验。

盐酸标准溶液标定（甲基橙指示剂）

3. 空白实验

加蒸馏水 20mL 于 250mL 锥形瓶中，加甲基橙指示液 2 滴，用 HCl 溶液滴至溶液由黄色变为橙色，剧烈摇动锥形瓶赶出 CO_2 后滴定，再次滴至橙色即为终点。记下消耗 HCl 标准溶液的体积 V_2。

4. 数据记录与处理

由以上数据，可根据下列公式计算出盐酸的浓度 c_1。

$$c_1 = \frac{m_{Na_2CO_3}}{(V_1 - V_2)M_{1/2Na_2CO_3}}$$

式中，c_1 是盐酸溶液的浓度，$mol \cdot L^{-1}$；$m_{Na_2CO_3}$ 是 Na_2CO_3 的质量，g；$M_{1/2\,Na_2CO_3}$ 是 1/2 Na_2CO_3 的摩尔质量，$g \cdot mol^{-1}$；V_1、V_2 分别是用 Na_2CO_3 标定盐酸溶液时消耗盐酸溶液的体积和空白实验体积，mL，所有滴定管读数均需校准。

【任务总结】

1. 技术提示

(1) 每次滴定结束后，应将标准溶液加至滴定管零刻度，再进行后续滴定，减小误差。

(2) 滴定管在装满前，应用待装溶液润洗滴定管内壁 3 次，以免标准溶液浓度改变。

(3) 用无水碳酸钠标定盐酸时，反应产生的碳酸会使滴定突跃不明显，致使指示剂颜色变化不够敏锐。因此，在接近滴定终点以前，应剧烈摇动或最好将溶液加热至沸，并摇动以赶走二氧化碳，冷却后再继续滴定。

2. 思考与讨论

见相应任务工单。

3. 技术总结与拓展

围绕影响溶液配制和标定结果的因素，总结实验操作过程中的要点和技巧。比如滴定接近终点时，要剧烈摇动锥形瓶等。

【任务评价】

任务考核评价表

班级：		姓名：	学号：		
序号	考核项目	考核标准	权重	得分	备注
1	实验安全与健康	未按要求穿戴口罩/实验服/护目镜/手套等扣除该项所有分数	5		
2	实验卫生	工作场所全程干净整洁，无试剂洒落，若不满足，扣除所有分数	5		
3	环境保护	正确处理回收实验过程中用到的可能对环境造成不良影响的试剂耗材，如出现一次处理不当，扣 1 分，直至全部扣完	5		
4	溶液配制	称量/配制过程操作不当：各扣 5 分	15		
5	滴定操作	(1)洗涤/试漏/润洗/装液/排空气/调零操作不当：各扣 3 分； (2)滴定姿势/滴定速度/摇瓶/半滴操作/终点判断/读数/记录不正确：各扣 3 分	25		
6	数据分析	(1)不缺项/计算正确/有效数字：每错一个扣 1 分，最多扣 5 分； (2)精密度：相对平均偏差小于 0.20%不扣分，以 0.20%递增，每增加 0.20%扣 2.5 分，最多扣 20 分	25		
7	思考与讨论	要点清晰，答题准确，第 1～2 题每题 3 分，第 3 题 4 分	10		
8	综合考核	按时签到，课堂表现积极主动	10		
9	合计		100		

任务 5 测定氨水中的氨含量

【任务导入】

氨水易挥发，有一定的腐蚀作用，碳化氨水的腐蚀性更加严重。对铜的腐蚀比较强，对钢铁比较差，对水泥腐蚀作用不大，对木材也有一定腐蚀作用。氨水易挥发放出氨气，温度越高，挥发速度越快，可形成爆炸性气氛。若遇高热，容器内压增大，有开裂和爆炸的危险。氨水与强氧化剂和酸剧烈反应。与卤素、氧化汞、氧化银接触会形成对震动敏感的化合物。

工业氨水是含氨25%～28%的水溶液，氨水中仅有一小部分氨分子与水反应形成铵离子和氢氧根离子，即一水合氨，是仅存在于氨水中的弱碱。氨水在工业上有着广泛的用途。在农业上用于制作农业肥料。化学工业中用于制造各种铵盐、有机合成的胺化剂，生产热固性酚醛树脂的催化剂。纺织工业中用于毛纺、丝绸、印染行业，作洗涤羊毛、呢绒、坯布油污和助染、调整酸碱度等用。另外用于制药、制革、制热水瓶胆（镀银液配制）、橡胶和油脂的碱化。

本次任务要求每位同学进行氨水中氨含量的测定，操作规范，方法正确，认真记录实验中的现象和出现的问题，并完成实验过程中的技术总结，提交任务工单。

【任务目标】

1. 能理解并运用强酸滴定一元弱碱的反应原理。
2. 能正确选择指示剂。
3. 进一步学习突跃范围及指示剂的选择原则。
4. 实验过程中注重规范意识和安全环保意识。

【任务准备】

氨水又称阿摩尼亚水，指氨的水溶液，主要成分为 $NH_3 \cdot H_2O$，无色透明且具有刺激性气味。氨水的弱碱性，能使无色酚酞试液变红色，能使紫色石蕊试液变蓝色，能使湿润红色石蕊试纸变蓝。实验室中常用此法检验 NH_3 的存在。还能与酸反应，生成铵盐。浓氨水遇到挥发性酸（如浓盐酸和浓硝酸）就会产生白烟，如果遇到不挥发性酸（如硫酸、磷酸）就不会有这种现象。氨水是很好的沉淀剂，它能与多种金属离子反应，生成难溶性弱碱或两性氢氧化物。与 Ag^{+}、Cu^{2+}、Cr^{3+}、Zn^{2+} 等发生配位反应等。

测定氨水中的氨含量，主要采用已标定好的 $0.1000mol \cdot L^{-1}$ 盐酸标准溶液，取一定体积的氨水，加入甲基红-亚甲基蓝混合指示剂，用盐酸标准滴定溶液滴定，溶液呈红色即为终点，其反应式为：

$$HCl+NH_3 \cdot H_2O = NH_4Cl+H_2O$$

【任务实施】

1. 配制混合指示剂

在 100mL 的烧杯中溶解 0.1g 甲基红于 50mL 乙醇中，再加亚甲基蓝 0.05g，溶解后转入 100mL 容量瓶中，用乙醇稀释定容至 100mL，混匀后转入 100mL 带滴管的棕色瓶中储存。

2. 测定待测样品

量取约 1mL 待测样品，置于内装约 15mL 水并已称量（精确到 0.0001g）的锥形瓶中，混匀并称量（精确到 0.0001g），再加入 40mL 水，向样品中加入 2～3 滴甲基红-亚甲基蓝混合指示剂，用盐酸标准溶液滴定至溶液呈红色即为终点，测定三个平行样，记录所消耗盐酸标准溶液的体积 V。

3. 数据记录与处理

氨水中氨的含量以 w 表示，按下式计算：

$$w=\frac{VcM}{m\times 1000}\times 100\%$$

式中，c 为盐酸标准溶液的浓度，$mol \cdot L^{-1}$；V 为滴定待测样品所消耗盐酸标准溶液的体积，mL；M 为氨的摩尔质量，$M=17.03g \cdot mol^{-1}$；m 为待测样品的质量，g。

【任务总结】

1. 技术提示

(1) 选择不同的指示剂进行滴定终点判断时，注意终点颜色突变情况。

(2) 滴定管、移液管的操作要规范。

2. 思考与讨论

见相应任务工单。

3. 技术总结与拓展

总结实验过程中容易出现失误的操作点和滴定分析的原则等。

【任务评价】

任务考核评价表

班级：		姓名：	学号：		
序号	考核项目	考核标准	权重	得分	备注
1	实验安全与健康	未按要求穿戴口罩/实验服/护目镜/手套等扣除该项所有分数	5		
2	实验卫生	工作场所全程干净整洁，无试剂洒落，若不满足，扣除所有分数	5		

续表

序号	考核项目	考核标准	权重	得分	备注
3	环境保护	正确处理回收实验过程中用到的可能对环境造成不良影响的试剂耗材，如出现一次处理不当，扣1分，直至全部扣完	5		
4	溶液配制	称量/配制过程操作不当：各扣5分	15		
5	滴定操作	(1)洗涤/试漏/润洗/装液/排空气/调零操作不当：各扣3分； (2)滴定姿势/滴定速度/摇瓶/半滴操作/终点判断/读数/记录不正确：各扣3分	25		
6	数据分析	(1)不缺项/计算正确/有效数字：每错一个扣1分，最多扣5分； (2)精密度：相对平均偏差小于0.20%不扣分，以0.20%递增，每增加0.20%扣2.5分，最多扣20分	25		
7	思考与讨论	要点清晰，答题准确，每题5分	10		
8	综合考核	按时签到，课堂表现积极主动	10		
9	合计		100		

任务6　测定混合碱NaOH及Na_2CO_3的含量

【任务导入】

在工业生产中，氢氧化钠常常由于储存不当出现变质的情况，如吸收空气中的二氧化碳生成Na_2CO_3。

碳酸钠用途广泛，可用于制造玻璃，如平板玻璃、玻璃瓶、光学玻璃和高级器皿；还可利用脂肪酸与碳酸钠的反应制肥皂；也可用于硬水的软化、石油和油类的精制，冶金工业中的脱除硫和磷、选矿，以及铜、铅、镍、锡、铀、铝等金属的制备，化学工业中的制取钠盐、金属碳酸盐、漂白剂、填料、洗涤剂、催化剂及染料等。在食品工业中作中和剂、膨松剂，如用于制造氨基酸、酱油和面制食品如馒头、面包等。还可配成碱水加入面食中，增加弹性和延展性，碳酸钠还可以用于生产味精等。

混合碱是由两种或两种以上的碱或碱性盐类组成的混合物。NaOH及Na_2CO_3含量的分析在工业生产过程中是常规的分析项目，快速准确地分析出NaOH及Na_2CO_3的含量对工业生产效率的提升有着重要作用，并且可以减轻分析工作者的工作量。

本次任务要求每位同学进行混合碱含量的测定，注意选择方法的合理性，认真记录实验中的现象和出现的问题，并完成实验过程中的技术总结，提交任务工单。

【任务目标】

1. 掌握双指示剂法测定混合碱各组分的原理和方法。

2. 熟练滴定操作和滴定终点的判断。

3. 学习以事实为依据去分析和解决实际问题。

【任务准备】

氢氧化钠的化学式为 NaOH，也称苛性钠、烧碱、火碱，具有强碱性，腐蚀性极强，可作酸的中和剂、配合掩蔽剂、沉淀剂、沉淀掩蔽剂、显色剂、皂化剂、去皮剂、洗涤剂等，用途非常广泛。

碳酸钠的化学式为 Na_2CO_3，又叫纯碱，属于盐，国际贸易中又称为苏打或碱灰。它是一种白色粉末，无味无臭，易溶于水，水溶液呈强碱性，在潮湿的空气里会吸潮结块，部分变为碳酸氢钠。

NaOH 常因吸收空气中的 CO_2 而含有少量的 Na_2CO_3 杂质，可用双指示剂法进行分析，此法方便快捷、应用广泛。双指示剂法是利用两种指示剂进行连续测定，根据两个终点所消耗标准溶液的体积，计算各组分的含量。

首先，在碱液中加入酚酞指示剂，用 HCl 标准溶液滴定至溶液略带粉红色，即为第一化学计量点，反应如下：

$$NaOH+HCl = NaCl+H_2O$$

$$Na_2CO_3+HCl = NaHCO_3+NaCl$$

此时反应产物为 $NaHCO_3$ 和 NaCl，溶液 pH 为 8.3。然后，继续加入甲基橙指示剂，用 HCl 标准溶液滴定至溶液由黄色转变为橙色，即为第二化学计量点，反应如下：

$$NaHCO_3+HCl = NaCl+H_2O+CO_2\uparrow$$

此时溶液 pH 为 3.89。根据滴定消耗 HCl 标准溶液的体积和浓度，计算混合碱 NaOH 及 Na_2CO_3 的含量。

【任务实施】

1. 混合碱 NaOH 及 Na_2CO_3 的含量测定

在分析天平上准确称取混合碱样品 1.5～2.0g 于 250mL 烧杯中，加水（无二氧化碳）溶解后，定量转入 250mL 容量瓶中，用水稀释至刻度、摇匀。准确移取 25mL，加酚酞指示液 5 滴，用 $0.10mol \cdot L^{-1}$ HCl 标准滴定溶液滴定。终点前用锥形瓶内壁靠在滴定管尖嘴处得半滴，再用洗瓶冲洗瓶壁，反复操作至浅粉色刚刚褪色，静置 30s 不变化，即为终点，记录消耗盐酸标准溶液的体积 V_1。再加甲基橙指示剂 2 滴，继续用盐酸标准滴定溶液滴定至橙色，记录消耗盐酸标准滴定溶液的体积 V_2。做三次平行实验。

2. 数据记录及处理

氢氧化钠含量以 NaOH 的质量分数 w_{NaOH} 表示，数值以%表示：

烧碱中NaOH和 Na_2CO_3的测定

$$w_{NaOH}=\frac{c_{HCl}(V_1-V_2)\times 10^{-3}M_{NaOH}}{m\times \frac{25}{250}}\times 100\%$$

Na_2CO_3 含量以 Na_2CO_3 的质量分数 $w_{Na_2CO_3}$ 表示，数值以%表示：

$$w_{Na_2CO_3}=\frac{c_{HCl}\times 2V_2\times 10^{-3}M_{\frac{1}{2}Na_2CO_3}}{m\times\frac{25}{250}}\times 100\%$$

式中，c_{HCl} 是 HCl 标准溶液的浓度，mol·L^{-1}；V_1 是酚酞终点消耗 HCl 标准溶液的体积，mL；V_2 是甲基橙终点消耗 HCl 标准溶液的体积，mL；M_{NaOH} 是 NaOH 的摩尔质量，g/mol；$M_{\frac{1}{2}Na_2CO_3}$ 是$\frac{1}{2}Na_2CO_3$ 的摩尔质量，g/mol；m 是试样质量，g。

【任务总结】

1. 技术提示

(1) 混合碱由 NaOH 和 Na_2CO_3 组成，酚酞指示剂可适量多加几滴，否则常因滴定不完全而导致 NaOH 的测定结果偏低，Na_2CO_3 的结果偏高。

(2) 用酚酞作指示剂时，摇动要均匀，滴定要慢些，否则溶液中 HCl 局部过量，会与溶液中的 $NaHCO_3$ 发生反应，产生 CO_2，带来滴定误差。但滴定也不能太慢，以免溶液吸收空气中的 CO_2。

(3) 用甲基橙作指示剂时，因 CO_2 易形成过饱和溶液，酸度增大，使终点过早出现，所以在滴定接近终点时，应剧烈地摇动溶液或加热，以除去过量的 CO_2，待冷却后再滴定。

2. 思考与讨论

见相应任务工单。

3. 技术总结与拓展

依据实验数据分析影响实验结果的因素，总结改进措施（建议从临近滴定终点时的操作要点等方面进行总结与提升）。

【任务评价】

任务考核评价表

班级：		姓名：	学号：		
序号	考核项目	考核标准	权重	得分	备注
1	实验安全与健康	未按要求穿戴口罩/实验服/护目镜/手套等扣除该项所有分数	5		
2	实验卫生	工作场所全程干净整洁，无试剂洒落，若不满足，扣除所有分数	5		
3	环境保护	正确处理回收实验过程中用到的可能对环境造成不良影响的试剂耗材，如出现一次处理不当，扣 1 分，直至全部扣完	5		
4	溶液配制	称量/配制过程操作不当：各扣 5 分	15		
5	滴定操作	(1)洗涤/试漏/润洗/装液/排空气/调零操作不当：各扣 3 分； (2)滴定姿势/滴定速度/摇瓶/半滴操作/终点判断/读数/记录不正确：各扣 3 分	25		

续表

序号	考核项目	考核标准	权重	得分	备注
6	数据分析	(1)不缺项/计算正确/有效数字:每错一个扣1分,最多扣5分; (2)精密度:相对平均偏差小于0.20%不扣分,以0.20%递增,每增加0.20%扣2.5分,最多扣20分	25		
7	思考与讨论	要点清晰,答题准确,每题5分	10		
8	综合考核	按时签到,课堂表现积极主动	10		
9	合计		100		

任务7 配制与标定高锰酸钾标准溶液

【任务导入】

生活中高锰酸钾的溶液应用广泛，可作为一种强氧化剂，主要用作皮肤的外用消毒剂，对皮肤表面细菌微生物有很强的杀灭作用。在化学分析中，高锰酸钾标准溶液是氧化还原滴定中高锰酸钾法的标准溶液，可以用来直接测定许多具有还原性或氧化性的物质，也可间接测定某些不具氧化还原性的物质。

本次实验任务要求每位同学参考GB/T 601—2016《化学试剂 标准滴定溶液的制备》的相关知识进行标准溶液的标定，独立完成工作任务，记录实验中的现象和出现的问题，进行实验过程中的技术总结，提交任务工单。

【任务目标】

1. 掌握 $KMnO_4$ 标准溶液的配制方法和保存条件。
2. 掌握标定 $KMnO_4$ 标准溶液浓度的原理和方法。
3. 能够完成 $KMnO_4$ 标准溶液标定的操作和计算。
4. 具有实验室安全意识和遵循标准的法治意识。

【任务准备】

$KMnO_4$ 在强酸性条件下，可以获得5个电子还原成为 Mn^{2+}，利用其氧化性，在 H_2SO_4 介质中可以与基准物 $Na_2C_2O_4$ 发生反应，其反应式为：

$$2MnO_4^- + 5C_2O_4^{2-} + 16H^+ = 10CO_2 + 2Mn^{2+} + 8H_2O$$

以 $KMnO_4$ 为自身指示剂，根据基准物 $Na_2C_2O_4$ 的质量及所用 $KMnO_4$ 溶液的体积，计算 $KMnO_4$ 标准溶液的浓度。

【任务实施】

1. $KMnO_4$ 标准溶液的配制

称取 $KMnO_4$ 1.6g，溶于 520mL 水中，盖上表面皿，加热至沸，并保持微沸状态 1h，冷却后用微孔玻璃漏斗过滤，滤液放于棕色瓶中待标定。

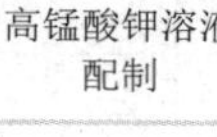

高锰酸钾溶液配制

2. $KMnO_4$ 标准溶液的标定

准确称取于 105～110℃下烘至恒重的基准物 $Na_2C_2O_4$ 0.25g，放入 250mL 锥形瓶中，加入 100mL 硫酸（8＋92）使其溶解，用配制好的 $KMnO_4$ 溶液滴定。当加入的第一滴 $KMnO_4$ 溶液的粉红色褪去后，再加第二滴。临近终点时加热至 65℃（开始冒蒸汽时的温度），趁热继续滴定至溶液呈微红色且 30s 不褪色即为终点。平行测定三次，同时做空白实验。

KMnO4标准溶液标定（新国标）

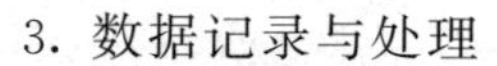

3. 数据记录与处理

$KMnO_4$ 标准溶液的浓度按下式计算：

$$c\left(\frac{1}{5}KMnO_4\right)=\frac{m(Na_2C_2O_4)\times 1000}{M\left(\frac{1}{2}Na_2C_2O_4\right)(V_1-V_0)}$$

式中，$c\left(\frac{1}{5}KMnO_4\right)$ 为 $\frac{1}{5}KMnO_4$ 标准溶液的浓度，$mol\cdot L^{-1}$；V_1 为滴定时消耗 $KMnO_4$ 标准溶液的体积，mL；V_0 为空白实验滴定时消耗 $KMnO_4$ 标准溶液的体积，mL；$m(Na_2C_2O_4)$ 为基准物 $Na_2C_2O_4$ 的质量，g；$M\left(\frac{1}{2}Na_2C_2O_4\right)$ 为 $\frac{1}{2}Na_2C_2O_4$ 的摩尔质量，$g\cdot mol^{-1}$。

【任务总结】

1. 技术提示

（1）$KMnO_4$ 颜色较深，见光易分解，应使用棕色滴定管进行滴定，读数时视线应与液面两侧的最高点相切。

（2）临近终点时加热至 65℃，温度不能过高。

（3）开始时滴定速度要慢，务必等前一滴 $KMnO_4$ 溶液的红色完全褪去再滴入下一滴。若滴定速度过快，部分 $KMnO_4$ 来不及与 $Na_2C_2O_4$ 反应而在热的酸性溶液中分解：

$$4MnO_4^- + 4H^+ = 4MnO_2 + 3O_2\uparrow + 2H_2O$$

2. 思考与讨论

见相应任务工单。

3. 技术总结与拓展

可围绕滴定操作过程中滴定速度的控制、终点判断的技巧、如何进行有色溶液的读数等方面展开。

【任务评价】

任务考核评价表

班级：		姓名：	学号：		
序号	考核项目	考核标准	权重	得分	备注
1	实验安全与健康	未按要求穿戴口罩/实验服/护目镜/手套等扣除该项所有分数	5		
2	实验卫生	工作场所全程干净整洁，无试剂洒落，若不满足，扣除所有分数	5		
3	环境保护	正确处理回收实验过程中用到的可能对环境造成不良影响的试剂耗材，如出现一次处理不当，扣 1 分，直至全部扣完	5		
4	称量操作	(1)天平检查/清扫/敲样动作/复原天平/填写记录：每错一项扣 2 分； (2)称量范围不超过±5%：每超过一次扣 3 分	14		
5	滴定操作	(1)洗涤/试漏/润洗/装液/排空气/调零操作：每错一项扣 2 分； (2)滴定姿势/滴定速度/摇瓶/半滴操作/记录：每错一项扣 2 分； (3)终点判断/读数：每错一个扣 2 分	26		
6	数据分析	(1)不缺项/计算正确/有效数字：每错一个扣 1 分，最多扣 10 分； (2)精密度：相对平均偏差小于 0.20%不扣分，以 0.20%递增，每增加 0.20%扣 4 分，最多扣 20 分	25		
7	思考与讨论	要点清晰，答题准确，第 1～2 题每题 3 分，第 3 题 4 分	10		
8	综合考核	按时签到，课堂表现积极主动	10		
9	合计		100		

任务 8 测定双氧水中过氧化氢的含量

【任务导入】

双氧水是过氧化氢的水溶液，双氧水在日常生活中有许多应用，可用作医用消毒剂、防腐剂、工业用氧化剂、漂白剂、脱氯剂、清洁剂，还用作火箭动力助燃剂。贮存时会分解为水和氧，见光、受热或有杂质进入会加快分解速率。

本次实验任务要求每位同学参考 GB/T 1616—2014《工业过氧化氢》中相关知识进行过氧化氢含量的测定，记录实验中的现象和出现的问题，进行实验过程中的技术总结，提交任务工单。

【任务目标】

1. 掌握用 $KMnO_4$ 溶液直接滴定过氧化氢的原理和方法。
2. 能够完成过氧化氢测定的操作和计算。
3. 具有实验室安全意识。

【任务准备】

在酸性溶液中 H_2O_2 是强氧化剂，但在遇到强氧化剂 $KMnO_4$ 时表现为还原性。在强酸性条件下，以 $KMnO_4$ 为自身指示剂，以 $KMnO_4$ 标准溶液直接滴定过氧化氢。$KMnO_4$ 与 H_2O_2 进行如下反应：

$$2KMnO_4 + 5H_2O_2 + 3H_2SO_4 = 2MnSO_4 + K_2SO_4 + 5O_2\uparrow + 8H_2O$$

【任务实施】

1. 以减量法准确称取约 1.5g 双氧水试样，放入装有 100mL 水的 250mL 容量瓶中，用水稀释至刻度，摇匀。

2. 用移液管吸取上述试液 25.00mL，置于已加有 100mL $H_2SO_4(1+15)$ 的锥形瓶中，用 $c\left(\frac{1}{5}KMnO_4\right)=0.1mol\cdot L^{-1}$ 的 $KMnO_4$ 标准溶液滴定至溶液呈浅粉色，保持 30s 不褪色即为终点。平行测定三次。

3. 数据记录与处理

过氧化氢含量的测定

过氧化氢的含量（以质量分数表示）按下式计算：

$$w(H_2O_2)=\frac{c\left(\frac{1}{5}KMnO_4\right)V(KMnO_4)M\left(\frac{1}{2}H_2O_2\right)\times10^{-3}}{m(\text{样品})\times\frac{25}{250}}\times100$$

式中，$w(H_2O_2)$ 为过氧化氢的质量分数，%；$c\left(\frac{1}{5}KMnO_4\right)$ 为 $\frac{1}{5}KMnO_4$ 标准溶液的浓度，$mol\cdot L^{-1}$；$V(KMnO_4)$ 为滴定时消耗 $KMnO_4$ 标准溶液的体积，mL；$M\left(\frac{1}{2}H_2O_2\right)$ 为 $\frac{1}{2}H_2O_2$ 的摩尔质量，$g\cdot mol^{-1}$；m(样品) 为 H_2O_2 试样的质量，g。

【任务总结】

1. 技术提示

（1）液体称量过程中注意试样的挥发引起的读数不稳定。

（2）规范使用容量瓶、移液管，保证结果的精密度和准确度。

（3）H_2O_2 试样若为工业产品，用高锰酸钾法测定不合适，因为产品中常加有少量乙酰苯胺等有机化合物作稳定剂，滴定时也将被 $KMnO_4$ 氧化，产生误差。此时应采用碘量法或硫酸铈法进行测定。

2. 思考与讨论

见相应任务工单。

3. 技术总结与拓展

可围绕滴定操作过程中滴定反应条件的控制、提高测定结果精密度和准确度的方法等方面展开。

【任务评价】

任务考核评价表

班级：		姓名：	学号：		
序号	考核项目	考核标准	权重	得分	备注
1	实验安全与健康	未按要求穿戴口罩/实验服/护目镜/手套等扣除该项所有分数	2		
2	实验卫生	工作场所全程干净整洁，无试剂洒落，若不满足，扣除所有分数	2		
3	环境保护	正确处理回收实验过程中用到的可能对环境造成不良影响的试剂耗材，如出现一次处理不当，扣 1 分，直至全部扣完	2		
4	称量操作	(1)天平检查/清扫/复原天平/填写记录：每错一项扣 2 分； (2)称量范围不超过±5%：每超过一次扣 3 分	11		
5	试样配制	洗涤/试漏/定容/摇匀：每错一项扣 2 分	8		
6	移取溶液	洗涤/润洗/吸溶液/调刻线/放溶液：每错一项扣 2 分	10		
7	滴定操作	(1)试漏/润洗/装液/排空气/调零操作：每错一项扣 2 分； (2)滴定姿势/滴定速度/摇瓶/半滴操作/记录：每错一项扣 2 分； (3)终点判断/读数：每错一个扣 2 分	20		
8	数据分析	(1)不缺项/计算正确/有效数字：每错一个扣 1 分，最多扣 5 分； (2)精密度：相对平均偏差小于 0.20%不扣分，以 0.20%递增，每增加 0.20%扣 4 分，最多扣 20 分	25		
9	思考与讨论	要点清晰，答题准确，第 1～2 题每题 3 分，第 3 题 4 分	10		
10	综合考核	按时签到，课堂表现积极主动	10		
11	合计		100		

任务 9 配制与标定碘和硫代硫酸钠标准溶液

【任务导入】

碘标准溶液、硫代硫酸钠标准溶液是氧化还原滴定中碘量法的标准溶液，碘量法既可测定氧化剂，又可以测定还原剂。碘标准溶液常用于测定水、食品和药品中的物质的含量，例如，用于测定水中溶解氧的含量和测定维生素C的含量等。

本次实验任务要求两人一组，参考GB/T 601—2016《化学试剂　标准滴定溶液的制备》的相关知识进行标准溶液的标定，记录实验中的现象和出现的问题，进行实验过程中的技术总结，提交任务工单。

【任务目标】

1. 掌握碘标准溶液和硫代硫酸钠标准溶液的配制方法和保存条件。
2. 掌握标定碘标准溶液和硫代硫酸钠标准溶液浓度的原理和方法。
3. 能够完成碘标准溶液和硫代硫酸钠标准溶液标定的操作和计算。
4. 强化团结协作精神。

【任务准备】

硫代硫酸钠（$Na_2S_2O_3 \cdot 5H_2O$）容易风化，且含有少量杂质（如S、Na_2SO_4、NaCl、Na_2CO_3）等，配制的溶液由于受水中微生物的作用、空气中氧气和二氧化碳的作用、光线及微量的Cu^{2+}、Fe^{3+}的作用不稳定、易分解，因此先配制近似浓度的溶液，加少量Na_2CO_3放置一定时间待溶液稳定后，再进行标定。

标定$Na_2S_2O_3$标准溶液多用$K_2Cr_2O_7$基准物。在酸性溶液中，$K_2Cr_2O_7$与过量的KI作用，反应式为：

$$K_2Cr_2O_7+6KI+7H_2SO_4 \xlongequal{} 3I_2+Cr_2(SO_4)_3+4K_2SO_4+7H_2O$$

析出的I_2，用$Na_2S_2O_3$溶液滴定，反应式为：

$$I_2+2Na_2S_2O_3 \xlongequal{} 2NaI+Na_2S_4O_6$$

滴定至临近终点时加淀粉指示剂，继续滴定至蓝色消失，溶液呈亮绿色即为终点。

碘标准溶液采用间接法配制，碘微溶于水，易溶于KI溶液中形成I_3^-，配制时将I_2、KI与少量水一起研磨后再用水稀释，并保存于棕色试剂瓶中。配制成溶液后，用基准物As_2O_3标定。由于As_2O_3为剧毒物，根据绿色化学的要求，尽可能不使用有毒或危险化学品，因此实际工作中采用$Na_2S_2O_3$标准溶液标定。

【任务实施】

1. 硫代硫酸钠标准溶液的配制和标定

称取13g $Na_2S_2O_3 \cdot 5H_2O$及0.1g无水Na_2CO_3溶于500mL新煮沸过的冷蒸馏水中，混匀，贮于棕色试剂瓶中。放置两周后用4号玻璃滤锅过滤。

准确称取于120℃下烘至恒重的基准物$K_2Cr_2O_7$0.12～0.15g，置于500mL碘量瓶中，加25mL水溶解，加2g KI及20mL H_2SO_4溶液（20%），盖上瓶塞摇匀，瓶口可封以少量蒸馏水，于暗处放置10min。取出，用水冲洗瓶塞和瓶壁，加150mL蒸馏水。用$Na_2S_2O_3$标准溶液滴定，临近终点时（溶液为浅黄绿色）加3mL淀粉指示液，继续滴定至溶液由蓝色变为亮绿色即为终点。平行测定三次，同时做空白实验。

2. 碘标准溶液的配制和标定

$Na_2S_2O_3$标准溶液的标定

称取 6.5g 碘放于小烧杯中，另称取 17g KI，并量取 500mL 水，将 KI 分 4～5 次放入盛有碘的烧杯中，每次加水 10mL，用玻璃棒轻轻搅拌，使碘充分溶解，如此反复操作直至碘片全部溶解，将溶液倒入棕色瓶中。用剩余的水清洗烧杯，一并倒入瓶中摇匀备用。

量取 35.00～40.00mL 配制好的碘标准溶液置于碘量瓶中，加 150mL 水，加 5mL 盐酸溶液（0.1mol・L^{-1}），用硫代硫酸钠标准溶液滴定，临近终点时加 3mL 淀粉指示液，继续滴定至溶液蓝色消失即为终点。平行测定三次。

3. 数据记录与处理

碘标准溶液的标定

硫代硫酸钠标准溶液的浓度按下式计算：

$$c(Na_2S_2O_3)=\frac{m(K_2Cr_2O_7)\times 1000}{M\left(\frac{1}{6}K_2Cr_2O_7\right)[V(Na_2S_2O_3)-V_0]}$$

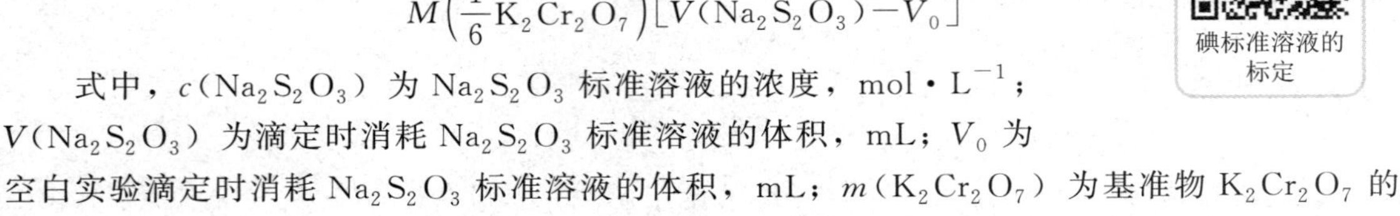

式中，$c(Na_2S_2O_3)$ 为 $Na_2S_2O_3$ 标准溶液的浓度，mol・L^{-1}；$V(Na_2S_2O_3)$ 为滴定时消耗 $Na_2S_2O_3$ 标准溶液的体积，mL；V_0 为空白实验滴定时消耗 $Na_2S_2O_3$ 标准溶液的体积，mL；$m(K_2Cr_2O_7)$ 为基准物 $K_2Cr_2O_7$ 的质量，g；$M\left(\frac{1}{6}K_2Cr_2O_7\right)$为$\frac{1}{6}K_2Cr_2O_7$ 的摩尔质量，g・mol^{-1}。

碘标准溶液的浓度按下式计算：

$$c\left(\frac{1}{2}I_2\right)=\frac{c(Na_2S_2O_3)V(Na_2S_2O_3)}{V_2}$$

式中，$c(Na_2S_2O_3)$ 为 $Na_2S_2O_3$ 标准溶液的浓度，mol・L^{-1}；$V(Na_2S_2O_3)$ 为滴定时消耗 $Na_2S_2O_3$ 标准溶液的体积，mL；V_2 为加入 I_2 标准溶液的体积，mL。

【任务总结】

1. 技术提示

（1）用 $Na_2S_2O_3$ 滴定生成的 I_2 时应保持溶液呈中性或弱酸性。所以常在滴定前用蒸馏水稀释，其目的一是可以降低酸度，若酸度太大，I^- 易被空气氧化；二是通过稀释，Cr^{3+} 浓度降低，颜色变浅，使终点溶液由蓝色变到绿色容易观察。

（2）滴定至终点后，经过 5～10min，溶液又会出现蓝色，这是由空气氧化 I^- 所引起的，属正常现象。

（3）标定 $Na_2S_2O_3$ 标准溶液时，若滴定到终点后，很快又转变为蓝色，则可能是由于酸度不足或放置时间不够使 $K_2Cr_2O_7$ 与 KI 的反应未完全。溶液稀释过早，此时应弃去重做。

（4）淀粉溶液必须在接近终点时加入，否则容易引起淀粉溶液凝聚，而且吸附在淀粉中的 I_2 不易析出，影响测定。

（5）滴定时摇动锥形瓶要注意，在大量 I_2 存在时不要剧烈摇动溶液，以免 I_2 挥发。在加入淀粉后滴定时应充分摇动以防止 I_2 吸附。

（6）为避免误差，KI 应逐份加入，不可放置时间过长。为防止 KI 被空气氧化，滴定时应加快操作速度。

2. 思考与讨论

见相应任务工单。

3. 技术总结与拓展

可围绕碘量法操作过程中条件控制、溶液颜色的变化、影响测定结果的因素等方面展开。

【任务评价】

任务考核评价表

班级：		姓名：	学号：		
序号	考核项目	考核标准	权重	得分	备注
1	实验安全与健康	未按要求穿戴口罩/实验服/护目镜/手套等扣除该项所有分数	2		
2	实验卫生	工作场所全程干净整洁，无试剂洒落，若不满足，扣除所有分数	2		
3	环境保护	正确处理回收实验过程中用到的可能对环境造成不良影响的试剂耗材，如出现一次处理不当，扣1分，直至全部扣完	2		
4	称量操作	(1)天平检查/清扫/敲样动作/复原天平/填写记录：每错一项扣2分； (2)称量范围不超过±5%：每超过一次扣2分	16		
5	移取溶液	洗涤/润洗/吸溶液/调刻线/放溶液：每错一项扣2分	10		
6	滴定操作	(1)试漏/润洗/装液/排空气/调零操作：每错一项扣2分； (2)滴定姿势/滴定速度/摇瓶/半滴操作/记录：每错一项扣2分； (3)终点判断/读数：每错一个扣2分	25		
7	数据分析	(1)不缺项/计算正确/有效数字：每错一个扣1分，最多扣10分； (2)精密度：相对平均偏差小于0.20%不扣分，以0.20%递增，每增加0.20%扣4分，最多扣20分	25		
8	思考与讨论	要点清晰，答题准确，每题5分	10		
9	综合考核	按时签到，课堂表现积极主动	8		
10	合计		100		

任务10　测定胆矾试样中硫酸铜的含量

【任务导入】

五水合硫酸铜（$CuSO_4 \cdot 5H_2O$）为天蓝色晶体，水溶液呈弱酸性，俗名胆矾、石胆、胆子矾、蓝矾。它具有催吐、祛腐、解毒，治风痰壅塞、喉痹、癫痫、牙暗、口疮和痔疮等功效，但也可能带来一定的副作用，长期接触硫酸铜可能引发铜中毒。硫酸铜是制备其他铜化合物的重要原料，同石灰乳混合可得波尔多液，用作杀菌剂。硫酸铜也是电解精炼铜时的电解液。

本次实验任务要求每位同学参考 GB 437—2009《硫酸铜（农用）》的相关知识进行标准溶液的标定，独立完成工作任务，记录实验中的现象和出现的问题，进行实验过程中的技术总结，提交任务工单。

【任务目标】

1. 掌握碘量法测定胆矾试样中硫酸铜的原理和方法。
2. 能够完成硫酸铜测定的操作和计算。
3. 具有精益求精的科学态度。

【任务准备】

在弱酸性介质中，Cu^{2+} 与过量的 KI 作用生成 CuI 沉淀，并定量析出碘。以淀粉为指示剂，用 $Na_2S_2O_3$ 标准溶液滴定。反应式为：

$$2CuSO_4 + 4KI = 2K_2SO_4 + 2CuI\downarrow + I_2$$

$$I_2 + 2Na_2S_2O_3 = Na_2S_4O_6 + 2NaI$$

由于 CuI 表面吸附 I_3^-，测定结果偏低，可在大部分 I_2 被 $Na_2S_2O_3$ 溶液滴定后，加入 KSCN，将 CuI 转化为溶解度更小的 CuSCN 沉淀，把吸附的碘释放出来，使反应得以进行完全。

【任务实施】

1. 准确称取胆矾试样 0.5～0.6g，置于碘量瓶中，加 100mL 蒸馏水和 5mL H_2SO_4 溶液（$1mol\cdot L^{-1}$）使其溶解，加 KI 溶液 10mL，摇匀后放置 3min，出现 CuI 白色沉淀。打开瓶塞，用少量水冲洗瓶塞和瓶壁，立即用 $Na_2S_2O_3$ 标准溶液滴定至溶液显浅黄色，加 3mL 淀粉指示液，继续滴定至溶液呈浅蓝色，再加 KSCN 溶液 10mL，继续用 $Na_2S_2O_3$ 标准溶液滴定至蓝色恰好消失即为终点。平行测定三次。

蓝矾中$CuSO_4\cdot 5H_2O$含量的测定

2. 数据记录与处理

硫酸铜的含量（以质量分数表示）按下式计算：

$$w(CuSO_4\cdot 5H_2O)=\frac{c(Na_2S_2O_3)V(Na_2S_2O_3)M(CuSO_4\cdot 5H_2O)\times 10^{-3}}{m}\times 100\%$$

式中，$c(Na_2S_2O_3)$ 为 $Na_2S_2O_3$ 标准溶液的浓度，$mol\cdot L^{-1}$；$V(Na_2S_2O_3)$ 为滴定时消耗 $Na_2S_2O_3$ 标准溶液的体积，mL；$M(CuSO_4\cdot 5H_2O)$ 为 $CuSO_4\cdot 5H_2O$ 的摩尔质量，$g\cdot mol^{-1}$；m 为称取胆矾试样的质量，g。

【任务总结】

1. 技术提示

(1) 溶液 pH 值应控制在 3.3～4.0 的范围内，酸度过低，则 Cu^{2+} 水解，反应不完全，结果偏低；酸度过高，则 I^- 被空气氧化为 I_2，使结果偏高。

(2) 为了避免 CuI 沉淀吸附 I_2，造成结果偏低，须在临近终点（否则 SCN^- 将直接还原 Cu^{2+}）时加入 SCN^-，使 CuI 转化成溶解度更小的 CuSCN，释放出被吸附的 I_2。

(3) 间接碘量法指示剂淀粉应在临近终点时加入。

2. 思考与讨论

见相应任务工单。

3. 技术总结与拓展

可围绕滴定操作过程中干扰的消除方法、滴定条件的控制、如何减少测量过程中的误差等方面展开。

【任务评价】

任务考核评价表

班级：		姓名：	学号：		
序号	考核项目	考核标准	权重	得分	备注
1	实验安全与健康	未按要求穿戴口罩/实验服/护目镜/手套等扣除该项所有分数	3		
2	实验卫生	工作场所全程干净整洁，无试剂洒落，若不满足，扣除所有分数	3		
3	环境保护	正确处理回收实验过程中用到的可能对环境造成不良影响的试剂耗材，如出现一次处理不当，扣 1 分，直至全部扣完	3		
4	称量操作	(1)天平检查/清扫/敲样动作/复原天平/填写记录：每错一项扣 2 分； (2)称量范围不超过±5%：每超过一次扣 3 分	19		
5	滴定操作	(1)洗涤/试漏/润洗/装液/排空气/调零操作：每错一项扣 2 分； (2)滴定姿势/滴定速度/摇瓶/半滴操作/记录：每错一项扣 2 分； (3)终点判断/读数：每错一个扣 2 分	27		
6	数据分析	(1)不缺项/计算正确/有效数字：每错一个扣 1 分，最多扣 10 分； (2)精密度：小于 0.20%不扣分，以 0.20%递增，每增加 0.20%扣 4 分，最多扣 20 分	25		
7	思考与讨论	要点清晰，答题准确，第 1～2 题每题 3 分，第 3 题 4 分	10		
8	综合考核	按时签到，课堂表现积极主动	10		
9	合计		100		

任务 11 配制与标定 EDTA 标准溶液

【任务导入】

EDTA 难溶于水，通常采用其二钠盐配制标准溶液，乙二胺四乙酸二钠盐的溶解度为 $111g \cdot L^{-1}$，可配成 $0.3mol \cdot L^{-1}$ 的溶液，其水溶液的 pH≈4.8，通常采用间接法配制标准溶液。标定 EDTA 溶液常用的基准物有 Zn、ZnO、$ZnSO_4 \cdot 7H_2O$、$CaCO_3$ 等。通常选用其中与被测物组分相同的物质作基准物，使滴定条件较一致，以减小误差。EDTA 标准溶液的标定是世界技能大赛化学实验室技术赛项考核项目之一。

本次实验任务要求每位同学参考 GB/T 601—2016《化学试剂 标准滴定溶液的制备》的相关知识进行标准溶液的标定，独立完成工作任务，记录实验中的现象和出现的问题，进行实验过程中的技术总结，提交任务工单。

【任务目标】

1. 掌握 EDTA 标准溶液的配制方法和保存条件。
2. 掌握标定 EDTA 标准溶液浓度的原理和方法。
3. 能够完成 EDTA 标准溶液标定的操作和计算。
4. 具有实验室安全意识。

【任务准备】

将 EDTA 制成溶液后，可用 ZnO 基准物标定。以铬黑 T(EBT) 为指示剂，用 pH≈10 的氨性缓冲溶液控制滴定时的酸度。当使用 EDTA 溶液滴定至临近终点时，由于 EDTA 能与 Zn^{2+} 形成更稳定的配合物，EDTA 会把与 EBT 配位的 Zn^{2+} 置换出来，而使 EBT 游离，因此溶液由酒红色变为纯蓝色。其变色原理可表达如下：

滴定前：　　$M+EBT \longrightarrow M\text{-}EBT$（酒红色）

主反应：　　$M+EDTA \longrightarrow M\text{-}EDTA$

终点时：　　$\underset{酒红色}{M\text{-}EBT}+EDTA \longrightarrow M\text{-}EDTA+\underset{蓝色}{EBT}$

实验中加入缓冲溶液的作用：在配位滴定过程中，随着配合物的生成，不断有 H^+ 释放出，因此，溶液的酸度不断增大。酸度增大的结果，不仅降低了配合物的条件稳定常数使滴定突跃范围减小，而且改变了指示剂变色的最适宜酸度范围，导致产生很大的误差。因此，配位滴定中通常需要加入缓冲溶液来控制溶液的 pH。

【任务实施】

1. EDTA 标准溶液[c(EDTA)＝0.02mol・L^{-1}]的配制

称取 EDTA 二钠盐 3.7g，溶于 300mL 水中，加热促其溶解，冷却至室温用水稀释至 500mL，摇匀备用。

2. EDTA 标准溶液的标定

准确称取 0.4g 已恒重的基准物 ZnO，放入 100mL 烧杯中，用少量水润湿，滴加浓 HCl 至 ZnO 全部溶解（约 1～2mL）。加入 25mL 水，定量转移入 250mL 容量瓶中，用水稀释至刻度，摇匀。用移液管吸取上述溶液 25.00mL，置于锥形瓶中，加 50mL 水，滴加氨水（1＋1）至刚出现白色浑浊（此时溶液 pH 值应为 7～8），再加 10mL NH_3-NH_4Cl 缓冲溶液及 4 滴铬黑 T 指示液，用 EDTA 标准溶液滴定至溶液由酒红色变为纯蓝色即为终点。平行测定三次，同时做空白实验。

3. 数据记录与处理

EDTA 标准溶液的浓度按下式计算：

$$c(\text{EDTA})=\frac{m(\text{ZnO})\times\frac{25}{250}\times 1000}{M(\text{ZnO})[V(\text{EDTA})-V_0]}$$

EDTA标准溶液的标定（氧化锌为基准物）

式中，c(EDTA) 为 EDTA 标准溶液的浓度，mol・L^{-1}；V(EDTA) 为滴定时消耗 EDTA 标准溶液的体积，mL；V_0 为空白实验滴定时消耗 EDTA 标准溶液的体积，mL；m(ZnO) 为基准物 ZnO 的质量，g；M(ZnO) 为 ZnO 的摩尔质量，g・mol^{-1}。

【任务总结】

1. 技术提示

(1) 用氨水调节 pH 值时要逐滴加入，且边加边摇动锥形瓶，防止滴加过量。滴加过快，可能会使浑浊立即消失，误以为还没有出现浑浊。

(2) 滴定过程中注意铬黑 T 指示液颜色的变化，溶液由酒红色变为蓝紫色，最后变为纯蓝色即为终点。

2. 思考与讨论

见相应任务工单。

3. 技术总结与拓展

可围绕滴定操作过程中溶液 pH 值的控制、终点颜色判断、基准物的选择等方面展开。

【任务评价】

任务考核评价表

班级：		姓名：	学号：		
序号	考核项目	考核标准	权重	得分	备注
1	实验安全与健康	未按要求穿戴口罩/实验服/护目镜/手套等扣除该项所有分数	2		

续表

序号	考核项目	考核标准	权重	得分	备注
2	实验卫生	工作场所全程干净整洁，无试剂洒落，若不满足，扣除所有分数	2		
3	环境保护	正确处理回收实验过程中用到的可能对环境造成不良影响的试剂耗材，如出现一次处理不当，扣1分，直至全部扣完	2		
4	称量操作	(1)天平检查/清扫/复原天平/填写记录：每错一项扣2分； (2)称量范围不超过±5%：每超过一次扣3分	11		
5	试样配制	洗涤/试漏/转移/定容/摇匀：每错一项扣2分	10		
6	移取溶液	洗涤/润洗/吸溶液/调刻线/放溶液：每错一项扣2分	10		
7	滴定操作	(1)试漏/润洗/装液/排空气/调零操作：每错一项扣2分； (2)滴定姿势/滴定速度/摇瓶/半滴操作/记录：每错一项扣2分； (3)终点判断/读数：每错一个扣2分	20		
8	数据分析	(1)不缺项/计算正确/有效数字：每错一个扣1分，最多扣5分； (2)精密度：相对平均偏差小于0.20%不扣分，以0.20%递增，每增加0.20%扣4分，最多扣20分	25		
9	思考与讨论	要点清晰，答题准确，第1～2题每题3分，第3题4分	10		
10	综合考核	按时签到，课堂表现积极主动	8		
11	合计		100		

任务12 测定自来水的总硬度

【任务导入】

水硬度，又称地下水硬度，指水中 Ca^{2+}、Mg^{2+} 的含量。水的总硬度可分为钙硬度和镁硬度，测定水的硬度实际上是测定水中钙离子和镁离子的含量。国家标准规定自来水硬度不超过450mg/L，为了降低硬度，自来水集团采取将地下水与地表水勾兑的方法。是不是水的硬度越低越好呢？其实凡是在国家标准范围内的水硬度，对市民的健康都是有益而无害的。GB 5749—2022《生活饮用水卫生标准》中规定以 $CaCO_3$ 计的总硬度小于 $450mg \cdot L^{-1}$。

本次任务要求每位同学参考GB/T 5750.4—2023《生活饮用水标准检验方法　第4部分：感官性状和物理指标》中的相关知识进行水的总硬度的测定，记录实验中的现象和出现的问题，进行实验过程中的技术总结，提交任务工单。

【任务目标】

1. 掌握 EDTA 滴定法测定水的总硬度的原理和方法。
2. 能够完成自来水总硬度测定的操作和计算。
3. 具有实验室安全意识。

【任务准备】

水的总硬度是指水中 Ca^{2+}、Mg^{2+} 的总量，它包括暂时硬度和永久硬度。水中 Ca^{2+}、Mg^{2+} 以酸式碳酸盐形式存在的部分，因其遇热即形成碳酸盐沉淀而被除去，称为暂时硬度；而以硫酸盐、硝酸盐和氯化物等形式存在的部分，因其性质比较稳定，不能通过加热的方式除去，故称为永久硬度。水硬度是表示水质的一个重要指标，是形成锅垢的主要因素。

在 pH＝10 的 NH_3-NH_4Cl 缓冲溶液中，以铬黑 T 为指示剂，用 EDTA 标准溶液滴定溶液中的 Ca^{2+}、Mg^{2+}。铬黑 T 和 EDTA 都能和 Ca^{2+}、Mg^{2+} 形成配合物，其配合物稳定性顺序为：$[CaY]^{2-}>[MgY]^{2-}>[MgIn]^{-}>[CaIn]^{-}$。

加入铬黑 T 后，部分 Mg^{2+} 与铬黑 T 形成配合物使溶液呈酒红色。用 EDTA 滴定时，EDTA 先与 Ca^{2+} 和游离 Mg^{2+} 反应形成无色的配合物，化学计量点时，EDTA 夺取指示剂配合物中的 Mg^{2+}，使指示剂游离出来，溶液由酒红色变成纯蓝色即为终点。

滴定前：$Mg^{2+}+HIn^{2-}\longrightarrow[MgIn]^{-}+H^{+}$

纯蓝色　　酒红色

化学计量点前：$Ca^{2+}+H_2Y^{2-}\longrightarrow[CaY]^{2-}+2H^{+}$

$Mg^{2+}+H_2Y^{2-}\longrightarrow[MgY]^{2-}+2H^{+}$

化学计量点时：$[MgIn]^{-}+H_2Y^{2-}\longrightarrow[MgY]^{2-}+HIn^{2-}+H^{+}$

酒红色　　纯蓝色

根据消耗的 EDTA 标准溶液的体积 V_1 计算水的总硬度。

测定钙、镁硬度时，取与测定总硬度相同体积的水样，加入 NaOH 调节 pH＝12，Mg^{2+} 即形成 $Mg(OH)_2$ 沉淀。然后加入钙指示剂，Ca^{2+} 与钙指示剂形成红色配合物。用 EDTA 滴定时，EDTA 先与游离 Ca^{2+} 形成配合物，再夺取已与指示剂配位的 Ca^{2+}，使指示剂游离出来，溶液由红色变为纯蓝色。由消耗的 EDTA 标准溶液的体积 V_2 计算钙的含量。再由测总硬度时消耗的 EDTA 溶液的体积 V_1 和 V_2 的差值计算出镁的含量。水中若含有 Fe^{3+}、Al^{3+}，可加三乙醇胺掩蔽；若有 Cu^{2+}、Pb^{2+}、Zn^{2+} 等，可用 Na_2S 或 KCN 掩蔽。

【任务实施】

1. 总硬度的测定

用移液管移取水样 50.00mL 于 250mL 锥形瓶中，加 1～2 滴 HCl 酸化（用刚果红试纸检验试纸变蓝紫色)，煮沸数分钟赶出 CO_2。冷却后，加入 3mL 三乙醇胺溶液、5mL NH_3-NH_4Cl 缓冲溶液、1mL Na_2S 溶液、3～4 滴铬黑 T 指示液，然后用 EDTA 标准溶液滴定至溶液由酒红色变成纯蓝色即为终点，记录消耗 EDTA 标准溶液的体积 V_1。平行测定三次。

2. 钙硬度的测定

自来水硬度的测定（总硬度）

用移液管移取水样 50.00mL 于 250mL 锥形瓶中，滴加 HCl(1+1)，至刚果红试纸变蓝紫色为止，煮沸 2～3min，冷却至 40～50℃，加入 $4mol \cdot L^{-1}$ NaOH 溶液 4mL，再加少量钙指示剂，用 EDTA 标准溶液滴定至溶液由红色变成纯蓝色，即为终点，记录消耗 EDTA 标准溶液的体积 V_2。平行测定三次。

自来水硬度的测定（钙硬度）

3. 数据记录与处理

水样的硬度按下式计算：

总硬度 $$\rho_{总}(CaCO_3)=\frac{c(EDTA)V_1M(CaCO_3)}{V}\times 1000$$

钙硬度 $$\rho_{钙}(CaCO_3)=\frac{c(EDTA)V_2M(CaCO_3)}{V}\times 1000$$

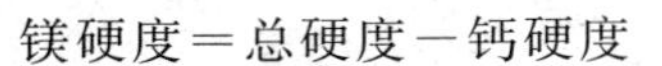
镁硬度＝总硬度－钙硬度

式中，$\rho_{总}(CaCO_3)$ 为水样的总硬度，$mg \cdot L^{-1}$；$\rho_{钙}(CaCO_3)$ 为水样的钙硬度，$mg \cdot L^{-1}$；$c(EDTA)$ 为 EDTA 标准溶液的浓度，$mol \cdot L^{-1}$；V_1 为测定总硬度时消耗 EDTA 标准溶液的体积，L；V_2 为测定钙硬度时消耗 EDTA 标准溶液的体积，L；V 为水样体积，L；$M(CaCO_3)$ 为 $CaCO_3$ 的摩尔质量，$g \cdot mol^{-1}$。

【任务总结】

1. 技术提示

(1) 滴定速度不能过快，要与反应速率相适应，特别是临近终点时要缓慢滴加，以免过量。

(2) 硬度较大的水样，在加缓冲溶液后会渐渐析出 $CaCO_3$、$Mg_2(OH)_2CO_3$ 微粒，与 EDTA 反应慢，使滴定终点不稳定。遇此情况可在水样中加适量稀 HCl 溶液振摇后，再调 pH 至近中性，或加 1～2 滴盐酸（1+1）酸化，用 pH 试纸检测后，煮沸数分钟，除去 CO_2，然后加缓冲溶液，则终点稳定，或在加入 80%～90%的 EDTA 后再加氨缓冲溶液。

水质检测的快速分析仪

(3) 测定钙硬度时，加 NaOH 后要充分振摇，再加指示剂，以免 Mg^{2+} 与指示剂生成的沉淀与 $Mg(OH)_2$ 共沉淀，影响终点判断。

2. 思考与讨论

见相应任务工单。

3. 技术总结与拓展

可围绕测定过程中干扰的消除方法、提高测定结果精密度和准确度的方法等方面展开。

【任务评价】

任务考核评价表

班级：		姓名：	学号：		
序号	考核项目	考核标准	权重	得分	备注
1	实验安全与健康	未按要求穿戴口罩/实验服/护目镜/手套等扣除该项所有分数	3		
2	实验卫生	工作场所全程干净整洁，无试剂洒落，若不满足，扣除所有分数	3		
3	环境保护	正确处理回收实验过程中用到的可能对环境造成不良影响的试剂耗材，如出现一次处理不当，扣1分，直至全部扣完	4		
4	移取溶液	洗涤/润洗/吸溶液/调刻线/放溶液：每错一项扣2分	10		
5	滴定操作	(1)试漏/润洗/装液/排空气/调零操作：每错一项扣2分； (2)滴定姿势/滴定速度/摇瓶/半滴操作/记录：每错一项扣2分； (3)终点判断/读数：每错一个扣2分	30		
6	数据分析	(1)不缺项/计算正确/有效数字：每错一个扣1分，最多扣5分； (2)精密度：相对平均偏差小于0.20%不扣分，以0.20%递增，每增加0.20%扣3分，最多扣15分	30		
7	思考与讨论	要点清晰，答题准确，第1～2题每题3分，第3题4分	10		
8	综合考核	按时签到，课堂表现积极主动	10		
9	合计		100		

任务13　连续测定铅、铋混合液中铅、铋的含量

【任务导入】

实际工作中经常遇到多种离子共存的试样，而EDTA具有广泛的配位性。混合离子的测定常用控制酸度法、掩蔽法等方法提高配位滴定的选择性。

本次实验任务要求每位同学参考YS/T 1345.1—2020《高铋铅化学分析方法　第1部分：铅含量的测定 Na_2EDTA 滴定法》中相关知识进行铅、铋的测定，记录实验中的现象和出现的问题，进行实验过程中的技术总结，提交任务工单。

【任务目标】

1. 掌握EDTA滴定法连续测定铅、铋的含量的原理和方法。

2. 能够完成连续测定铅、铋的操作和计算。
3. 掌握二甲酚橙指示剂的颜色变化。
4. 具有实验室安全意识。

【任务准备】

Bi^{3+}、Pb^{2+}均能与 EDTA 形成稳定的配合物，其稳定常数分别为 $\lg K_{BiY}=27.94$、$\lg K_{PbY}=18.04$，两者差值较大。因此可利用酸效应，控制不同的酸度，用 EDTA 连续滴定 Bi^{3+} 和 Pb^{2+}。以二甲酚橙（XO）作指示剂，XO 在 pH<6 时呈黄色，在 pH>6.3 时呈红色；而它与 Bi^{3+}、Pb^{2+} 所形成的配合物呈紫红色，它们的稳定性与 Bi^{3+}、Pb^{2+} 与 EDTA 形成的配合物相比要低，而 $K_{Bi\text{-}XO}>K_{Pb\text{-}XO}$。测定时，先用 HNO_3 调节溶液 pH=1.0，用 EDTA 标准溶液滴定溶液由紫红色突变为亮黄色，即为滴定 Bi^{3+} 的终点。然后加入六亚甲基四胺缓冲溶液，使溶液 pH 为 5～6，此时 Pb^{2+} 与 XO 形成紫红色配合物，继续用 EDTA 标准溶液滴定至溶液由紫红色突变为亮黄色，即为滴定 Pb^{2+} 的终点。其反应式如下：

$$Bi^{3+}+H_2Y^{2-}=\!=\!=BiY^{-}+2H^{+}$$

$$Pb^{2+}+H_2Y^{2-}=\!=\!=PbY^{2-}+2H^{+}$$

【任务实施】

1. Bi^{3+} 的测定

用移液管移取 25.00mL Bi^{3+}、Pb^{2+} 混合液，置于锥形瓶中，用 $2mol\cdot L^{-1}$ NaOH 和 $2mol\cdot L^{-1}$ HNO_3 调节混合液的酸度至 pH=1.0，然后加入 2 滴二甲酚橙指示液，这时溶液呈紫红色，用 $c(EDTA)=0.02mol\cdot L^{-1}$ 的 EDTA 标准溶液滴定至溶液由紫红色变为亮黄色，即为滴定 Bi^{3+} 的终点，记下消耗 EDTA 标准溶液的体积 V_1。平行测定三次。

2. Pb^{2+} 的测定

在滴定 Bi^{3+} 后的溶液中，滴加六亚甲基四胺缓冲溶液至溶液呈稳定的紫红色，再过量 5mL，此时溶液 pH=5～6，继续用 EDTA 标准溶液滴定至溶液由紫红色变为亮黄色，即为滴定 Pb^{2+} 的终点。记下消耗 EDTA 溶液的体积 V_2。平行测定三次。

3. 数据记录与处理

Bi^{3+} 和 Pb^{2+} 的含量按下式计算：

$$\rho(Bi)=\frac{c(EDTA)V_1M(Bi)}{V}$$

$$\rho(Pb)=\frac{c(EDTA)V_2M(Pb)}{V}$$

式中，$\rho(Bi)$ 为混合液中 Bi^{3+} 的含量，$g\cdot L^{-1}$；$\rho(Pb)$ 为混合液中 Pb^{2+} 的含量，$g\cdot L^{-1}$；$c(EDTA)$ 为 EDTA 标准溶液的浓度，$mol\cdot L^{-1}$；V_1 为滴定 Bi^{3+} 时消耗 EDTA 标准溶液的体积，mL；V_2 为滴定 Pb^{2+} 时消耗 EDTA 标准溶液的体积，mL；V 为所取混合液的体积，mL；$M(Bi)$ 为 Bi^{3+} 的摩尔质量，$g\cdot mol^{-1}$；$M(Pb)$ 为 Pb^{2+} 的摩尔质量，$g\cdot mol^{-1}$。

【任务总结】

1. 技术提示

（1）溶解时切勿煮沸，溶解完全后停止加热，以防 HNO_3 蒸干，造成迸溅。

（2）注意滴定过程中溶液酸度的控制。检验加入的六亚甲基四胺是否够量，在第一次滴定时用 pH 试纸检验（pH≈5），以便调整后续滴定。

（3）滴定过程中一定要小心，尤其在 Bi^{3+} 的终点 EDTA 不要过量，否则会使结果误差较大。

2. 思考与讨论

见相应任务工单。

3. 技术总结与拓展

可围绕连续测定过程中滴定条件的控制、提高测定结果精密度和准确度的方法等方面总结展开。

【任务评价】

任务考核评价表

班级：		姓名：	学号：		
序号	考核项目	考核标准	权重	得分	备注
1	实验安全与健康	未按要求穿戴口罩/实验服/护目镜/手套等扣除该项所有分数	3		
2	实验卫生	工作场所全程干净整洁，无试剂洒落，若不满足，扣除所有分数	3		
3	环境保护	正确处理回收实验过程中用到的可能对环境造成不良影响的试剂耗材，如出现一次处理不当，扣 1 分，直至全部扣完	4		
4	移取溶液	洗涤/润洗/吸溶液/调刻线/放溶液：每错一项扣 2 分	10		
5	滴定操作	(1)试漏/润洗/装液/排空气/调零操作：每错一项扣 2 分； (2)滴定姿势/滴定速度/摇瓶/半滴操作/记录：每错一项扣 2 分； (3)终点判断/读数：每错一个扣 2 分	30		
6	数据分析	(1)不缺项/计算正确/有效数字：每错一个扣 1 分，最多扣 5 分； (2)精密度：相对平均偏差小于 0.20%不扣分，以 0.20%递增，每增加 0.20%扣 3 分，最多扣 15 分	30		
7	思考与讨论	要点清晰，答题准确，第 1～2 题每题 3 分，第 3 题 4 分	10		
8	综合考核	按时签到，课堂表现积极主动	10		
9	合计		100		

任务 14 配制与标定硝酸银标准溶液

【任务导入】

硝酸银标准溶液是沉淀滴定法中银量法的标准溶液，可以用来测定 Cl^-、Br^-、I^-、SCN^- 及生物碱盐类，如氯化物、溴化物、盐酸麻黄碱等物质。

本次实验任务要求每位同学参考 GB/T 601—2016《化学试剂　标准滴定溶液的制备》的相关知识进行硝酸银标准溶液的标定，记录实验中的现象和出现的问题，进行实验过程中的技术总结，提交任务工单。

【任务目标】

1. 掌握硝酸银标准溶液的配制方法和保存条件。
2. 掌握标定硝酸银标准溶液浓度的原理和方法。
3. 能够完成硝酸银标准溶液标定的操作和计算。
4. 使用 K_2CrO_4 作指示剂时能够正确判断滴定终点。
5. 具备实验室安全与环保意识。

【任务准备】

$AgNO_3$ 标准溶液可用基准物 $AgNO_3$ 直接配制。但对于一般市售 $AgNO_3$，由于含有 Ag、Ag_2O、有机物和铵盐等杂质，因此常用间接法配制，用基准物标定。

以 NaCl 为基准物质，K_2CrO_4 为指示剂，在中性或弱碱性溶液中，用硝酸银标准溶液滴定，反应式为：

$$NaCl + AgNO_3 = AgCl\downarrow(\text{白色}) + NaNO_3$$

$$K_2CrO_4 + 2AgNO_3 = Ag_2CrO_4\downarrow(\text{砖红色}) + 2KNO_3$$

当反应到达化学计量点，Cl^- 定量沉淀为 AgCl 后，利用微过量的 Ag^+ 与 CrO_4^{2-} 生成砖红色 Ag_2CrO_4 沉淀，指示滴定终点。

滴定必须在中性或弱碱性溶液中进行，最适宜的 pH 范围为 6.5～10.5，因为 CrO_4^{2-} 在溶液中存在平衡：

$$2H^+ 2CrO_4^{2-} \rightleftharpoons 2HCrO_4^- \rightleftharpoons Cr_2O_7^{2-} + H_2O$$

在酸性溶液中，平衡向右移动，CrO_4^{2-} 浓度降低，使 Ag_2CrO_4 沉淀过迟或不出现从而影响分析结果。在强碱性或氨性溶液中，滴定剂 $AgNO_3$ 发生下列反应：

$Ag^{+}+OH^{-}$ ══ $AgOH\downarrow$，$2AgOH$ ══ Ag_2O+H_2O，$Ag^{+}+2NH_3$ ══ $[Ag(NH_3)_2]^{+}$

因此，若溶液的酸性太强，应用 $NaHCO_3$ 或 $Na_2B_4O_7$ 中和；碱性太强，则应用稀硝酸中和，调至适宜的 pH 后，再进行滴定。

K_2CrO_4 的用量对滴定有影响。如果 K_2CrO_4 浓度过高，终点提前到达，同时 K_2CrO_4 本身呈黄色，若溶液颜色太深，影响终点的观察；如果 K_2CrO_4 浓度过低，终点延迟到达。这两种情况都影响滴定的准确度。一般滴定时，K_2CrO_4 的浓度以 $5\times10^{-3}mol\cdot L^{-1}$ 为宜。

【任务实施】

1. $AgNO_3$ 溶液[$c(AgNO_3)=0.1mol\cdot L^{-1}$]的配制

称取 8.5g $AgNO_3$，溶于 500mL 不含 Cl^{-} 的蒸馏水中，贮于棕色瓶中，摇匀。置于暗处保存，待标定。

2. $AgNO_3$ 溶液的标定

准确称取 0.6g 基准物 NaCl 于小烧杯中，用水溶解后定量转入 100mL 容量瓶中，稀释至刻度，摇匀。

用移液管移取此溶液 25.00mL 置于 250mL 锥形瓶中，加 25mL 水，加 2mL K_2CrO_4 指示液，在不断摇动下，用 $AgNO_3$ 标准溶液滴定至溶液呈微砖红色即为终点。平行测定三次。

3. 数据记录与处理

$$c(AgNO_3)=\frac{m(NaCl)\times\frac{25}{100}}{M(NaCl)V(AgNO_3)}$$

$AgNO_3$标准溶液浓度的标定

式中，$c(AgNO_3)$ 为 $AgNO_3$ 标准溶液的浓度，$mol\cdot L^{-1}$；$V(AgNO_3)$ 为滴定时消耗 $AgNO_3$ 标准溶液的体积，mL；$m(NaCl)$ 为基准物质氯化钠的质量，g；$M(NaCl)$ 为 NaCl 的摩尔质量，$g\cdot mol^{-1}$。

【任务总结】

1. 技术提示

(1) 溶液的 pH 值需控制在 6.5～10.5，有 NH_4^{+} 存在时，pH 值控制在 6.5～7.2。

(2) $AgNO_3$ 与有机物接触易起还原作用，所以 $AgNO_3$ 溶液应储存于玻璃塞试剂瓶中，滴定时也必须用酸式滴定管。具有腐蚀性，应注意切勿与皮肤接触。

(3) 滴定过程中生成 AgCl 白色沉淀，滴定终点生成 Ag_2CrO_4 砖红色沉淀，注意滴定过程中溶液颜色变化。

2. 思考与讨论

见相应任务工单。

3. 技术总结与拓展

可围绕滴定操作过程中沉淀反应条件的控制、终点判断的技巧、滴定过程中存在的干扰等方面展开。

【任务评价】

任务考核评价表

班级：		姓名：	学号：		
序号	考核项目	考核标准	权重	得分	备注
1	实验安全与健康	未按要求穿戴口罩/实验服/护目镜/手套等扣除该项所有分数	2		
2	实验卫生	工作场所全程干净整洁，无试剂洒落，若不满足，扣除所有分数	2		
3	环境保护	正确处理回收实验过程中用到的可能对环境造成不良影响的试剂耗材，如出现一次处理不当，扣1分，直至全部扣完	2		
4	称量操作	(1)天平检查/清扫/复原天平/填写记录：每错一项扣2分； (2)称量范围不超过±5%：每超过一次扣3分	11		
5	试样配制	洗涤/试漏/转移溶液/定容/摇匀：每错一项扣2分	10		
6	移取溶液	洗涤/润洗/吸溶液/调刻线/放溶液：每错一项扣2分	10		
7	滴定操作	(1)试漏/润洗/装液/排空气/调零操作：每错一项扣2分； (2)滴定姿势/滴定速度/摇瓶/半滴操作/记录：每错一项扣2分； (3)终点判断/读数：每错一个扣2分	24		
8	数据分析	(1)不缺项/计算正确/有效数字：每错一个扣1分，最多扣5分； (2)精密度：相对平均偏差小于0.20%不扣分，以0.20%递增，每增加0.20%扣4分，最多扣20分	25		
9	思考与讨论	要点清晰，答题准确，每题3分	6		
10	综合考核	按时签到，课堂表现积极主动	8		
11	合计		100		

任务15　配制与标定硫氰酸铵标准溶液

【任务导入】

硫氰酸铵标准溶液是沉淀滴定法中银量法的标准溶液，可以用来直接测定 Ag^{+}，也可间接测定 Br^{-}、I^{-}、SCN^{-}。

本次实验任务要求每位同学参考GB/T 601—2016《化学试剂　标准滴定溶液的制备》的相关知识进行硫氰酸铵标准溶液的标定，记录实验中的现象和出现的问题，进行实验过程中的技术总结，提交任务工单。

【任务目标】

1. 掌握 NH_4SCN 标准溶液的配制方法和保存条件。
2. 学会标定 NH_4SCN 标准溶液浓度的原理和方法。
3. 能够完成 NH_4SCN 标准溶液标定的操作和计算。
4. 用铁铵矾作指示剂时能够正确判断滴定终点
5. 具有实验室安全意识。

【任务准备】

硫氰酸铵含有杂质如硫酸盐、氯化物等，用间接法配制。先配成近似浓度的溶液，再用 NH_4SCN 标准溶液滴定一定体积的 $AgNO_3$ 溶液。反应式如下：

$$NH_4SCN + AgNO_3 = AgSCN\downarrow(\text{白色}) + NH_4NO_3$$

以铁铵矾作指示剂，终点呈现浅红色：

$$Fe^{3+} + SCN^- = Fe(SCN)^{2+}(\text{红色})$$

滴定时，溶液酸度应保持在 $0.1\sim1mol\cdot L^{-1}$，指示剂浓度控制在 $0.015mol\cdot L^{-1}$。

【任务实施】

1. NH_4SCN 溶液[$c(NH_4SCN)=0.1mol\cdot L^{-1}$]的配制

称取固体硫氰酸铵 4.0g，溶于 500mL 水中，摇匀待标定。

2. 用基准试剂 $AgNO_3$ 标定

准确称取基准试剂 $AgNO_3$ 0.5g（称准至 0.0001g），放于锥形瓶中，加 100mL 蒸馏水溶解，加 1mL 铁铵矾指示液、10mL HNO_3 溶液。在摇动下，用配好的硫氰酸铵标准溶液滴定。终点前摇动溶液至完全清亮后，继续滴定至溶液呈浅红色并保持 30s 不褪色即为终点。平行测定三次。

3. 用 $AgNO_3$ 标准溶液标定

准确量取 30.00～35.00mL $c(AgNO_3)=0.1mol\cdot L^{-1}$ 的 $AgNO_3$ 标准溶液，置于锥形瓶中，加 70mL 水、1mL 铁铵矾指示液及 10mL HNO_3 溶液，在摇动下，用配制好的 NH_4SCN 标准溶液滴定。终点前充分摇动至溶液完全清亮后，继续滴定至溶液呈浅红色并保持 30s 不褪色即为终点。平行测定三次。

4. 数据记录与处理

$$c(NH_4SCN)=\frac{m(AgNO_3)\times1000}{M(AgNO_3)V(NH_4SCN)}$$

式中，$c(NH_4SCN)$ 为 NH_4SCN 标准溶液的浓度，$mol\cdot L^{-1}$；$V(NH_4SCN)$ 为滴定时消耗 NH_4SCN 标准溶液的体积，mL；$m(AgNO_3)$ 为称取基准物质 $AgNO_3$ 的质量，g；$M(AgNO_3)$ 为 $AgNO_3$ 的摩尔质量，$g\cdot mol^{-1}$。

$$c(NH_4SCN)=\frac{c(AgNO_3)V_1}{V_2}$$

式中，$c(AgNO_3)$ 为 $AgNO_3$ 标准溶液的浓度，$mol \cdot L^{-1}$；V_1 为加入 $AgNO_3$ 标准溶液的体积，mL；V_2 为滴定时消耗 NH_4SCN 标准溶液的体积，mL。

【任务总结】

1. 技术提示

(1) 滴定过程中应剧烈摇动，使被吸附的 Ag^+ 释放出来。

(2) 控制溶液酸度，避免碱度过大引起 Fe^{3+} 反应的发生。

2. 思考与讨论

见相应任务工单。

3. 技术总结与拓展

可围绕两种标定方法结果的差异性来源、滴定过程中条件的控制、标准溶液的适用范围等方面展开。

【榜样力量】

技能走天下——记世界技能大赛化学实验室技术赛项的金牌获得者姜雨荷

2022 年 11 月，在世界技能大赛特别赛奥地利赛区，中国选手姜雨荷斩获化学实验室技术项目金牌，实现了我国该项目金牌“零”的突破。

“化学实验室技术”赛项的考核内容丰富，对选手的理论和实验操作的要求很高，选手需要在有限时间内，通过实验室分析、化学测试、测量来确定化合物的性质、构成和化学元素的含量。稍有点滴理论知识的欠缺或轻微的手抖都可能导致结果出现大的偏差，前功尽弃。姜雨荷靠自己的实力做到了“点滴不差”，证明了我国在这个赛项的实力。

荣誉的背后，是 14000 多个小时的努力奋斗。2018 年，在电子厂打工的姜雨荷决定重返校园，学习技术。在家人的鼓励下，她来到河南化工技师学院工业分析与检验专业求学。零基础的她起初连化学元素都认不全，为了弄懂书本里那些密密麻麻的“符号”，姜雨荷成了教室和实验室里的“老板凳”。她上课认真听讲，下课仔细整理笔记，复习巩固；她认真对待自己做的每一次实验，认真记录现象、思考总结问题，复习其中涉及的理论知识。

量变带来质变，2019 年，姜雨荷凭借出色表现，被选拔到校集训队，备战化学实验室项目比赛。化学实验室项目要求选手在赛场独立撰写大篇幅、高质量的英文实验报告，对专业英语要求很高。难题再一次摆在了她的面前，由于基础差，大量的英语单词让姜雨荷眼花缭乱。但她并未放弃，而是利用一切可以记单词的机会，反将单词本揣在兜里，吃饭时、睡觉前，甚至连走路时都在背。姜雨荷就是这样一步一个脚印，坚持不懈地向省赛、国赛乃至世赛发起冲击，最终实现了自己的技能梦想。姜雨荷说：“我觉得无论发生什么情况，都要努力做好自己该做的事，这便是最大的成功”。

如今，姜雨荷已成为河南化工技师学院最年轻的教师。真正实现了技能改变人生。她希望通过自己的努力，把准备大赛、备战大赛的经验传承下去，带领更多的学生，通过技能的不断学习与提升，努力实现自己的人生价值。

【任务评价】

任务考核评价表

班级：		姓名：	学号：		
序号	考核项目	考核标准	权重	得分	备注
1	实验安全与健康	未按要求穿戴口罩/实验服/护目镜/手套等扣除该项所有分数	2		
2	实验卫生	工作场所全程干净整洁，无试剂洒落，若不满足，扣除所有分数	2		
3	环境保护	正确处理回收实验过程中用到的可能对环境造成不良影响的试剂耗材，如出现一次处理不当，扣1分，直至全部扣完	2		
4	称量操作	(1)天平检查/清扫/倾样正确/复原天平/填写记录：每错一项扣2分； (2)称量范围不超过±5%：每超过一次扣3分	16		
5	移取溶液	洗涤/润洗/吸溶液/调刻线/放溶液：每错一项扣2分	10		
6	滴定操作	(1)试漏/润洗/装液/排空气/调零操作：每错一项扣2分； (2)滴定姿势/滴定速度/摇瓶/半滴操作/记录：每错一项扣2分； (3)终点判断/读数：每错一个扣2分	20		
7	数据分析	(1)不缺项/计算正确/有效数字：每错一个扣1分，最多扣5分； (2)精密度：相对平均偏差小于0.20%不扣分，以0.20%递增，每增加0.20%扣4分，最多扣20分	30		
8	思考与讨论	要点清晰，答题准确，每题5分	10		
9	综合考核	按时签到，课堂表现积极主动	8		
10	合计		100		

项目七

重量分析实验

【项目导言】

本项目作为化学分析实验的重要内容，包含了 2 个任务，运用重量法进行离子含量的测定，强化对沉淀法原理的理解，全面提升沉淀、过滤、干燥、灼烧等操作技能水平和数据处理能力。在操作过程中养成严谨求实、精益求精的工匠精神。

【项目目标】

知识目标

1. 掌握重量法的基本原理。
2. 记住常用的沉淀剂。
3. 能够在使用重量分析法的过程中选择正确的条件。

技能目标

1. 学会重量分析法的基本操作。
2. 能够准确计算待测物质的含量。
3. 能够选择合适的沉淀条件来减少测定误差。

素质目标

1. 能够正确地处理数据，撰写报告。
2. 具备实验室“安全第一”意识和严谨求实、精益求精的工匠精神。

任务1　测定氯化钡中钡的含量

【任务导入】

重量分析法通过直接沉淀和称量而测得物质的质量，不需要基准物质。其测定结果准确度高，但是操作过程烦琐，时间较长。

氯化钡是白色的晶体，易溶于水，微溶于盐酸和硝酸，难溶于乙醇和乙醚，易吸湿，常用作分析试剂、脱水剂、制钡盐原料，以及用于电子、仪表、冶金等工业。

本次实验任务要求每位同学参考GB/T 5195.18—2018《萤石　硫酸钡含量的测定　重量法》的相关知识进行氯化钡中钡含量的测定，独立完成工作任务，记录实验中的现象和出现的问题，进行实验过程中的技术总结，提交任务工单。

【任务目标】

1. 掌握沉淀法测定钡盐中钡含量的原理和方法。
2. 能完成沉淀的过滤、洗涤、灼烧等重量分析基本操作。
3. 能完成钡含量测定结果的计算。
4. 具有实验室安全意识。

【任务准备】

氯化钡易溶于水，溶解后Ba^{2+}可形成一系列的难溶化合物，如$BaCO_3$、BaC_2O_4、$BaCrO_4$、$BaSO_4$等。其中以$BaSO_4$溶解度最小，且化学性质稳定，其组成与化学式相符合。因此，常以$BaSO_4$沉淀法测定Ba^{2+}或SO_4^{2-}的含量。

初生成的$BaSO_4$沉淀晶体细小，在过滤、洗涤时易穿过滤纸造成损失。为了获得较大颗粒和纯净的$BaSO_4$晶形沉淀，将$BaCl_2 \cdot 2H_2O$试样用水溶解后，加稀HCl酸化，加热至近沸，在不断搅拌下逐滴加入热的稀H_2SO_4，使Ba^{2+}形成$BaSO_4$沉淀。所得沉淀经陈化、过滤、洗涤、烘干、炭化、灼烧后，以$BaSO_4$的形式称量，可以计算出试样中钡的含量。

【任务实施】

1. 空坩埚的恒重

将两个洁净的瓷坩埚编号、烘干后，放入高温炉中，在(800±20)℃下灼烧40min，稍冷后取出坩埚放在洁净的瓷板上，待坩埚红热退去后放入干燥器中冷却至室温，然后称量。

再重复灼烧15～20min，冷却至室温称量，直至恒重。

2. 称样及溶解

准确称取0.4～0.6g $BaCl_2 \cdot 2H_2O$ 样品两份，分别置于250mL烧杯中，各加约10mL水和3mL 2mol·L^{-1} HCl，搅拌溶液，将溶液加热至近沸。

3. 沉淀的制备

另取4mL 1mol·L^{-1} H_2SO_4 溶液两份，放入两个100mL小烧杯中，加水30mL，加热至沸，在不断搅拌下用小滴管分别将两份 H_2SO_4 溶液逐滴加入到两份样品溶液中，静置2min左右，待 $BaSO_4$ 沉淀沉降后，再加入 H_2SO_4 1～2滴于上层清液中，观察是否有白色沉淀生成，以检验其沉淀是否完全。沉淀完全后，盖上表面皿，陈化12h，也可以将沉淀在水浴（约90℃）上加热陈化1h。放置冷却后过滤。

4. 沉淀的过滤和洗涤

用慢速或中速滤纸以倾析法过滤。用0.01mol·L^{-1} H_2SO_4 洗涤沉淀3～4次，每次约10mL，然后小心地全部转入滤纸上。若此时仍有少量的沉淀黏附于杯壁，可用最初撕下的小块滤纸擦净烧杯，并将小块滤纸放入漏斗中。最后用 H_2SO_4 洗涤沉淀至洗液无 Cl^- 为止，用 $AgNO_3$ 检验。检验方法：将漏斗颈末端的外部用洗瓶吹洗后，用干净的小试管接取从漏斗中滴下的滤液数滴，加入2滴6mol·L^{-1} HNO_3 和2滴 $AgNO_3$ 溶液，如无白色沉淀或浑浊，表示无 Cl^- 存在。

5. 沉淀的灼烧和恒重

将滤纸包裹好，置于已恒重的瓷坩埚中，经干燥、炭化、灰化后，在(800±20)℃的高温炉中灼烧至恒重。根据所得 $BaSO_4$ 的质量，计算样品中钡的含量。

6. 数据记录与处理

氯化钡样品中Ba的含量（以质量分数表示）按下式计算：

$$w(\text{Ba})=\frac{m(\text{BaSO}_4)M(\text{Ba})}{mM(\text{BaSO}_4)}\times 100\%$$

式中，w(Ba) 为氯化钡样品中Ba的质量分数，%；$m(BaSO_4)$ 为 $BaSO_4$ 的质量，g；M(Ba) 为Ba的摩尔质量，g·mol^{-1}；$M(BaSO_4)$ 为 $BaSO_4$ 的摩尔质量，g·mo^{-1}；m 为 $BaCl_2 \cdot 2H_2O$ 样品的质量，g。

【任务总结】

1. 技术提示

(1) 空坩埚恒重时，应连同盖子一起恒重。

(2) 严格控制沉淀条件，减少共沉淀现象。

(3) 炭化滤纸时空气要充足，否则硫酸盐易被滤纸的碳还原。

(4) 灼烧时温度不能太高，温度过高会造成 $BaSO_4$ 被碳还原或发生分解。

2. 思考与讨论

见相应任务工单。

3. 技术总结与拓展

可围绕沉淀条件如何控制、过滤及灼烧操作的技术要点、测定误差的来源等方面展开。

【任务评价】

任务考核评价表

班级：		姓名：	学号：		
序号	考核项目	考核标准	权重	得分	备注
1	实验安全与健康	未按要求穿戴口罩/实验服/护目镜/手套等扣除该项所有分数	3		
2	实验卫生	工作场所全程干净整洁，无试剂洒落，若不满足，扣除所有分数	3		
3	环境保护	正确处理回收实验过程中用到的可能对环境造成不良影响的试剂耗材，如出现一次处理不当，扣1分，直至全部扣完	3		
4	称量操作	(1)天平使用/复原天平/填写记录：每错一项扣3分； (2)称量质量适当：错误扣3分	12		
5	沉淀操作	(1)加热/滴加沉淀剂/搅拌/检验沉淀完全/陈化：每错一项扣3分； (2)沉淀不完全扣5分	15		
6	过滤操作	(1)转移/过滤/洗涤：每错一项扣3分； (2)洗涤至无 Cl^-：错误扣5分	14		
7	灼烧操作	(1)炭化/灼烧/恒重：每错一项扣3分； (2)灼烧温度不正确扣5分	14		
8	测量结果	(1)不缺项/计算正确/有效数字：每错一个扣2分； (2)精密度：相对平均偏差小于0.50%不扣分，以0.50%递增，每增加0.50%扣3分，最多扣15分	21		
9	思考与讨论	要点清晰，答题准确，每题2.5分	5		
10	综合考核	按时签到，课堂表现积极主动	10		
11	合计		100		

任务2 测定复合肥料中钾的含量

【任务导入】

钾元素是复合肥料中的有效成分之一，科学合理地使用钾肥可提高植株抗逆性，改善果菜的外观和风味等。因此，为了保证复合肥料的质量，有必要对其中的钾元素进行测定，确定其合理的用量。重量法是应用广泛的一种方法，也是国家标准方法。

本次实验任务要求每位同学参考GB/T 8574—2010《复混肥料中钾含量的测定 四苯硼酸钾重量法》的相关知识进行复合肥料中钾含量的测定，独立完成工作任务，记录实验中的现象和出现的问题，进行实验过程中的技术总结，提交任务工单。

【任务目标】

1. 掌握重量法测定复合肥料中钾含量的原理和方法。
2. 能完成沉淀的提取、过滤、洗涤、干燥等重量分析基本操作。
3. 能完成钾含量测定结果的计算。
4. 提升实验室安全和绿色环保意识。

【任务准备】

复合肥料中的钾主要来自氯化钾、硫酸钾、磷酸二氢钾等钾盐。这些钾盐均易溶于水。在复合肥料的生产、运输、贮存过程中，钾的水溶性一般不会发生明显变化。因此可用水提取有效钾。浸提液中的钾一般可采用四苯硼钠重量法测定，也可用四苯硼钠容量法或火焰光度计法测定。

四苯硼钠重量法是用沸水浸提复合肥料中的钾，用溴水氧化浸提液中的有机物质，加入甲醛，使铵离子转化为六亚甲基四胺以消除铵的干扰，用 EDTA 掩蔽其他阳离子的干扰。在微碱性条件下，钾离子与四苯硼钠形成四苯硼钾沉淀，将沉淀经干燥后称重。

【任务实施】

1. 空坩埚的准备

用水洗净两个空坩埚，真空泵抽 2min 以除去玻璃砂板中的水分。置于（120±5)℃干燥箱内 90min，然后放在干燥器内冷却 30min，称重。以后每次干燥 60min，直至恒重。

2. 提取

称取含氧化钾约 400mg 的试样 1～5g（精确至 0.0002g）置于 250mL 锥形瓶中，加约 150mL 水，加热煮沸 30min，冷却，定量地转移到 250mL 的容量瓶中，用水定容，混匀，用干燥滤纸过滤，弃去初滤液。

3. 试液处理

按试样是否含有氰氨基化合物或有机物，选下述方法进行处理。

(1) 试样不含有氰氨基化合物或有机物

吸取上述滤液 25.00mL，置于 250mL 烧杯中，加 EDTA 二钠盐溶液 20mL（含阳离子较多时加 40mL），加 2～3 滴酚酞溶液，滴加氢氧化钠溶液至红色出现，再过量 1mL，加甲醛溶液（按 1mg 氮加约 60mg 甲醛计算，即 37%甲醛溶液加 0.15mL），若红色消失，用氢氧化钠溶液调至溶液呈红色。加水至约 100mL，在通风柜中加热 15min，然后室温下冷却或用流水冷却，若红色消失，再用氢氧化钠溶液调至溶液呈红色。

(2) 试样含有氰氨基化合物或有机物

吸取上述滤液 25.00mL，置于 250mL 烧杯中，加入溴水溶液 5mL，将该溶液煮沸，直至溴水脱色（无溴颜色）为止。若仍有其他颜色（有机质颜色），待溶液冷却后，加 1.5g 活性炭，充分搅拌使之吸附，然后过滤，并洗涤 3～5 次，每次用水 5mL，收集全部滤液于 250mL 烧杯中，加 EDTA 二钠盐溶液 20mL（含阳离子较多时加 40mL），以下操作同 (1)。

4. 沉淀与过滤

在不断搅拌下，逐滴加入四苯硼钠溶液（$15g \cdot L^{-1}$），加入量按照每含 1mg 氧化钾加四苯硼钠溶液 0.5mL，并过量约 7mL 计算，继续搅拌 1min，静置 15min 以上，用倾析法将沉淀过滤于经 120℃下预先恒重的玻璃坩埚内，用四苯硼钠洗涤液（$1.5g \cdot L^{-1}$）洗涤沉淀 5～7 次，每次用量约为 5mL，最后用水洗涤 2 次，每次用量 5mL。

5. 干燥

将盛有沉淀的坩埚置于（120±5)℃干燥箱内干燥 90min，然后放在干燥器内冷却，恒重。测定样品的同时，按同样的操作步骤做空白实验。

6. 数据记录与处理

$$w(K_2O)=\frac{[(m_2-m_1)-(m_4-m_3)]\times\dfrac{M(K_2O)}{2M[KB(C_6H_5)_4]}}{m\times\dfrac{25}{250}}\times 100\%$$

式中，$w(K_2O)$ 为试样中 K_2O 的质量分数,%；m 为试样质量，g；m_1 为空坩埚的质量，g；m_2 为干燥后坩埚及沉淀的质量，g；m_3 为空白实验中空坩埚的质量，g；m_4 为空白实验中干燥后坩埚及沉淀的质量，g；$M(K_2O)$ 为 K_2O 的摩尔质量，$g \cdot mol^{-1}$；$M[KB(C_6H_5)_4]$为 $KB(C_6H_5)_4$ 的摩尔质量，$g \cdot mol^{-1}$。

【任务总结】

1. 技术提示

(1) 不要将进行第一次干燥的坩埚，与进行第二次干燥（恒重）的坩埚放入同一个烘箱中。

(2) 做完实验及时将微孔玻璃坩埚洗净，若沉淀不易洗去，依次用盐酸（1+1）、丙酮进一步清洗。

2. 思考与讨论

见相应任务工单。

3. 技术总结与拓展

可围绕试液处理方法、沉淀条件如何控制、过滤及干燥操作的技术要点等方面展开。

新型肥料的定义

【任务评价】

任务考核评价表

班级：		姓名：	学号：		
序号	考核项目	考核标准	权重	得分	备注
1	实验安全与健康	未按要求穿戴口罩/实验服/护目镜/手套等扣除该项所有分数	2		
2	实验卫生	工作场所全程干净整洁，无试剂洒落，若不满足，扣除所有分数	2		

续表

序号	考核项目	考核标准	权重	得分	备注
3	环境保护	正确处理回收实验过程中用到的可能对环境造成不良影响的试剂耗材，如出现一次处理不当，扣1分，直至全部扣完	2		
4	称量操作	(1)天平使用/复原天平/填写记录：每错一项扣3分； (2)称量质量适当：错误扣3分	12		
5	提取与试液处理	(1)煮沸/转移/定容/干过滤：每错一项扣3分； (2)移取溶液/加掩蔽剂/加甲醛：每错一项扣3分	21		
6	沉淀与过滤	(1)滴加沉淀剂/搅拌/静置：每错一项扣3分； (2)转移/过滤/洗涤：每错一项扣3分	18		
7	干燥操作	干燥/恒重：每错一项扣3分	6		
8	测量结果	(1)不缺项/计算正确/有效数字：每错一个扣2分； (2)精密度：相对平均偏差小于0.50%不扣分，以0.50%递增，每增加0.50%扣3分，最多扣15分	21		
9	思考与讨论	要点清晰，答题准确，每题2分	6		
10	综合考核	按时签到，课堂表现积极主动	10		
11	合计		100		

项目八

仪器分析实验

【项目导言】

仪器分析方法是分析化学实验部分中的一种重要分析方法，仪器分析方法具有操作简便、快速、灵敏度高和选择性好的优点，特别适用于微量、痕量样品的质量分析。本项目包含 5 个任务，分别采用电位滴定法、紫外-可见分光光度法、原子吸收光谱法、气相色谱法和高效液相色谱法对样品的成分进行分析，理解各个仪器分析方法的原理，学会仪器的规范操作，掌握正确的分析检测方法。通过完成以上任务，能够系统掌握典型的分析测试仪器操作流程，学会样品的分析检测操作技能，并在实验过程中养成安全环保操作的习惯，秉承精益求精的工匠精神。

【项目目标】

知识目标

1. 理解各种仪器分析方法的特点与工作原理。
2. 记住样品的典型仪器分析方法。
3. 熟悉样品的分析检验步骤。

技能目标

1. 能够正确规范地进行仪器分析操作。
2. 能够采用正确的方法处理实验数据。

素质目标

1. 具备实验室安全环保意识。
2. 在实验过程中不断思考，提升分析解决问题的能力。
3. 了解仪器分析随着科技发展出现的最新技术，秉承精益求精的工匠精神。

任务1 电位滴定法测定酱油中氨基酸态氮的含量

【任务导入】

酱油是中国传统的调味品，在国际上享有极高的声誉。三千多年前，我们的祖先就会酿造酱油了。最早的酱油是用牛、羊、鹿和鱼虾肉等动物性蛋白质酿制的，后来逐渐改用豆类和谷物的植物性蛋白质酿制酱油。今天的酱油主要由大豆、小麦、食盐经过制油、发酵等程序酿制而成，呈红褐色，有独特酱香，滋味鲜美。酱油的鲜味和营养价值取决于氨基酸态氮含量的高低，一般来说氨基酸态氮含量越高，酱油的等级就越高，品质越好。氨基酸态氮是判定发酵产品发酵程度的特征指标，我国酿造酱油的标准规定氨基态氮含量合格范围为≥$0.4g \cdot 100mL^{-1}$。

本次实验任务要求每位同学依据实验步骤独立完成工作任务，记录实验数据、实验现象和出现的问题，进行实验过程中的技术总结，正确处理实验数据，提交任务工单。

【任务目标】

1. 掌握氨基酸态氮的测定原理和方法。
2. 理解电位滴定法确定滴定终点的原理。
3. 学会电位滴定法的基本操作技能。
4. 初步具备根据实际问题选择实验方法和设计实验过程的能力。

【任务准备】

1. 实验原理

氨基酸是酱油中的重要成分之一，是由原料中的蛋白质水解产生的，它同时具有氨基及羧基两种基团，具有酸碱两性，它们相互作用形成中性的内盐。酱油颜色比较深，一般采用甲醛-酸度计法检测。检测方法是在酱油样品中加入甲醛溶液，氨基与甲醛作用，碱性被掩蔽，使羧基的酸性显现出来，再用氢氧化钠标准溶液进行酸碱滴定，根据滴定用的氢氧化钠标准溶液的体积可计算出氨基酸态氮的含量。

样品溶液中游离氢离子与氢氧化钠标准溶液完全反应后的 pH=7.0，用消耗氢氧化钠标准溶液的体积可计算有效酸度；样品溶液中除有效酸度以外的物质与氢氧化钠标准溶液完全反应后的 pH=8.2，用消耗氢氧化钠标准溶液的体积可计算总酸度；样品溶液中氨基态氮中的羧基与氢氧化钠标准溶液完全反应后的溶液为 pH=9.2。

本实验用的是 pH 为 8.2 和 9.2 的数据。由于酱油还含有总酸度，即使不测定总酸度，也要将总酸中和。采用 pH=8.2 时氢氧化钠消耗的体积与 pH=9.2 时氢氧化钠消耗的体积的差计算出样品中氨基态氮的含量。

2. 仪器与试剂准备

（1）$0.05mol \cdot L^{-1}$ NaOH 溶液的粗配　用天平迅速称量约 1.0g 固体 NaOH 并放到烧杯中，用适量的新制的蒸馏水溶解并稀释至 500mL，盛于带橡胶塞或软木塞的试剂瓶中。

（2）NaOH 溶液的标定　用直接称量法准确称取邻苯二甲酸氢钾 1.0～1.1g（称准至 0.1mg）于洁净的 250mL 烧杯中，加入 20～30mL 蒸馏水，温热使之溶解，冷却至室温，定量转移于 100mL 容量瓶中并定容。用移液管移取 20mL 于 250mL 锥形瓶中，加酚酞指示剂 2 滴，用 NaOH 溶液滴定至溶液呈现粉红色，30s 内不褪色即为终点。平行滴定 3 次。

（3）酸度计的准备　将酸度计先开机预热 30 分钟，将开关拨至 pH 位置，按“温度”键，调到室温，30 分钟后，将电极插入 pH＝6.86 的缓冲溶液中，调“定位”，用蒸馏水清洗电极并用吸水纸吸干，再将电极插入 pH＝9.18 的缓冲溶液中，调“斜率”，用蒸馏水清洗电极并吸干。

【任务实施】

1. 样品处理

准确吸取酱油 5.0mL 置于 100mL 容量瓶中，加水至刻度，摇匀。

2. 酱油中总酸含量的测定

吸取处理后的样品 20.0mL 置于 100mL 烧杯中，加水 60mL，放入磁力转子，开启磁力搅拌器使转速适当，插入校正好的酸度计电极（电极清洗干净，再插入到上述溶液中），用配好的 NaOH 标准溶液滴定至酸度计指示 pH＝8.2，记录消耗氢氧化钠标准溶液的体积（可用于计算总酸含量）。

3. 氨基酸态氮的测定

向上述溶液中准确加入甲醛溶液 10.0mL，摇匀，继续用 NaOH 标准溶液滴定至 pH＝9.2，记录消耗氢氧化钠标准溶液的体积 V(mL)，供计算氨基酸态氮含量用。平行测定 3 次，分别记录数据。

4. 试剂空白实验

取蒸馏水 80mL 置于另一 200mL 洁净烧杯中，先用氢氧化钠标准溶液滴定至 pH＝8.2，记录用去氢氧化钠标准溶液的体积（此体积对应于测总酸含量的试剂空白）。再加入 10.0mL 甲醛溶液，继续用 NaOH 标准溶液滴定至酸度计指示 pH＝9.2，第二次所用的氢氧化钠标准溶液的体积 V_0 对应于测定氨基酸态氮的试剂空白。

5. 结果与计算

$$\rho=\frac{(V-V_0)c\times 0.014}{5\times\frac{V_1}{100}}\times 100$$

式中，V 是酱油稀释液在加入甲醛后被滴定至 pH＝9.2 所用 NaOH 标准溶液的体积，mL；V_0 是试剂空白在加入甲醛后被滴定至 pH＝9.2 所用 NaOH 标准溶液的体积，mL；V_1 是样品稀释液取用量，mL；c 是 NaOH 标准溶液的浓度，$mol \cdot L^{-1}$；0.014 是氮的摩尔质量，$g \cdot mmol^{-1}$；ρ 是样品中氨基酸态氮的含量，$g \cdot 100mL^{-1}$。

【任务总结】

1. 技术提示

(1) 标准 pH 缓冲液按规定配制好以后为避免其 pH 值会发生变化，存放时间不应过长，否则将直接影响到滴定终点的确定，最终导致检测结果的不准确。

(2) 久置的复合电极初次使用时，一定要先在饱和 KCl 溶液中浸泡 24h 以上。

(3) 加入甲醛后应立即滴定，不宜放置时间过长，以免甲醛聚合，影响测定结果。

(4) 样品中若含有铵盐，由于铵离子也能与甲醛作用，测定结果偏高。

(5) 对于澄清和色浅样液可不必经处理而直接测定。

(6) 本法准确快速，可用于各类样品中游离氨基酸含量的测定。

2. 思考与讨论

见相应任务工单。

3. 技术总结与拓展

依据实验数据分析实验结果是否理想、存在的问题、改进措施（建议从试样的处理、溶液的配制、酸度计的使用和测量误差分析等方面进行总结与提升）。

【任务评价】

任务考核评价表

班级：		姓名：		学号：		
序号	考核项目	考核标准		权重	得分	备注
1	实验安全与健康	未按要求穿戴口罩/实验服/护目镜/手套等扣除该项所有分数		5		
2	酸度计的校准	预热、调 pH、调温度、清洗电极等，每错 1 次扣 2 分		10		
3	溶液的配制	仪器的验漏、洗涤、润洗，溶液的移取、稀释、定容等，每出现 1 次错误扣 1 分		10		
4	氨基酸态氮的测定	移液操作	洗涤、润洗、吸取溶液、调刻线、放溶液等，每出现 1 次错误扣 1 分，扣完为止	30		
		滴定操作	滴定前：验漏、洗涤、润洗、装溶液、排气泡、调零，每出现 1 次错误扣 1 分，扣完为止			
			滴定中：管尖残液处理正确、滴定速度适当、有明显终点控制，每出现 1 次错误扣 2 分，扣完为止			
			滴定后：终点判断正确，每出现 1 次错误扣 4 分，扣完为止			
5	记录数据	正确读数，规范、及时记录数据 每错 1 个扣 1 分，扣完为止		5		
6	处理数据	计算过程规范、正确，每错 1 个扣 2 分，扣完为止		5		

续表

序号	考核项目	考核标准	权重	得分	备注
7	精密度	相对极差≤0.5%	10		
		0.5%<相对极差≤1.0%	5		
		相对极差>1.0%	0		
8	文明操作	将废液、废纸按要求回收至指定容器，实验台面收拾整洁，仪器摆放整齐，关闭水、电、火、门窗。未达到要求扣除该项所有分数	5		
9	重大失误	损坏实验仪器1件，根据仪器重要性倒扣5分或10分			
10	思考与讨论	要点清晰，答题准确，每题5分	10		
11	综合考核	考勤、纪律、课堂表现、实验参与度和完成情况等	10		
12	合计		100		

任务2　紫外-可见分光光度法测定铁的含量

【任务导入】

铁是人体中不可缺少的微量元素，人体内缺少铁会导致缺铁性贫血等疾病，适量的铁对人体健康有益，过量的铁可能会导致腹泻、呕吐、血色病等铁中毒症状，严重时还会危害到人体健康。因此，我国对生活饮用水和工业用水的含铁量都作了较严格的规定，生活饮用水中的铁含量应<$0.3mg\cdot L^{-1}$（GB 5749—2022）。水中铁含量大于$0.3mg\cdot L^{-1}$时水变浑浊，超过$1mg\cdot L^{-1}$时，水具有铁腥味。当锅炉、压力容器等设备以含铁量较高的水作为介质时，常造成软化设备中离子交换设备被污染中毒，承压设备结褐色坚硬的铁垢，致使其发生变形、爆管事故，因此对含铁水质监测处理很重要。测定微量铁常用的方法是邻二氮菲分光光度法。近年来，紫外-可见分光光度法测定铁的含量也是世界技能大赛化学实验室技术赛项的考核项目之一。

本次实验任务要求每位同学依据实验步骤独立完成工作任务，记录实验数据、实验现象和出现的问题，进行实验过程中的技术总结，正确处理实验数据，提交任务工单。

【任务目标】

1. 记住邻二氮菲分光光度法测定铁的实验条件。
2. 掌握邻二氮菲分光光度法测定铁的原理和方法。
3. 学会吸收曲线、工作曲线的绘制方法和使用方法。
4. 能利用紫外-可见分光光度计正确测量物质的吸光度。
5. 了解实验条件的一般研究方法，养成科学严谨的实验态度。

【任务准备】

1. 实验原理

吸光光度法是根据溶液中物质对光选择性的吸收而进行分析的方法。它具有较高的灵敏度和一定的准确度，特别适宜于微量组分的测定。吸光光度法可以分为比色法和分光光度法两大类。本实验采用分光光度法。

分光光度法测定物质含量时应注意显色反应的条件和测量吸光度的条件。显色反应的条件有显色剂用量、介质的酸度、显色时间、显色时溶液的温度、干扰物质的消除方法等。测量吸光度的条件包括应选择的入射光波长、吸光度范围和参比溶液等。

分光光度法测定微量铁的显色剂有邻二氮菲、磺基水杨酸、硫氰酸盐等。目前大多选择邻二氮菲为显色剂来测定微量铁。在 pH＝2～9 的条件下 Fe^{2+} 与邻二氮菲生成极稳定的橘红色配合物，反应式如下：

$$3\,\text{phen} + Fe^{2+} \longrightarrow [Fe(\text{phen})_3]^{2+}$$

此配合物的 $\lg K_{稳}=21.3$，摩尔吸光系数 $\varepsilon=1.1\times10^4$。

在显色前，首先用还原剂（如盐酸羟胺、抗坏血酸等）把铁离子还原为亚铁离子，其反应式如下：

$$2Fe^{3+}+2NH_2OH\cdot HCl \longrightarrow 2Fe^{2+}+N_2+2H_2O+4H^{+}+2Cl^{-}$$

测定时，控制溶液酸度在 pH＝5 左右较为适宜。酸度高时，反应进行得较慢；酸度太低，则 Fe^{2+} 水解，影响显色。

2. 试剂准备

（1）铁储备液（$100\mu g\cdot mL^{-1}$）　准确称取 0.7020 克分析纯硫酸亚铁铵 [$FeSO_4\cdot(NH_4)_2SO_4\cdot 6H_2O$] 或 0.8640g 分析纯的 $NH_4Fe(SO_4)_2\cdot 12H_2O$（其摩尔质量为 $482.18g\cdot mol^{-1}$）于小烧杯中，加入少量水及 $6mol\cdot L^{-1}$ HCl 溶液 20mL，定量转移至 1000mL 容量瓶中加水稀释至刻度，摇匀。所得溶液每毫升含铁 0.100mg（即 $100\mu g\cdot mL^{-1}$）。

（2）$10\mu g\cdot mL^{-1}$ 铁标准溶液（用铁储备液配制）。

【任务实施】

1. 测量条件的确定

（1）测量波长的选择

在 50mL 容量瓶中按次序准确加入 $10\mu g\cdot mL^{-1}$ 铁标准溶液 5.00mL、10％盐酸羟胺 1.00mL，摇匀，再加入 $1mol\cdot L^{-1}$ NaAc 溶液 5.00mL、0.15％邻二氮菲 3.00mL。用水稀释至刻度，摇匀，放置 10min。在分光光度计上，用 1cm 比色皿，以试剂空白为参比溶液，在 440～580nm 间，每隔 10nm 或 20nm 测量一次吸光度。在峰值附近每间隔 10nm 测量一次，以波长为横坐标，吸光度为纵坐标，绘制 A-λ 曲线，曲线波峰所对应的波长即为最大吸收波长 λ_{max}。

（2）显色剂用量的选择

取 7 个 50mL 容量瓶，各加入 $10\mu g \cdot mL^{-1}$ 铁标准溶液 1.00mL、盐酸羟胺 1.00mL，摇匀。2min 后再分别加入 0.10mL、0.30mL、0.50mL、1.00mL、2.00mL、3.00mL、4.00mL 邻二氮菲和 5.00mL NaAc 溶液，用水稀释至刻度，摇匀后放置 10min。以试剂空白为参比溶液，在选择的波长下测定各溶液的吸光度。然后以邻二氮菲试剂加入体积为横坐标，吸光度为纵坐标，绘制 A-V 曲线，从曲线上找出显色剂的适宜用量 V。

（3）显色时间的选择

在 50mL 容量瓶中，加入 1.00mL $10\mu g \cdot mL^{-1}$ 铁标准溶液、1.00mL 盐酸羟胺，再加入由上述选择的适宜用量（V）的邻二氮菲、5.00mL NaAc，用水稀释至刻度，摇匀。立刻以试剂空白为参比溶液，在选择的波长下测量吸光度。然后依次测定放置 5min、10min、30min、60min 后的吸光度，以时间（t）为横坐标，吸光度（A）为纵坐标，绘制 A-t 曲线，从曲线上选出与邻二氮菲显色反应完全所需的适宜时间。

（4）溶液酸度的选择

取 50mL 容量瓶 7 个，分别加入 5.00mL $10\mu g \cdot mL^{-1}$ 铁标准溶液、1.00mL 10%盐酸羟胺溶液、3.00mL 邻二氮菲溶液，摇匀。然后，用滴定管分别加入 1.00mL、2.00mL、5.00mL、10.00mL、15.00mL、20.00mL、30.00mL $0.10mol \cdot L^{-1}$ NaOH 溶液，用水稀释至刻度，摇匀后放置 10min。用 1cm 比色皿，以试剂空白为参比溶液，在选择的波长下测定溶液的吸光度。同时，用 pH 计测量各溶液的 pH 值。以 pH 为横坐标，吸光度 A 为纵坐标，绘制 A-pH 的酸度影响曲线，得出测定铁的适宜酸度范围。

2. 铁含量的测定

（1）标准曲线的绘制

取 6 个 50mL 容量瓶编号后，分别加入 0.00mL、2.00mL、4.00mL、6.00mL、8.00mL、10.00mL $10\mu g \cdot mL^{-1}$ 铁标准溶液，再分别加入 1.00mL 盐酸羟胺，摇匀，2min 后再加入 NaAc 溶液和 2.00mL 邻二氮菲，用水稀释至刻度，摇匀后静置 5 分钟。以试剂空白为参比溶液，在选择的波长测定各溶液的吸光度 A，以铁含量为横坐标，吸光度 A 为纵坐标，绘制标准曲线（也称工作曲线）。

（2）试样中铁含量的测定

准确移取适量试样于容量瓶中，按上述标准曲线相同条件和步骤测定其吸光度。根据未知液吸光度，在标准曲线上查出未知液相对应的铁含量，然后计算试样中微量铁的含量（结果以 $\mu g \cdot mL^{-1}$ 或 $mg \cdot L^{-1}$ 表示）。

邻二氮菲分光光度法测水中微量铁含量（吸收曲线绘制）

3. 结果处理

（1）试样中铁的含量

按下式计算出试样中铁的含量，取 3 次测定结果的算术平均值作为最终结果，结果保留 4 位有效数字。

$$Fe^{2+}(\mu g \cdot mL^{-1}) = \rho_x n$$

式中，ρ_x 为从标准曲线查得的待测溶液中的铁含量，$\mu g \cdot mL^{-1}$；n 为试样的稀释倍数。

（2）误差分析

对试样测定结果的精密度进行分析，以相对极差表示，结果精确至小数点后2位。

计算公式如下：

$$R_r=\frac{\rho_{max}-\rho_{min}}{\bar{\rho}}\times 100\%$$

式中，ρ_{max} 为平行测定的最大值；ρ_{min} 平行测定的最小值；$\bar{\rho}$ 平行测定的平均值。

邻二氮菲分光光度法测水中微量铁含量（工作软件操作）

邻二氮菲分光光度法测水中微量铁含量（仪器面板操作）

【任务总结】

1. 技术提示

（1）测定系列标准溶液和样品溶液时，必须使用同一个比色皿。

（2）比色皿放入分光光度计样品室前，必须使用吸水纸将外表面擦拭干净。

（3）比色皿在换装不同浓度溶液时，必须使用待测溶液润洗至少3次。

（4）在比色皿未放入分光光度计测定光路时，必须将样品室舱打开。

（5）制作工作曲线时吸光度应在0.2～0.8范围内，注意其连贯性、准确性。

（6）待测样品的吸光度值应以落在工作曲线的中间位置为宜，因此要预先确定待测样品的移取体积和稀释倍数。

2. 思考与讨论

见相应任务工单。

3. 技术总结与拓展

依据实验数据分析实验结果是否理想、存在的问题、改进措施（建议从标准溶液、待测试液的浓度是否合适，工作曲线的线性好坏，分光光度计使用时的注意事项，如何减少测定误差等方面进行总结）。

【任务评价】

任务考核评价表

班级：		姓名：	学号：		
序号	考核项目	考核标准	权重	得分	备注
1	实验安全与健康	未按要求穿戴口罩/实验服/护目镜/手套等扣除该项所有分数	5		
2	测量波长的选择	溶液的配制，仪器的开机、初始化、参数设置，参比溶液的选择，测量，关机等，每出现1次错误扣1分	10		
		数据记录规范、及时，作图规范，结论合理	5		
3	显色剂用量的选择	溶液的配制、测量等每出现1次错误扣1分，该项分值扣完为止	5		
		数据记录规范、及时，作图规范，结论合理	5		

续表

序号	考核项目	考核标准	权重	得分	备注
4	显色时间的选择	溶液的配制、测量等每出现1次错误扣1分，该项分值扣完为止	5		
		数据记录规范、及时，作图规范，结论合理	5		
5	溶液酸度的选择	溶液的配制、测量等每出现1次错误扣1分	5		
		数据记录规范、及时，作图规范，结论合理	5		
6	工作曲线的绘制	标准溶液的移取、稀释、测量等，每出现1次错误扣1分，该项分值扣完为止	8		
7	工作曲线的线性	相关系数＜0.9995	0		
		0.9995＜相关系数＜0.9999	3		
		相关系数＞0.99999	5		
8	试样测定	试样移取、稀释方法、测定等，每出现1次错误扣1分，该项分值扣完为止	8		
	数据记录与处理	记录数据规范、正确、及时，计算过程规范、正确，每出现1次错误扣1分，扣完为止	5		
9	精密度	相对极差≤0.5％	5		
		0.5％＜相对极差≤1.0％	3		
		相对极差＞1.0％	0		
10	文明操作	将废液、废纸按要求回收至指定容器，实验台面收拾整洁，仪器摆放整齐，关闭水、电、火、门窗。未达到要求扣除该项所有分数	5		
11	重大失误	损坏实验仪器1件，根据仪器重要性倒扣5分或10分			
12	思考与讨论	要点清晰，答题准确，每题2分	4		
13	综合考核	考勤、纪律、课堂表现、实验参与度和完成情况等	10		
14	合计		100		

任务3　原子吸收光谱法测定水中微量铜的含量

【任务导入】

铜是人体必需的微量元素，但随着工业发展及城市规模的扩大，土壤、大气、水环境中存在不同程度的重金属污染。过多摄入铜元素，人体会出现恶心、胃口不佳、呕吐，甚至腹痛腹泻等症状，如果长期大量食用铜超标的食品，可能会造成肾小管变形等中毒现象，引发急性铜中毒，对身体内的脏器造成负担。我国在《生活饮用水卫生标准》（GB 5749—2022）及《城市供水水质标准》（CJ/T 206—2005）都明确规定了饮用水中铜的含量不能超过1.0mg·L^{-1}，因此在水厂出水和管网水的常规42项指标中铜是必测的项目。水中铜的检测方法有很多，最为简单、快速的是原子吸收光谱法。

本次实验任务要求每位同学能够依据实验步骤完成系列标准溶液的配制、标准样品及待测样品吸光度的测定、工作曲线的绘制、实验数据的记录与处理等工作任务，及时记录实验现象和出现的问题，进行实验过程中的技术总结，提交任务工单。

【任务目标】

1. 了解铜元素对生活及人体健康的意义。
2. 掌握用原子吸收光谱法测定铜含量的原理和方法。
3. 学习原子吸收分光光度计的操作规程。
4. 培养学生精益求精的学习态度和对实验结果进行自我评价的能力。

【任务准备】

1. 实验原理

原子吸收光谱法是一种广泛应用的测定金属元素的方法。它是基于在蒸气状态下对待测定元素基态原子共振辐射吸收进行定量分析的方法。将待测元素的分析溶液经喷雾器雾化后，在燃烧器的高温下进行原子化，使其离解为基态原子。空心阴极灯发射出待测元素特征波长的光辐射，其经过原子化器中一定厚度的原子蒸气，此时，光的一部分被原子蒸气中待测元素的基态原子吸收。根据朗伯-比尔定律，吸光度的大小与待测元素的原子浓度成正比，因此可以得到待测元素的含量。

$$A=\varepsilon cL$$

式中，A 为吸光度；ε 为吸收系数；L 为原子吸收层的厚度；c 为样品溶液中被测元素的浓度。

本实验采用火焰原子吸收光谱法，利用标准曲线测定水中的铜含量。测定时以铜标准系列溶液的浓度为横坐标，与其相对应的吸光度为纵坐标绘制工作曲线，根据在相同条件下测得的试样溶液的吸光度，即可在工作曲线上求出试液中铜的浓度，进而计算出原样品中铜的含量。

原子吸收光谱仪组成部件及分析流程

2. 试剂准备

准确称取 0.250g 铜于 100mL 烧杯中，用少量水湿润，滴加 1∶1 的 HNO_3，直至完全溶解，盖上表面皿，然后定量转移至 250mL 容量瓶中，用水稀释定容，摇匀。此时铜标准储备液浓度为 $1000\mu g\cdot mL^{-1}$。

火焰原子吸收光谱仪基本操作

准确吸取上述铜标准储备液 25.00mL 于 250mL 容量瓶中，加 2mL 1∶1 的 HNO_3，用水稀释定容，摇匀。即可制得浓度为 $100\mu g\cdot mL^{-1}$ 的铜标准溶液。

【任务实施】

1. 配制铜标准系列溶液

标准溶液的配制

取 6 个 100mL 的容量瓶，分别加入 $100\mu g\cdot mL^{-1}$ Cu 标准溶液 0.00mL、0.50mL、1.00mL、1.50mL、2.00mL、3.00mL，再用 $1mol\cdot L^{-1}$ 的稀硝酸稀释至刻度，摇匀。

2. 设置实验条件

参数	铜元素	参数	铜元素
工作灯电流 I/mA	3.0	燃烧器高度/mm	6.0
光谱通带 d/nm	0.4	燃烧器位置/mm	−0.5
负高压/V	300.0	吸收线波长/nm	324.7
空气压/MPa	0.24	主压表/MPa	0.075

3. 绘制标准曲线

按最佳测定实验条件调整原子吸收光谱仪，按照浓度从低到高依次喷入铜标准系列溶液，记录吸光度。以标准溶液质量浓度（ρ）为横坐标，相应的吸光度（A）为纵坐标，绘制标准曲线。

标准曲线法

4. 测定样品

相同条件下，测定样品的吸光度，测定三次，求平均值。根据扣除空白吸光度后的样品吸光度，在标准曲线上查出样品中的铜元素浓度或由线性方程计算得出。

【任务总结】

工业废水中铜含量的测定（标准加入法）

1. 技术提示

（1）至少配制4个标准系列溶液，待测元素的质量浓度应在工作曲线范围内，并尽量位于工作曲线的中部。

（2）如果待测样品铜含量较高，需稀释后再测定。

（3）仪器操作参数可参照厂家的说明进行选择，此方法适用于主体无干扰的情况下的测定。

（4）实验时，要打开通风设备，使金属蒸气及时排至室外。

（5）点火前，必须检查排液管水封是否有水，以防止回火。

（6）检查乙炔管路是否漏气。

（7）点火时，先打开空气阀门，后开乙炔阀门；熄火时，先关乙炔，后关空气。室内若有乙炔气味，应立即关闭乙炔阀门，开通风，排除问题后，再继续实验。

（8）钢瓶附近严禁烟火。

2. 思考与讨论

见相应任务工单。

3. 技术总结与拓展

依据实验数据分析实验结果是否理想、存在的问题、改进措施（建议从测量实验条件设置、工作曲线线性和误差等方面进行总结提升）。

【任务评价】

任务考核评价表

班级：		姓名：	学号：		
序号	考核项目	考核标准	权重	得分	备注
1	实验安全与健康	未按要求穿戴口罩/实验服/护目镜/手套等扣除该项所有分数	5		

续表

序号	考核项目	考核标准	权重	得分	备注
2	铜系列标准溶液配制	溶液的移取、稀释、定容、摇匀等，每出现 1 次错误操作扣 1 分	10		
3	绘制工作曲线	仪器的开机、初始化、参数设置、测量、关机等，每出现 1 次错误扣 1 分	10		
4	工作曲线的线性	相关系数＜0.9995	0		
		0.9995＜相关系数＜0.9999	5		
		相关系数＞0.99999	10		
5	水样的测定	每出现 1 次错误扣 1 分	10		
6	记录数据	正确读数，规范、及时记录数据，每错 1 个扣 1 分，扣完为止	5		
7	处理数据	计算过程规范、正确，每错 1 个扣 2 分，扣完为止	5		
8	精密度	相对极差≤0.5%	15		
		0.5%＜相对极差≤1.0%	8		
		相对极差＞1.0%	0		
9	文明操作	将废液、废纸按要求回收至指定容器，实验台面收拾整洁，仪器摆放整齐，关闭水、电、火、门窗。未达到要求扣除该项所有分数	10		
10	重大失误	损坏实验仪器 1 件，根据仪器重要性倒扣 5 分或 10 分			
11	思考与讨论	要点清晰，答题准确，第 1～2 题每题 3 分，第 3 题 4 分	10		
12	综合考核	考勤、纪律、课堂表现、实验参与度和完成情况等	10		
13	合计		100		

任务 4 气相色谱法测定工业乙酸乙酯的含量

【任务导入】

乙酸乙酯又称醋酸乙酯，是一种重要的有机化工原料和极好的工业溶剂，因其具有低毒性、易挥发性和良好的脂溶性，被广泛用于有机合成以及涂料、清漆、硝化纤维和油墨等工业生产，也是醋酸重要的下游产品。乙酸乙酯可被用作化妆品助溶剂、增塑剂、药物提取剂、矿物精选助剂、植物有效成分萃取剂，还可以用于香料、香精、人造皮革等制造产业。

近几年我国高等职业院校技能大赛“化学实验技术”赛项的考核模块——乙酸乙酯的合成，采用乙酸酯化方法制备，然后用气相色谱仪内标法快速、准确地测定乙酸乙酯的含量。

本次实验任务要求每位同学依据实验步骤独立完成工作任务，记录实验数据、实验现象和出现的问题，进行实验过程中的技术总结，正确处理实验数据，提交任务工单。

【任务目标】

1．了解乙酸乙酯的用途和制备方法。
2．掌握内标法测定乙酸乙酯含量的原理和方法。
3．学习气相色谱仪的基本结构及操作规程。
4．能独立完成气相色谱实验的基本操作过程。
5．通过色谱条件的选择和设置，培养学生精益求精、严谨的科学态度。

【任务准备】

1．分离原理

气相色谱法是利用气体作为流动相的一种色谱法，在此法中，载气是不与被测物作用，用来载送试样的惰性气体，如氢气、氮气等。

在选定的工作条件下，试样汽化后，随同载气进入色谱柱，利用被测定的各组分在气液两相中的分配性能（溶解能力）的差别，在载气的带动下，溶解性能小的首先流出，反之则后流出，依次进入检测器检测。产生的微电子流信号进入放大器进行放大，由记录系统记录色谱图，根据色谱图上各组分峰的保留值与标样对照进行定性，利用峰面积（或峰高），以内标法定量。

2．定量方法

目前，乙酸乙酯的制备方法主要有乙酸酯化法、乙醛缩合法、乙醇脱氢法和乙烯加成法等。实验室制备乙酸乙酯常用乙酸酯化法。本实验测定乙酸乙酯的纯度采用气相色谱的内标法。当只需测定试样中某几个组分或试样中所有组分不能全部出峰时，可采用内标法。内标法是将一定质量的非被测组分的纯物质作为内标物，加入到准确称取的试样中，根据被测物质和内标物在色谱图上相应峰面积之比及内标物的质量，求出被测组分的质量分数。

气相色谱仪组成部件及分析流程

3．色谱条件

色谱柱 PEG（聚乙二醇）毛细管柱	
柱长/柱内径/液膜厚度	50m/0.25mm/0.2μm
柱温	120～140℃
汽化室温度	200℃
检测器温度	200℃
载气（N_2）平均速度	50cm/s
空气流量	300mL/min
氢气流量	30mL/min
分流比	50：1
进样量	0.2～1.0μL

【任务实施】

1. 含内标物的标准样品溶液配制

准确称取一定质量的分析纯乙酸乙酯于样品瓶中，然后加入一定质量的内标物乙酸正丙酯标准品，混合均匀。

2. 含内标物的待测样品溶液配制

准确称取一定质量的乙酸乙酯待测样品于样品瓶中，然后加入一定质量的内标物乙酸正丙酯标准品，混合均匀。每份溶液的总质量控制在 2g 左右（精确到 0.001g）。

3. 保留时间测定

根据实验条件，将色谱仪调节至可进样状态（基线平直即可）。用微量注射器分别吸取乙酸乙酯、乙酸正丙酯纯物质（0.4μL），进样，记录每个纯样的保留时间 t_R。

4. 相对质量校正因子 f' 值的测定

在同样的色谱条件下，吸取标准样品溶液 0.6μL 进样，记录色谱数据（保留时间及峰面积），用乙酸乙酯的峰面积与内标物峰面积之比，计算出内标物的相对质量校正因子 f' 值。平行测定三次。

5. 样品的测定

在同样的色谱条件下，吸取待测样品溶液 0.6μL 进样，记录色谱数据（保留时间及峰面积），根据公式计算出试样中乙酸乙酯的含量。平行测定三次。

6. 结果处理

（1）根据标准样品溶液的色谱图，分析并记录内标物和待测物的保留时间（t_R），计算峰面积（A）。将测量结果汇总在表中，并用于识别样品峰。

（2）根据所提供的乙酸乙酯和乙酸正丙酯标准品混合物色谱图，计算内标物的相对质量校正因子（f'），结果保留至小数点后 2 位，公式如下：

$$f'=\frac{A_s m_i}{A_i m_s}$$

式中，A_i 为乙酸乙酯标准品的峰面积；m_i 为乙酸乙酯标准品的质量；A_s 为内标物（乙酸正丙酯标准品）的峰面积；m_s 为内标物（乙酸正丙酯标准品）的质量。

（3）计算产物中乙酸乙酯的含量（w_i），取 3 次平行实验结果的算术平均值作为最终结果，结果保留 3 位有效数字，公式如下：

$$w_i=\frac{f' A_i m_s}{A_s m}\times 100\%$$

式中，A_i 为产物样品中乙酸乙酯的峰面积；m 为产物样品的质量；A_s 为内标物（乙酸正丙酯标准品）的峰面积；m_s 内标物（乙酸正丙酯标准品）的质量；f'为内标物的相对质量校正因子。

（4）误差分析对产物中乙酸乙酯含量（w_i）测定结果的精密度进行分析，以相对极差 R_r 表示，结果精确至小数点后 2 位。

计算公式如下：

$$R_r=\frac{w_{max}-w_{min}}{\overline{w}}\times 100\%$$

式中，w_{max} 为平行测定的最大值；w_{min} 平行测定的最小值；$\overline{w}$ 平行测定的平均值。

【任务总结】

1. 技术提示

(1) 内标物浓度应恰当，其峰面积与待测组分相近。

(2) 含有内标物的标准样品溶液和待测样品溶液中各组分的含量要相近。

(3) 微量注射器是易碎器械，而且常用的一般是容积为 1μL 的注射器，使用时应多加小心，不用时要洗净放入盒内，不要随便玩弄，来回空抽，否则会严重磨损，损坏气密性，降低准确度。

(4) 不同种类试剂要用不同的微量注射器分开取样，切不可混用，否则会导致试剂被污染，最后检测结果不准确。

(5) 手不要直接接触注射器的针头和有样品部位，注射器内不要有气泡（吸样时要慢，快速排出再慢吸，反复几次）。进样速度要快（但不宜特快），每次进样保持相同速度，针尖到汽化室中部开始注射样品。

2. 思考与讨论

见相应任务工单。

3. 技术总结与拓展

依据实验数据分析实验结果是否理想、存在的问题、改进措施（建议从色谱条件的设置、进样量的多少、色谱仪使用注意事项、如何减少误差等方面总结提升）。

【任务评价】

任务考核评价表

<table>
<tr><td colspan="3">班级：</td><td>姓名：</td><td colspan="3">学号：</td></tr>
<tr><td>序号</td><td colspan="2">考核项目</td><td>考核标准</td><td>权重</td><td>得分</td><td>备注</td></tr>
<tr><td>1</td><td colspan="2">实验安全与健康</td><td>未按要求着装和穿戴口罩/实验服/护目镜/手套等扣除该项所有分数</td><td>10</td><td></td><td></td></tr>
<tr><td>2</td><td colspan="2">样品标准溶液配制</td><td>样品的移取、稀释、定容、摇匀等，每出现 1 次错误操作扣 1 分</td><td>10</td><td></td><td></td></tr>
<tr><td rowspan="5">3</td><td rowspan="5">校正因子的测定</td><td>测定过程</td><td>包括色谱仪的开机、条件设置、进样、分析等，每出现 1 次错误扣 1 分</td><td>10</td><td rowspan="5"></td><td rowspan="5"></td></tr>
<tr><td>记录和处理数据</td><td>计算过程规范、正确，每错 1 个扣 2 分，扣完为止</td><td>10</td></tr>
<tr><td rowspan="3">精密度</td><td>相对极差≤0.5%</td><td>5</td></tr>
<tr><td>0.5%<相对极差≤1.0%</td><td>2</td></tr>
<tr><td>相对极差>1.0%</td><td>0</td></tr>
</table>

续表

序号	考核项目		考核标准	权重	得分	备注
4	待测样品测定	测定过程	开机、条件设置、进样、分析、关机等，每出现1次错误操作扣1分	10		
		记录和处理数据	计算过程规范、正确，每错1个扣2分，扣完为止	10		
		精密度	相对极差≤0.5%	5		
			0.5%<相对极差≤1.0%	2		
			相对极差>1.0%	0		
5	文明操作		将废液、废纸按要求回收至指定容器；实验台面收拾整洁，仪器摆放整齐；关闭仪器、水、电等。每出现一次处理不当，扣1分，直至全部扣完为止	10		
6	重大失误		视损坏仪器的程度和重要性，1次倒扣5分或10分			
7	思考与讨论		要点清晰，答题准确，第1～2题每题3分，第3题4分	10		
8	综合考核		考勤、纪律、课堂表现、实验参与度和完成情况等	10		
9	合计			100		

任务5 高效液相色谱法测定阿司匹林肠溶片的含量

【任务导入】

阿司匹林又名乙酰水杨酸，化学名为2-乙酰氧基苯甲酸，分子式为$C_9H_8O_4$，分子量为180.163。阿司匹林肠溶片为常用的解热镇痛药，广泛应用于治疗伤风、感冒、头痛、神经痛、关节痛、风湿及类风湿痛等，因其有抑制血小板凝聚作用，也用于心血管疾病治疗与预防暂时性脑缺血及中风，治疗脑血栓，防治心绞痛、心肌梗死等。阿司匹林已有百余年的应用历史，它疗效确切，被誉为药品中的“常青树”。阿司匹林片剂中阿司匹林含量的测定方法有酸碱滴定法、比色法、毛细管电泳法、紫外分光光度法、高效液相色谱法等。《中国药典》2020年版中规定其含量测定采用高效液相色谱法，该方法简单、快速、重现性好、回收率高，常用于该制剂的质量控制。

本次任务要求每位同学依据实验步骤独立完成工作任务，记录实验数据、实验现象和出现的问题，进行实验过程中的技术总结，正确处理实验数据，提交任务工单。

【任务目标】

1. 了解阿司匹林在医疗上的重要用途及含量测定方法。
2. 掌握外标法测定阿司匹林片含量的方法。
3. 熟悉高效液相色谱仪的基本结构和操作规程。

4. 进一步巩固色谱法分析实验操作技能。

5. 进一步培养学生根据实际问题选择实验方法和设计实验的能力。

【任务准备】

高效液相色谱法（HPLC）是一种以高压输出的液体为流动相的色谱技术。将特定的液态物质涂于担体表面，或化学键合于担体表面而形成固定相，分离原理是根据被分离的组分在流动相和固定相中溶解度不同而分离。分离过程是一个分配平衡过程。

外标法是所有定量分析中最通用的一种方法，也叫标准曲线法。即把待测组分的纯物质配成不同浓度的标准系列溶液，在一定操作条件下分别注入相同体积的标准系列溶液，测得各峰的峰面积或峰高，绘制 A-c 的标准曲线。在相同的条件下注入相同体积的待测样品，根据峰面积或峰高从标准曲线上查得含量。

高效液相色谱法在经典液相色谱技术的基础上采用了高压、高效固定相和高灵敏度检测器，因而具有分析速度快、效率高、灵敏度高和操作自动化等特点。

高效液相色谱仪基本组成及工作流程

【任务实施】

1. 溶液的制备

（1）1%醋酸的甲醇溶液

量取 2.5mL 冰醋酸于 250mL 容量瓶中，加甲醇至刻度，定容、摇匀。

（2）待测样品溶液

外标法定量

取待测样品 20 片，精确称量，充分研细，精确称取适量（约相当于阿司匹林 10mg），置于 100mL 容量瓶中，加 1%醋酸的甲醇溶液，强烈振摇使阿司匹林溶解并稀释至刻度，摇匀、过滤，取滤液作为待测样品溶液，室温放置备用。

（3）对照品溶液（$100.0\mu g \cdot mL^{-1}$）

准确称量阿司匹林对照品约 5mg，置于 50mL 容量瓶中，加 1%醋酸的甲醇溶液适量，使对照品溶解，继续加 1%醋酸的甲醇溶液并稀释至刻度线，摇匀，即得每 1mL 含阿司匹林约 $100.0\mu g$ 的对照品溶液，室温放置备用。

2. 色谱条件

色谱柱：十八烷基硅烷键合硅胶。

流动相：乙腈-四氢呋喃-冰醋酸-水（20∶5∶5∶70），可根据实验结果调整流动相比例。

流速：1.0mL/min。

进样量：$10\mu L$。

检测波长：276nm，可根据实验结果选择合适的检测波长，尽量选择阿司匹林的最大吸收波长。

3. 绘制标准曲线

准确吸取一定量的对照品溶液（$1000\mu g \cdot mL^{-1}$），分别置于 100mL 容量瓶中，加 1%醋酸的甲醇溶液稀释至刻度，摇匀，配制成浓度分别为 $2.00\mu g \cdot mL^{-1}$、$4.00\mu g \cdot mL^{-1}$、$6.00\mu g \cdot mL^{-1}$、$8.00\mu g \cdot mL^{-1}$、$10.00\mu g \cdot mL^{-1}$、$12.00\mu g \cdot mL^{-1}$、$15.00\mu g \cdot mL^{-1}$

的溶液，在上述色谱条件下分别进样 10μL，测定峰面积 A，以浓度（c）为横坐标、峰面积（A）为纵坐标，绘制标准曲线。

4. 样品测定

准确移取一定量的待测样品溶液稀释后，吸取 10μL 注入液相色谱仪，记录色谱图，连续进样 3 次，分别测定其峰面积，取平均值。从标准曲线上查得阿司匹林样品溶液浓度，计算出样品中阿司匹林（$C_9H_8O_4$）的含量。

【任务总结】

1. 技术提示

(1) 严格按照高效液相色谱仪操作规程操作。

(2) 进样时注意进样针的使用方法，以免进样失败或损坏进样器，进样阀的切换应需熟练操作。测定结果的准确度取决于进样量的重现性和操作条件的稳定性，因此进样量必须准确。

(3) 标准曲线只在建立这条曲线的浓度范围内有效，高或低于这些点都可能引起计算错误。

(4) 待测组分浓度最好在标准曲线的中部，标准曲线一般不能外推。

2. 思考与讨论

见相应任务工单。

3. 技术总结与拓展

依据实验数据分析实验结果是否理想、存在的问题、改进措施（建议从标准样品和待测样品溶液的配制、标准曲线的绘制、色谱条件的设置、误差分析和色谱仪使用注意事项等方面思考和总结）。

【拓展阅读】

国产核磁共振仪器实现量产

我国除半导体技术外，在高端医疗仪器领域也长期受到西方国家的垄断。特别值得一提的是，核磁共振仪器作为“医疗仪器的皇冠”，国内市场几乎完全依赖外国企业。早年，国内核磁共振仪器国产率不足 5%，高端 3.0T 核磁共振设备更 100%依赖进口，国外设备市场占有率一度高达 95%以上，甚至维修都需要依赖外国技术人员。2023 年，国家权威媒体正式宣布国产共振仪器将实现量产，价格降低近 90%，曾经困扰我们的“卡脖子”技术，终于被我们给攻克，震惊国外。目前我国核磁共振仪器的数据已经达到世界领先水平。

我国从 2010 年开始研发国产核磁共振仪器，在短短不到 20 年的时间里，中国核磁共振从完全依赖进口发展到了能够硬气地对西方技术说“不”的程度。这一突破性进展是我国自主研发高端医疗设备的重大里程碑事件。目前，该设备在我国已经拥有 124 项专利，并且核心部件全部是由我国独立研发完成的。这一成就的取得，不仅改变了国内高医疗检查费的情况，更让我们相信，未来将会有更多国产高端医疗设备突破美欧的封锁，实现自给自足。

【任务评价】

任务考核评价表

班级：		姓名：	学号：		
序号	考核项目	考核标准	权重	得分	备注
1	实验安全与健康	未按要求穿戴口罩/实验服/护目镜/手套等扣除该项所有分数	5		
2	待测溶液配制	试样的研磨、取样、溶解、过滤、移取、稀释定容、摇匀等，每出现1次错误操作扣1分	8		
3	对照溶液配制	溶液的移取、稀释、定容、摇匀等，每出现1次错误操作扣1分	8		
4	绘制标准曲线	色谱仪的开机、色谱条件设置、进样、测定、关机等，每出现1次错误扣1分	10		
5	工作曲线的线性	相关系数＜0.9995	0		
		0.9995＜相关系数＜0.9999	5		
		相关系数＞0.99999	10		
6	待测溶液的测定	色谱仪的开机、色谱条件设置、进样、测定、关机等，每出现1次错误扣1分	8		
7	记录数据	正确读数，规范、及时记录数据，每错1个扣1分，扣完为止	5		
8	处理数据	计算过程规范、正确，每错1个扣2分，扣完为止	10		
9	精密度	相对极差≤0.5%	10		
		0.5%＜相对极差≤1.0%	5		
		相对极差＞1.0%	0		
10	文明操作	将废液、废纸按要求回收至指定容器，实验台面收拾整洁，仪器摆放整齐，关闭水、电、火、门窗。未达到要求扣除该项所有分数	8		
11	重大失误	损坏实验仪器1件，根据仪器重要性倒扣5分或10分			
12	思考与讨论	要点清晰，答题准确，每题2分	8		
13	综合考核	考勤、纪律、课堂表现、实验参与度和完成情况等	10		
14	合计		100		

模块四
综合设计实验

项目九

产品制备及含量分析

【项目导言】

本项目作为无机及分析化学实验的综合设计实验部分，包含了 3 个任务。结合世界技能大赛化学实验技术赛项的内容，确定了三个产品的制备及含量分析实验任务，通过学习综合实验的方案设计，完成相应的实验操作，同学们将所学知识综合运用，培养创新思维和提高分析解决问题的能力，同时也在小组的团队协作中提升自身的科学素养。

【项目目标】

知识目标

1. 理解典型无机化合物的制备原理。
2. 知晓典型无机化合物的制备方法。
3. 掌握水浴加热、溶解、结晶、重结晶、减压过滤、蒸发、浓缩等基本操作。
4. 掌握产品产率和纯度的计算方法。

技能目标

1. 能够进行正确的加热、分离、蒸发、浓缩等操作，完成目标产品的制备和提纯。
2. 能够对无机化合物产品的产率和纯度进行准确的计算。
3. 能够对产品的等级进行评价。

素质目标

1. 能够正确地处理数据，撰写报告。
2. 实验过程中具备实事求是的实验态度和精益求精的科学精神。

任务1 制备并测定硫酸亚铁铵的含量

【任务导入】

硫酸亚铁铵是一种蓝绿色的无机复盐，通常称为莫尔盐。它易溶于水，不溶于乙醇，在100～110℃时分解。硫酸亚铁铵价格低廉，制备工艺简单，是一种重要的化工原料，用途十分广泛。在定量分析中，硫酸亚铁铵通常用作标定重铬酸钾、高锰酸钾等溶液的基准物质。在工农业生产中用作染料的媒染剂、农用杀虫剂和肥料、废水处理的混凝剂等。硫酸亚铁铵作为原料可用于制造其他铁化合物，如氧化铁颜料、磁性材料、黄血盐和其他铁盐。同时也是一种重要的化学原料，可用作净水剂、制革业中的鞣革剂、木材工业中的防腐剂等。在医学上，硫酸亚铁铵用于治疗缺铁性贫血；在农业生产中，它用于缺铁性土壤的改良和畜牧业中的饲料添加剂。

硫酸亚铁铵的制备是世界职业院校技能大赛化学实验技术赛项的考核内容之一，本次任务以小组为单位，通过查询相关资料，完成合理的实验操作，完成硫酸亚铁铵的制备，并采用正确的方法完成产品的等级评定和纯度分析，正确处理数据结果，并提交任务工单。

【任务目标】

硫酸亚铁铵的用途

1. 能够说出硫酸亚铁铵制备的基本原理。
2. 能够进行水浴、减压过滤、蒸发、浓缩、结晶和干燥的正确操作。
3. 能够根据实验方案制备复盐硫酸亚铁铵晶体。
4. 能够对硫酸亚铁铵进行正确的等级评定和纯度分析。
5. 具有实验室安全意识。

【任务准备】

实验原理：

铁能溶于稀硫酸生成硫酸亚铁，但亚铁盐通常不稳定，在空气中易被氧化。若往硫酸亚铁溶液中加入与硫酸亚铁等物质的量（以 mol 计）的硫酸铵，可生成含有结晶水、不易被氧化、易于存储的复盐——硫酸亚铁铵晶体。其反应式如下：

$$Fe+H_2SO_4 = FeSO_4+H_2\uparrow$$

$$FeSO_4+(NH_4)_2SO_4+6H_2O = FeSO_4\cdot(NH_4)_2SO_4\cdot 6H_2O$$

由于复盐的溶解度比单盐的要小，因此溶液经蒸发浓缩、冷却后，复盐在水溶液中首先结晶，形成$(NH_4)_2Fe(SO_4)_2\cdot 6H_2O$晶体。

产品等级分析可采用限量分析——目测比色法，该方法可估计产品中所含杂质 Fe^{3+} 的量。基于酸性条件下，三价铁离子可以与硫氰酸根离子生成红色配合物，将产品溶液与标准色阶进行比较，可以评判产品溶液中三价铁离子的含量范围，以确定产品等级。相关反应式如下：

$$Fe^{3+} + nSCN^{-} = Fe(SCN)_{n}^{3-n}\text{（红色）}$$

产品纯度分析可采用 1,10-菲罗啉分光光度法，该方法基于特定 pH 条件下，二价铁离子可以与 1,10-菲罗啉生成有色配合物。依据朗伯-比尔定律，可以通过测定这种配合物最大吸收波长处的吸光度值计算二价铁离子的含量，从而判断产品的纯度。

硫酸亚铁铵的制备原理和方法

【任务实施】

1. 产品制备

（1）原料净化

称取约 1.50g 的纯铁颗粒，加入 10mL 20%的碳酸钠溶液，加热至沸腾除去表面油污，用倾析法弃去碳酸钠溶液，用去离子水洗至中性，用少量乙醇洗涤后晾干备用。

（2）制备硫酸亚铁

称取净化铁颗粒 1.50g，加入 2.5mol·L^{-1} 的硫酸溶液 12mL，加热至不再有气泡冒出，调节 pH 至不大于 1，趁热过滤至蒸发皿中。称量，求出未反应的铁的质量。

（3）制备硫酸亚铁铵

称量加酸加热

根据生成的硫酸亚铁的量，按化学计量比为 1∶1 加入硫酸铵固体，搅拌溶解，调 pH 至不大于 1，加热浓缩至出现晶膜，自然冷却结晶，减压抽滤，用少量乙醇洗涤晶体，取出晶体用滤纸吸干表面的水分和乙醇，滤液回收至无机废液桶中。

晾干后称出产品质量，计算产率，产品装入试剂袋中密封保存备用。

2. 产品等级分析

稀释抽滤

称取 0.50g 的产品于 25mL 的比色管中，加入 15mL 的水，加入 1mL 的盐酸溶液、1mL 的硫氰化钾溶液，加水定容，摇匀，平均分为 3 份。

3. 纯度分析

（1）配制标准系列溶液

移取 1.5mL 的铁离子标准储备液（5.000g·L^{-1}）于 100mL 容量瓶中，用水稀释至刻度线，定容，摇匀，得标准溶液（75μg·mL^{-1}）。从上述溶液中吸取 0.00mL、0.50mL、1.00mL、2.00mL、3.00mL、4.00mL、5.00mL 溶液于 7 个 100mL 容量瓶中，加入 20mL 的混合缓冲溶液，加水稀释至刻度线，定容，摇匀。

结晶抽滤称重

（2）测定最大吸收波长

将水和一份已显色的标准系列溶液装入比色皿中，在 400～600nm 之间，每隔 1nm 测定其吸光度值，以得到最大吸收波长。

（3）绘制标准曲线

将水装入两个比色皿进行校正，在最大吸收波长处依次测定标准系列溶液的吸光度，以标准系列溶液浓度为横坐标、其吸光度为纵坐标绘制标准曲线。

（4）样品测定

称取 0.25g 的产品于烧杯中，加入 2mL $2.5mol \cdot L^{-1}$ 的硫酸溶液，搅拌溶解，转移至 250mL 的容量瓶中，定容后摇匀。移取上述溶液 2mL 于 100mL 的容量瓶中，加入混合缓冲溶液 20mL，加水定容，摇匀，在最大吸收波长处测定吸光度，从工作曲线中查出浓度并计算产品纯度。平行测定三次。

【任务总结】

1. 技术提示

（1）铁屑与稀硫酸反应过程中，会产生大量的 H_2 及少量有毒气体（如 H_2S 等），应注意通风，避免发生事故。

（2）$FeSO_4$ 的制备过程中，加热时要适当补水（保持 15mL 左右），水太少，$FeSO_4$ 容易析出，太多则会导致下一步过程进行缓慢。

（3）制备硫酸亚铁铵晶体时，加入 $(NH_4)_2SO_4$ 后，应搅拌使其溶解后再进行下一步，加热应在水浴上进行。

（4）铁屑与酸反应的温度不能过高，否则易生成 $FeSO_4 \cdot H_2O$ 白色晶体。

（5）硫酸亚铁溶液要趁热过滤，避免以结晶形式析出。

2. 思考与讨论

见相应任务工单。

3. 技术总结与拓展

依据实验结果，分析制备过程中存在的问题，以及提高纯度和产率的改进措施。

硫酸亚铁铵制备实验的注意事项

【任务评价】

任务考核评价表

班级：		姓名：	学号：		
序号	考核项目	考核标准	权重	得分	备注
1	实验健康、安全与环保	未熟悉现场健康、安全和环境保护内容，在实验开始前未写出相应措施，扣除所有分数；若内容不完整，每少 1 项则扣除 1 分，扣完为止	5		
2	全过程个人防护用品穿戴	未按要求正确穿戴口罩/实验服/护目镜/手套，扣除所有分数	5		
3	全过程无破碎玻璃器皿	如果不满足要求，扣除所有分数	2		
4	实验仪器的校准	校准、归零、开机预热、联机检查、清洁、比色皿操作规范等，每出现 1 次错误扣 1 分	8		
5	溶液的配制	实验器皿贴标签，仪器的验漏、洗涤、润洗，溶液的移取、稀释、定容等，每出现 1 次错误扣 1 分	10		

续表

序号	考核项目	考核标准	权重	得分	备注
6	硫酸亚铁的制备	(1)铁原料的净化:未正确去除油污,扣2分; (2)反应物的取用:反应物取用量明显错误,扣3分。水浴加热:未正确使用水浴装置,扣2分;锥形瓶放置等水浴操作不当,扣1分。置换反应:反应速率控制不当,溶液溅落或变色,扣1分;反应结束未合理调节pH,扣1分。过滤:过滤操作不规范,扣2分	12		
7	硫酸亚铁铵的制备	(1)硫酸铵的称量:未按规范称量硫酸铵,或称取质量计算错误,扣1分; (2)硫酸铵饱和溶液配制明显错误/固体加料不规范/未合理调节pH,每错一处,扣0.5分; (3)浓缩结晶:沸水浴或蒸汽浴操作不当/蒸发终点判断错误/溶液未冷却、结晶不完全,每错一处扣0.5分	4		
8	产品等级分析	溶液配制未按规范操作,或3份平行样存在明显色差,则扣除所有分数	5		
9	记录数据	正确读数,规范、及时记录数据,每错1个扣1分,扣完为止	5		
10	处理数据	标准曲线计算过程不规范、不正确,每错1个扣1分,扣完为止	5		
11	等级确定	优于一级得5分; 优于二级得3分; 优于三级得1分	5		
12	外观评定	浅蓝绿色(与标准品基本一致)、大颗粒晶体的透明度高,评为优良,得3分; 产品略偏黄或过白、晶体透明度一般,评为一般,得1分 其他定为不合格,不得分	3		
13	产率	90%≤产率<100%,得5分;80%≤产率<90%,得4分;70%≤产率<80%得3分;60%≤产率<70%,得1分;低于60%,不得分	5		
14	纯度分析	标准曲线的7个点分布不均匀、不合理,扣1分 如果4个以上标定点吸光度不在0.2~0.8之间,扣1分 0.999995≤相关系数,得5分;0.99999≤相关系数<0.999995,得4分;0.99995≤相关系数<0.99999,得3分;0.9999≤相关系数<0.99995,得2分;0.999≤相关系数<0.9999,得1分。 标准曲线不足7个标定点或相关系数<0.999,均得0分	7		
15	精密度	相对极差≤2.50%,得0.5~5.5分。根据纯度高低排序,按11级、0.5分/档,进位法赋分	5.5		
16	文明操作	将三废按要求回收至指定容器,实验台面收拾整洁,仪器摆放整齐,关闭水、电、火、门窗。未达到要求扣除该项所有分数	3.5		
17	综合考核	考勤、纪律、课堂表现、实验参与度、思考讨论和完成情况等	10		
18	合计		100		

任务2 制备并测定过氧化钙的含量

【任务导入】

过氧化钙是一种新型的、环境友好的多功能无机化工产品，它是白色或淡黄色结晶粉末，在室温干燥条件下很稳定不分解，加热到300℃才分解为氧化钙及氧。它难溶于水，可溶于稀酸生成过氧化氢。

过氧化钙一种非常稳定的过氧化物，有较强的漂白、杀菌、消毒和增氧作用，且对环境无污染，因此广泛应用于农业、水产养殖、环保、食品、药品、冶金和化工等多个领域。

本次任务以小组为单位，通过查询相关资料，完成合理的实验操作，完成过氧化钙的制备，并采用正确的方法测定含量，正确处理数据结果，并整理提交任务工单。

【任务目标】

1. 能够说出过氧化钙制备的基本原理和方法。
2. 巩固无机制备及化学分析的基本操作。
3. 能够根据实验方案制备过氧化钙。
4. 能够对过氧化钙的含量进行分析。
5. 具有实验室安全意识。

【任务准备】

实验原理：

过氧化钙可用氯化钙与过氧化氢及碱反应制备，在水溶液中析出的为 $CaO_2 \cdot 8H_2O$。$CaO_2 \cdot 8H_2O$ 为白色结晶粉末，50℃以下转化为 $CaO_2 \cdot 2H_2O$，于 110～150℃左右脱水干燥转化为 CaO_2，即得产品。反应方程式为：

$$CaCl_2 + H_2O_2 + 2NH_3 \cdot H_2O + 6H_2O \xlongequal{} CaO_2 \cdot 8H_2O + 2NH_4Cl$$

过氧化钙含量分析可利用在酸性条件下，过氧化钙与酸反应生成过氧化氢，用 $KMnO_4$ 标准溶液滴定，而测得其含量。反应方程式为：

$$CaO_2 + 2HCl \xlongequal{} H_2O_2 + CaCl_2$$

$$2MnO_4^- + 5H_2O_2 + 6H^+ \xlongequal{} 2Mn^{2+} + 5O_2\uparrow + 8H_2O$$

样品中 CaO_2 的质量分数按下式计算：

$$w(CaO_2) = \frac{c(1/5KMnO_4) \times \dfrac{V(KMnO_4)}{1000} \times M\left(\dfrac{1}{2}CaO_2\right)}{m_{样}} \times 100\%$$

【任务实施】

1. CaO_2 的制备

称取 10g $CaCl_2 \cdot 6H_2O$ 置于 250mL 烧杯中，用 10mL 蒸馏水溶解，再加入 0.1～0.2g $Ca_3(PO_4)_2$ 或 NaH_2PO_4 作稳定剂，充分搅拌后置于冰箱（0℃）中冷却 30min，于冰水中边搅拌边滴加 30%H_2O_2 溶液 30mL。再加入乙醇 1mL，边搅拌边滴加 5mL 左右的浓氨水，最后加 25mL 冰水，置于冰箱（0℃）中冷却 30min，用玻璃砂芯漏斗进行减压抽滤，少量冰水洗涤晶体 2～3 次，抽干，在 110℃真空干燥箱中干燥 0.5～1 小时，称量，计算产率。将母液回收。

2. CaO_2 含量的测定

准确称取 0.1g 左右 CaO_2 产品 3 份，分别置于锥形瓶中，各加入 50mL 蒸馏水和 15mL 2mol · L^{-1} HCl 溶液，使其溶解后再加入几滴 0.1mol · L^{-1} $MnSO_4$ 溶液，用 $c(1/5KMnO_4)$ = 0.1mol · L^{-1} 标准溶液滴定至溶液呈微红色，30s 内不褪色即为终点。记录消耗的 $KMnO_4$ 标准溶液的体积，计算样品中 CaO_2 的质量分数。

【任务总结】

1. 技术提示

（1）滴加 H_2O_2 溶液的速度不能太快，否则会导致反应不完全。

（2）利用 $CaCl_2$ 溶液和 H_2O_2 溶液、浓氨水合成 CaO_2 晶体时，较低温度是为了保证 H_2O_2 溶液和浓氨水不会受热分解。

（3）测定含量时注意滴定终点的把控，三个平行样品终点的颜色要一致。

2. 思考与讨论

见相应任务工单。

3. 技术总结与拓展

依据实验数据分析实验结果是否理想、存在的问题、改进措施（建议从反应温度、滴加溶液的速度和产生误差分析等方面进行总结与提升）。

【任务评价】

任务考核评价表

班级：		姓名：	学号：		
序号	考核项目	考核标准	权重	得分	备注
1	实验健康、安全与环保	未熟悉现场健康、安全和环境保护内容，在实验开始前未写出相应措施，扣除所有分数；若内容不完整，每少 1 项则扣除 1 分，扣完为止	5		
2	全过程个人防护用品穿戴	未按要求正确穿戴口罩/实验服/护目镜/手套，扣除所有分数	5		

续表

序号	考核项目	考核标准	权重	得分	备注
3	全过程无破碎玻璃器皿	如果不满足要求，扣除所有分数	2		
4	实验仪器的校准	校准、归零、清洁、操作规范等，每出现1次错误扣1分	8		
5	溶液的配制	实验器皿贴标签、仪器的验漏、洗涤、润洗，溶液的移取、稀释、定容等，每出现1次错误扣1分	10		
6	CaO_2 的制备	(1)称量操作不规范，每错一处扣2分； (2)冰水浴操作不规范，每错一处扣2分； (3)过滤操作不规范，扣5分； (4)干燥操作不规范，扣3分	12		
7	CaO_2 含量的测定	滴定前：验漏、洗涤、润洗、装溶液、排气泡、调零，每出现1次错误扣1分； 滴定中：管尖残液处理正确、滴定速度适当、有明显终点控制，每出现1次错误扣2分； 滴定后：终点判断正确，每出现1次错误扣4分	30		
8	记录数据	正确读数，规范、及时记录数据，每错1个扣1分，扣完为止	3		
9	产率	85%≤产率<100%，得5分；70%≤产率<85%，得4分；55%≤产率<70%得3分；45%≤产率<55%，得1分；低于45%，不得分	6		
10	精密度	相对极差≤2.50%，得0.5～5.5分。根据纯度高低排序，按11级、0.5分/档，进位法赋分	5.5		
11	文明操作	将三废按要求回收至指定容器，实验台面收拾整洁，仪器摆放整齐，关闭水、电、火、门窗。未达到要求扣除该项所有分数	3.5		
12	综合考核	考勤、纪律、课堂表现、实验参与度、思考讨论和完成情况等	10		
13	合计		100		

任务3 合成并分析葡萄糖酸锌的组成

【任务导入】

锌是合成人体的蛋白质、核酸和碳水化合物的必需元素，存在于众多的酶中。锌具有促进生长发育、维持正常食欲、增强免疫力、促进伤口和创伤的愈合和影响维生素A的代谢的作用。葡萄糖酸锌临床上作为补锌药，用于治疗缺锌引起的营养不良、厌食症、异食癖、口腔溃疡、痤疮、儿童生长发育迟缓等。

本次任务以小组为单位，通过查询相关资料，完成合理的实验操作，完成葡萄糖酸锌的合成，并采用正确的方法测定其含量，正确处理数据结果，并整理提交任务工单。

【任务目标】

1. 知晓锌元素的生物意义。
2. 能够说出葡萄糖酸锌制备的基本原理和方法。
3. 巩固蒸发、浓缩、过滤、重结晶和滴定的基本操作。
4. 能够对葡萄糖酸锌进行质量分析。
5. 具有安全环保意识和责任意识。

【任务准备】

由葡萄糖酸盐直接与锌的氧化物或盐反应制备得到葡萄糖酸锌。本实验采用葡萄糖酸钙与硫酸锌直接反应，反应方程式如下：

$$[CH_2OH(CHOH)_4COO]_2Ca + ZnSO_4 = [CH_2OH(CHOH)_4COO]_2Zn + CaSO_4\downarrow$$

通过过滤除去 $CaSO_4$ 沉淀，浓缩滤液可得无色或白色葡萄糖酸锌结晶。其熔点为172℃，无味，易溶于水，极难溶于乙醇。本次实验对产品质量进行初步分析，用EDTA配位滴定法检测所制产物的含量。按照《中国药典》2020年版的规定，葡萄糖酸锌含量应为93%～107%。

【任务实施】

1. 制备葡萄糖酸锌

烧杯中加入40mL蒸馏水，加热至80～90℃，加入精密称定的 $ZnSO_4 \cdot 7H_2O$ 6.7000g并使其全部溶解，将烧杯放在90℃恒温水浴锅中，不断搅拌下逐渐加入葡萄糖酸钙10g。在90℃水浴上保温20分钟，趁热抽滤，弃去滤渣 $CaSO_4$，将滤液移至蒸发皿中，沸水浴中浓缩至黏稠状（若浓缩液有沉淀，需进行过滤处理）。将滤液冷却至室温，加95%乙醇20mL并不断搅拌，有大量的胶状葡萄糖酸锌析出。充分搅拌后，采用倾析法去除乙醇溶液。往沉淀中加95%乙醇20mL，充分搅拌后，沉淀慢慢转变成晶体状。抽滤至干，即得粗品，将母液回收。向粗产品中加蒸馏水20mL，加热至溶解，趁热抽滤，将滤液冷至室温，加95%乙醇20mL充分搅拌，结晶析出后抽滤至干，即得精制产品，50℃下烘干，称量并计算产率。

2. 含量测定

精密称取质量为1.500～2.0g（精确至0.0001g）的葡萄糖酸锌样品，加蒸馏水30mL，微热使其溶解，冷却后定量转移到100mL容量瓶中，稀释到刻度。移取25.00mL样品溶液于锥形瓶中，加 NH_3-NH_4Cl 缓冲溶液5mL、铬黑T指示剂适量，用0.05mol·L^{-1} EDTA标准溶液滴定至溶液自紫红色变为纯蓝色，30s不褪色即为终点，记录所消耗EDTA标准溶液的体积。平行测定3次，计算样品中葡萄糖酸锌的质量分数。

【任务总结】

1. 技术提示

(1) 制备葡萄糖酸锌时，反应需在90℃水浴下恒温加热。若温度太高，葡萄糖酸锌会分解，若温度太低，葡萄糖酸锌的溶解度会降低。

（2）葡萄糖酸钙与硫酸锌的反应时间不能太短，否则生成硫酸钙沉淀则会不完全。

（3）抽滤除去硫酸钙后若滤液有颜色，则需脱色处理。若进行脱色，一定要趁热过滤，防止产物过早冷却析出。

2. 思考与讨论

见相应任务工单。

3. 技术总结与拓展

依据实验数据分析实验结果（产率和含量）、可能存在的问题以及改进措施。

【任务评价】

任务考核评价表

班级：		姓名：	学号：		
序号	考核项目	考核标准	权重	得分	备注
1	实验健康、安全与环保	未熟悉现场健康、安全和环境保护内容，在实验开始前未写出相应措施，扣除所有分数；若内容不完整，每少1项则扣除1分，扣完为止	5		
2	全过程个人防护用品穿戴	未按要求正确穿戴口罩/实验服/护目镜/手套，扣除所有分数	5		
3	全过程无破碎玻璃器皿	如果不满足要求，扣除所有分数	2		
4	实验仪器的校准	校准、归零、清洁、操作规范等，每出现1次错误扣1分	8		
5	溶液的配制	实验器皿贴标签、仪器的验漏、洗涤、润洗，溶液的移取、稀释、定容等，每出现1次错误扣1分	10		
6	葡萄糖酸锌的制备	(1)称量操作不规范，每错一处扣2分； (2)水浴操作不规范，每错一处扣2分； (3)过滤操作不规范，扣5分； (4)干燥操作不规范，扣3分	12		
7	葡萄糖酸锌含量的测定	滴定前：验漏、洗涤、润洗、装溶液、排气泡、调零，每出现1次错误扣1分。 滴定中：管尖残液处理正确、滴定速度适当、有明显终点控制，每出现1次错误扣2分。 滴定后：终点判断正确，每出现1次错误扣4分	30		
8	记录数据	正确读数，规范、及时记录数据，每错1个扣1分，扣完为止	3		
9	产率	85%≤产率<100%，得5分；70%≤产率<85%，得4分；60%≤产率<70%，得3分；55%≤产率<60%，得1分；低于55%，不得分	6		
10	精密度	相对极差≤2.50%，得0.5～5.5分。根据纯度高低排序，按11级、0.5分/档，进位法赋分	5.5		
11	文明操作	将三废按要求回收至指定容器，实验台面收拾整洁，仪器摆放整齐，关闭水、电、火、门窗。未达到要求扣除该项所有分数	3.5		
12	综合考核	考勤、纪律、课堂表现、实验参与度、思考讨论和完成情况等	10		
13	合计		100		

项目十
产品分离提取与含量分析

【项目导言】

本项目作为无机及分析化学实验的综合设计实验部分，主要结合产品的分离提取与含量测定，设计了3个任务。通过固体试样的前处理酸溶、灰化、浸取等操作，可将我们所学的滴定分析、仪器分析等知识运用到具体的产品分析中；通过综合实验的设计，提高分析问题和解决问题的能力，同时也提升自身的协作精神和创新精神。

【项目目标】

知识目标

1. 理解产品的质量分析原理和方法。
2. 掌握酸溶、浸取、再蒸发、浓缩、升华等基本操作。
3. 理解原子分光光度计的工作原理和方法。
4. 掌握产品含量的计算方法。

技能目标

1. 能够进行正确的酸溶、浸取、浓缩、升华操作，完成产品的前处理过程。
2. 能够采用滴定分析法和原子分光光度法对产品的含量进行分析。
3. 能够对产品的含量进行准确的计算。

素质目标

1. 能够正确地处理数据，撰写报告。
2. 具备实验室安全意识。
3. 实验过程中具备团队协作精神和加强创新意识。

任务1 测定鸡蛋壳中碳酸钙的含量

【任务导入】

鸡蛋壳的主要成分是碳酸钙，约占93%，有制酸作用。研成的粉末进入胃部覆盖在炎症或溃疡的表面，可降低胃酸浓度，起到保护胃黏膜的作用。将鸡蛋壳去除白膜后粉碎，在酸性介质中水解，干燥后，在酸性介质中与正丁醇醇化、三氟醋酸酐下酰化后，通过计算机检索和人工解析鉴定出18种氨基酸，其主要成分是苏氨酸、甘氨酸、丝氨酸、丙氨酸、缬氨酸和亮氨酸。

鸡蛋壳中碳酸钙含量的测定，可以用过量的盐酸与其碎粒反应，然后用氢氧化钠去中和过量的盐酸。根据反应比例，就可以计算出碳酸钙的含量。

本次任务要求每位同学测定鸡蛋壳中碳酸钙的含量，记录实验中的现象和出现的问题，进行实验过程中技术总结，提交任务工单。

【任务目标】

1. 掌握固体试样处理的方法。
2. 掌握返滴定法的原理及操作。
3. 能熟练进行滴定操作和终点判断。
4. 具有实验室安全意识。

【任务准备】

实验原理：

先加入一定量且过量的标准溶液，使其与被测物质反应完全后，再用另一种滴定剂滴定剩余的标准溶液，从而计算出被测物质的物质的量，因此返滴定法又叫剩余滴定法。在鸡蛋壳中碳酸钙含量的测定实验中，由于找不到合适的指示剂，故采取酸碱滴定法。碳酸钙不溶于水而溶于盐酸溶液，且盐酸溶液遇氢氧化钠溶液发生中和反应生成水，反应式为：

$$CaCO_3 + 2H^+ = Ca^{2+} + CO_2 + H_2O$$

$$H^+ + OH^- = H_2O$$

滴定分析法是将滴定剂（已知准确浓度的标准溶液）滴加到含有被测组分的试液中，直到化学反应完全为止，然后根据滴定剂的浓度和消耗的体积计算被测组分的含量的一种方法。因此，在滴定分析实验中，必须学会标准溶液的配制、标定，滴定管的正确使用和滴定终点的判断。

浓盐酸浓度不确定、易挥发，氢氧化钠不易制纯，在空气中易吸收二氧化碳和水分。因此，酸碱标准溶液要采用间接法配制，即先配制近似浓度的溶液，再用基准物质标定。

（1）标定碱的基准物质

邻苯二甲酸氢钾（$KHC_8H_4O_4$）易制得纯品，在空气中不吸水，容易保存，摩尔质量较大，是一种较好的基准物质，标定反应如下：

$$KHC_8H_4O_4+NaOH = KNaC_8H_4O_4+H_2O$$

反应产物在水溶液中显微碱性，可选用酚酞作为指示剂。

邻苯二甲酸氢钾通常在105～110℃下干燥2h后备用，干燥温度过高，则脱水成为邻苯二甲酸酐。

（2）标定酸的基准物质

无水碳酸钠（Na_2CO_3）易吸收空气中的水分，先将其置于270～300℃干燥1h，然后保存于干燥器中备用，其标定反应为：

$$Na_2CO_3+2HCl = 2NaCl+H_2CO_3$$

计量点时，为H_2CO_3饱和溶液，pH为3.9，以甲基橙作指示剂应滴定至溶液呈橙色即为终点。为使H_2CO_3的过饱和部分不断分解逸出，临近终点时应剧烈摇动或加热。

【任务实施】

1. 鸡蛋壳的处理

用镊子去除鸡蛋壳中的内膜层，洗净后放入烧杯于烘箱中烘干，取出后于研钵中研碎，倒入洁净烘干过的称量瓶，放入干燥器备用。

2. NaOH溶液浓度的标定

用电子天平称取6g NaOH固体于250mL烧杯中，加250mL水搅拌使其完全溶解。然后用分析天平分别称取邻苯二甲酸氢钾3份于250mL锥形瓶中，质量分别为0.5466g、0.5100g、0.5065g，分别加入25mL水，加热使其完全溶解，冷却后各加2滴酚酞指示剂，用配好的NaOH溶液滴定至溶液呈微红色，半分钟无褪色现象出现，即为终点。测定三份，记录NaOH溶液的用量。

3. HCl溶液浓度的标定

用分析天平称取1.3479g无水$NaCO_3$于250mL烧杯中，加少量水溶解后，转移至250mL容量瓶定容，摇匀备用。再用移液管量取25.00mL浓盐酸于装有500mL水的烧杯中，混匀。用洁净并润洗过的移液管移取25.00mL $NaCO_3$标准溶液于250mL锥形瓶中，加入30mL水溶解后，加入2滴甲基橙指示剂，用HCl溶液滴定至溶液由黄色变成橙色，即为终点。平行测定三份，记下HCl溶液的消耗体积。

4. 鸡蛋壳中碳酸钙含量的测定

用分析天平称取研碎的鸡蛋壳三份分别加入3个250mL锥形瓶中，分别加入40mL HCl溶液，加入2滴甲基橙指示剂，用NaOH标准溶液滴定过量的HCl至溶液由红色变为橙色，即为终点。平行测定3份。计算鸡蛋壳中碳酸钙的含量。

【任务总结】

1. 技术提示

（1）鸡蛋壳中的钙主要以$CaCO_3$形式存在，同时也有$MgCO_3$，因此以CaO存在量表示 Ca 和 Mg 的含量。

(2) 由于酸较稀，溶解时须加热一定时间，试样中有不溶物，如蛋白质之类，但不影响测定。

(3) 加入的指示剂不能过多，以免影响滴定终点的判断。

(4) 要严格按滴定三步走，即“渐滴成线”“逐滴加入”“悬而不落”。

(5) 滴定终点时尽量使平行测定的溶液颜色一致。

2. 思考与讨论

见相应任务工单。

3. 技术总结与拓展

依据实验数据分析实验结果是否理想、存在的问题、改进措施（建议从 NaOH 溶液、HCl 溶液浓度的标定，碳酸钙含量的测定和产生误差分析等方面进行总结与提升）。

【任务评价】

任务考核评价表

<table>
<tr><td colspan="2">班级：</td><td colspan="2">姓名：</td><td colspan="3">学号：</td></tr>
<tr><td>序号</td><td>考核项目</td><td colspan="2">考核标准</td><td>权重</td><td>得分</td><td>备注</td></tr>
<tr><td>1</td><td>实验安全与健康</td><td colspan="2">未按要求穿戴口罩/实验服/护目镜/手套等扣除该项所有分数</td><td>5</td><td></td><td></td></tr>
<tr><td>2</td><td>实验仪器的校准</td><td colspan="2">校准、归零、清洁、操作规范等，每出现 1 次错误扣 1 分</td><td>10</td><td></td><td></td></tr>
<tr><td>3</td><td>溶液的配制</td><td colspan="2">仪器的验漏、洗涤、润洗，溶液的移取、稀释、定容等，每出现 1 次错误扣 1 分</td><td>10</td><td></td><td></td></tr>
<tr><td rowspan="4">4</td><td rowspan="4">蛋壳中碳酸钙含量的测定</td><td>移液操作</td><td>洗涤、润洗、吸取溶液、调刻线、放溶液等，每出现 1 次错误扣 1 分，扣完为止</td><td rowspan="4">30</td><td rowspan="4"></td><td rowspan="4"></td></tr>
<tr><td rowspan="3">滴定操作</td><td>滴定前：验漏、洗涤、润洗、装溶液、排气泡、调零，每出现 1 次错误扣 1 分，扣完为止</td></tr>
<tr><td>滴定中：管尖残液处理正确、滴定速度适当、有明显终点控制，每出现 1 次错误扣 2 分，扣完为止</td></tr>
<tr><td>滴定后：终点判断正确，每出现 1 次错误扣 4 分，扣完为止</td></tr>
<tr><td>5</td><td>记录数据</td><td colspan="2">正确读数，规范、及时记录数据，每错 1 个扣 1 分，扣完为止</td><td>5</td><td></td><td></td></tr>
<tr><td>6</td><td>处理数据</td><td colspan="2">计算过程规范、正确，每错 1 个扣 2 分，扣完为止</td><td>5</td><td></td><td></td></tr>
<tr><td rowspan="3">7</td><td rowspan="3">精密度</td><td colspan="2">相对极差≤0.5%</td><td>10</td><td rowspan="3"></td><td rowspan="3"></td></tr>
<tr><td colspan="2">0.5%<相对极差≤1.0%</td><td>5</td></tr>
<tr><td colspan="2">相对极差>1.0%</td><td>0</td></tr>
<tr><td>8</td><td>文明操作</td><td colspan="2">将废液、废纸按要求回收至指定容器，实验台面收拾整洁，仪器摆放整齐，关闭水、电、火、门窗。未达到要求扣除该项所有分数</td><td>5</td><td></td><td></td></tr>
<tr><td>9</td><td>重大失误</td><td colspan="2">损坏实验仪器 1 件，根据仪器重要性倒扣 5 分或 10 分</td><td></td><td></td><td></td></tr>
<tr><td>10</td><td>综合考核</td><td colspan="2">考勤、纪律、课堂表现、实验参与度、思考讨论和完成情况等</td><td>20</td><td></td><td></td></tr>
<tr><td>11</td><td colspan="3">合计</td><td>100</td><td></td><td></td></tr>
</table>

任务2　提取并分析海带中碘的含量

【任务导入】

碘是人体（包括所有的动物）的必需微量元素，为卤族元素之一，碘在卤族元素中化学活性最弱，但仍可与大多数元素直接化合，并以化合物形式广泛存在于自然界。碘微溶于水，水解产生稳定的次碘酸可使棕黄色水溶液呈酸性。碘易溶于乙醇、乙醚、甘油等有机溶剂。碘遇淀粉呈蓝色，据此可以作定性、定量检测。海藻中碘含量最丰富，并为提取纯碘的主要原料。工业上碘亦来源于海藻，主要用于医药、燃料、感光材料及化学试剂等。

本次任务要求每位同学进行提取并分析海带中碘的含量，记录实验中的现象和出现的问题，进行实验过程中的技术总结，提交任务工单。

【任务目标】

1. 能掌握碘元素具有哪些基本的物理和化学性质。
2. 能正确理解并运用海带中提取碘的原理和方法。
3. 能正确进行灰化、浸取、浓缩和升华等实验操作。
4. 提升分析解决问题的能力。

【任务准备】

碘在人体内有极其重要的生理作用，主要存在于甲状腺中，是合成甲状腺激素的必需原料。甲状腺激素具有促进体内物质和能量代谢、促进身体生长发育和提高神经系统兴奋性等生理功能。人体中若缺乏碘，会患甲状腺肿（即粗脖子病）、克汀病等，对身体造成极大的危害，对婴幼儿的危害更为严重。碘在自然界中的存在很分散，海洋中的碘含量也很少，但有些海洋生物可以在体内富集碘，如每100g海带中含碘量约为240mg，适量吃海带可预防由碘缺乏引起的疾病。

本实验通过灼烧、灰化、浸取和蒸干等操作步骤，将海带中的碘转化为碘化物，再利用氧化剂将其氧化为I_2，进一步通过升华分离获得海带中的碘。其反应式如下：

$$K_2Cr_2O_7 + KI \xrightarrow{\triangle} K_2O + Cr_2O_3 + KIO_3$$

$$KIO_3 + 5KI \xrightarrow{\triangle} 3I_2 + 3K_2O$$

【任务实施】

1. 称取约10g干燥的海带在酒精灯上点燃，将海带灰收集在蒸发皿中，加热搅拌灼烧使海带完全灰化。

2. 将海带灰研磨细后转移至烧杯中，加入 25mL 蒸馏水熬煮 5min 后抽滤。重复加入 25mL 蒸馏水熬煮一次，抽滤后用少量蒸馏水洗涤滤渣，将滤液合并。

3. 在滤液里加入 $3mol \cdot L^{-1}$ H_2SO_4 溶液酸化至 pH 呈中性，除去碳酸盐。

4. 将滤液在蒸发皿中蒸发至糊状，调节 pH≈1，然后尽量蒸干，研细，并加入 0.5g 研细的固体 $K_2Cr_2O_7$ 与之混合均匀。

5. 在蒸发皿上盖一张刺有许多小孔且小孔向上的滤纸，取一只大小合适的玻璃漏斗，颈部塞一小团棉花，罩在蒸发皿上，小心加热蒸发皿使生成的碘升华，碘蒸气在滤纸上凝聚，并在漏斗中看到紫色碘蒸气。当再无紫色碘蒸气产生时，停止加热。取下滤纸，将新得到的碘回收在棕色试剂瓶中。若得到的碘较少可用少量 KI 溶液将其溶解并收集在试剂瓶内。

【任务总结】

1. 技术提示

(1) 应隔着石棉网加热小烧杯中的混合物。

(2) 加热过程中应不断搅拌，加快溶解，同时防止液体受热不均而溅出。

(3) 过滤操作应注意“一贴、二低、三靠”。

2. 思考与讨论

见相应任务工单。

3. 技术总结与拓展

依据实验数据分析实验结果是否理想、存在的问题、改进措施（建议从抽滤、蒸发等操作方面进行总结与提升）。

【任务评价】

任务考核评价表

<table>
<tr><td colspan="2">班级：</td><td colspan="2">姓名：</td><td colspan="3">学号：</td></tr>
<tr><td>序号</td><td>考核项目</td><td colspan="2">考核标准</td><td>权重</td><td>得分</td><td>备注</td></tr>
<tr><td>1</td><td>实验安全与健康</td><td colspan="2">未按要求穿戴口罩/实验服/护目镜/手套等扣除该项所有分数</td><td>5</td><td></td><td></td></tr>
<tr><td>2</td><td>海带灰化程度</td><td colspan="2">加热搅拌不充分、海带灰有残留、海带灰研磨不充分等每错 1 次扣 2 分</td><td>10</td><td></td><td></td></tr>
<tr><td>3</td><td>溶液的配制</td><td colspan="2">仪器的验漏、洗涤、润洗，溶液的移取、稀释、定容等，每出现 1 次错误扣 1 分</td><td>10</td><td></td><td></td></tr>
<tr><td rowspan="2">4</td><td rowspan="2">滤液的测定</td><td>移液蒸发操作</td><td>洗涤、润洗、吸取溶液、调刻线、放溶液、蒸发至糊状、混合均匀等，每出现 1 次错误扣 1 分，扣完为止</td><td rowspan="2">30</td><td rowspan="2"></td><td rowspan="2"></td></tr>
<tr><td>再蒸发操作</td><td>再蒸发前：验漏、洗涤、润洗、装溶液、仪器的组合，每出现 1 次错误扣 1 分，扣完为止</td></tr>
</table>

续表

序号	考核项目	考核标准		权重	得分	备注
4	滤液的测定	再蒸发操作	再蒸发中：对加热温度的控制、升温速度适当、有明显终点控制，每出现1次错误扣2分，扣完为止	30		
			再蒸发后：终点判断正确，完全回收得到的碘单质，每出现1次错误扣4分，扣完为止			
5	记录数据	正确读数，规范、及时记录数据，每错1个扣1分，扣完为止		5		
6	处理数据	计算过程规范、正确，每错1个扣2分，扣完为止		5		
7	精密度	相对极差≤0.5%		10		
		0.5%＜相对极差≤1.0%		5		
		相对极差＞1.0%		0		
8	文明操作	将废液、废纸按要求回收至指定容器，实验台面收拾整洁，仪器摆放整齐，关闭水、电、火、门窗。未达到要求扣除该项所有分数		5		
9	重大失误	损坏实验仪器1件，根据仪器重要性倒扣5分或10分				
10	综合考核	考勤、纪律、课堂表现、实验参与度、思考讨论和完成情况等		20		
11	合计			100		

任务3　消解并测定土壤中铜的含量

【任务导入】

土壤中的铜来源于含铜矿物，主要为黄铜矿、辉铜矿、赤铜矿、蓝铜矿以及铁镁矿物和长石类矿物等。沉积岩中以页岩含量最高，砂岩次之，石灰岩最少。

土壤中的铜含量与土壤类型有关。在石灰性土壤中，尤其是在黏粒和有机质含量较高的黑钙土中，表层常有铜的富集。在酸性土壤中，由于受淋洗和沉积作用的影响，铜有向剖面深层移动的趋势。

铜不仅参与农作物体内的氧化还原反应、光合作用和氮、糖的代谢，也是作物体内各种酶的成分或激活剂。它不仅能保护作物的叶绿体，还能促进作物花器官的发育。铜在作物中的流动性不强，对作物的新叶和幼叶的影响较大。

本次任务要求每位同学参考HJ 491—2019《土壤和沉积物　铜、锌、铅、镍、铬的测定　火焰原子吸收分光光度法》的相关知识进行铜含量的测定，记录实验中的现象和出现的问题，进行实验过程中的技术总结，提交任务工单。

【任务目标】

1. 理解和掌握原子吸收分光光度法测定铜的实验原理。

2. 掌握土壤制备和四酸法消解的步骤。
3. 能准确测定出土壤中铜的含量。
4. 具备实验室安全意识。

【任务准备】

中国土壤的铜含量为 3～300μg/g，平均含量为 22μg/g，大多数土壤的铜含量波动于 20～40μg/g 之间。其他国家土壤的铜含量在 2～100μg/g 之间，平均含量为 20μg/g。土壤和沉积物试样经酸消解后，试样中铜在空气-乙炔火焰中原子化，其基态原子对铜的特征谱线产生选择性吸收，其吸收强度在一定范围内与铜的浓度成正比。

原子吸收分光光度法是根据某元素的基态原子对该元素的特征谱线产生选择性吸收来进行测定的分析方法。将试样喷入火焰，被测元素的化合物在火焰中离解形成原子蒸气，由锐线光源（空心阴极灯）发射的某元素的特征谱线光辐射通过原子蒸气层时，该元素的基态原子对特征谱线产生选择性吸收。在一定条件下特征谱线光强的变化与试样中被测元素的浓度成正比，通过对自由基态原子的选用吸收线吸收度测量，确定试样中该元素的含量。

【任务实施】

1. 土壤风干制备

土壤采集后需先取适量新鲜土壤样品平铺在干净的搪瓷盘或玻璃板上，避免阳光直射，且环境温度不超过 40℃，自然风干，去除石块、树枝等杂质。在磨样室将风干的样品倒在有机玻璃板上，用木槌敲打，用木棍、木棒、有机玻璃棒再次压碎，捡出杂质，混匀，并用四分法取压碎样，过 2mm 样品筛。将＞2mm 的土块粉碎后过 2mm 样品筛，混匀，再用四分法取其中的两份，一份交样品库存放，另一份作样品的细磨用。粗磨样品用于土壤干物质的测定，细磨的样品全部过 0.149mm 的样品筛，用于土壤中铜的分析。

2. 土壤的消解

（1）电热消解法

称取 0.2～0.3g（精确至 0.1mg）样品于 50mL 聚四氟乙烯坩埚中，用水润湿后加入 10mL 盐酸，于通风橱内电热板上 90～100℃下加热，使样品初步分解，待消解液蒸发至剩余约 3mL 时，加入 9mL 硝酸，加盖加热至无明显颗粒，加入 5～8mL 氢氟酸，开盖，于 120℃加热飞硅 30min，稍冷，加入 1mL 高氯酸，于 150～170℃加热至冒白烟，加热时应经常摇动坩埚。若坩埚壁上有黑色碳化物，加入 1mL 高氯酸加盖继续加热至黑色碳化物消失，再开盖，加热赶酸至内容物呈不流动的液珠状。加入 3mL 硝酸（1＋99），温热溶解可溶性残渣，全部转移至 25mL 容量瓶中，用硝酸（1＋99）溶液定容至标线，摇匀，保存于聚乙烯瓶中，静置，取上清液待测。

不称取样品，按照与试样制备相同的步骤进行空白试样的制备。

（2）石墨电热消解法

称取 0.2～0.3g（精确至 0.1mg）样品于 50mL 聚四氟乙烯消解罐中，用水润湿后加入 5mL 盐酸，于通风橱内石墨电热消解仪上 100℃下加热 45min。加入 9mL 硝酸加热 30min，加入 5mL 氢氟酸加热 30min，稍冷，加入 1mL 高氯酸，加盖于 120℃加热 3h；开盖，

150℃下加热至冒白烟，加热时需摇动消解罐。若消解罐内壁有黑色碳化物，加入0.5mL高氯酸加盖继续加热至黑色碳化物消失，开盖，160℃下加热赶酸至内容物呈不流动的液珠状。加入3mL硝酸（1+99），温热溶解可溶性残渣，全部转移至25mL容量瓶中，用硝酸（1+99）溶液定容至标线，摇匀，保存于聚乙烯瓶中，静置，取上清液待测。

不称取样品，按照与试样制备相同的步骤进行空白试样的制备。

（3）微波消解法

准确称取0.2～0.3g（精确至0.1mg）样品于消解罐中，用少量水润湿后加入3mL盐酸、6mL硝酸、2mL氢氟酸，充分混匀。若有剧烈化学反应发生，待反应结束后再加盖拧紧。将消解罐装入消解罐支架并放入微波消解装置的炉腔中，确认温度传感器和压力传感器工作正常。按照表4-1的升温程序进行微波消解，程序结束后冷却。待罐内温度降至室温后在防酸通风橱中取出消解罐，缓缓泄压放气，打开消解盖。

表4-1　微波消解升温程序

升温时间	消解温度	保持时间
7min	室温→120℃	3min
5min	120℃→160℃	3min
5min	160℃→190℃	25min

将消解罐中的溶液转移至聚四氟乙烯坩埚中，用少许实验用水洗涤消解罐和盖子后一并倒入坩埚。将坩埚置于温控加热设备上在微沸的状态下进行赶酸。待液体呈黏稠状时，取下稍冷，用滴管取少量硝酸冲洗坩埚内壁，利用余温溶解附着在坩埚壁上的残渣，之后转入25mL容量瓶中，再用滴管吸取硝酸重复上述步骤，将洗涤液一并转入容量瓶中，然后用硝酸（1+99）定容至标线，混匀，静置60min取上清液待测。

不称取样品，按照与试样制备相同的步骤进行空白试样的制备。

3.试样测定

选择合适的仪器测量条件：铜空心阴极灯，灯电流为5.0mA，测定波长为324.7nm，通带宽度为0.5nm。配制合适的标准系列溶液，按照仪器测量条件，用标准曲线零浓度点调节仪器零点，由低浓度到高浓度依次测定标准系列溶液的吸光度，以铜元素标准系列溶液的质量浓度为横坐标，响应的吸光度为纵坐标，建立标准曲线。依次测定空白试样和含铜试样的铜的含量（mg/L），再对结果进行计算。

4.结果计算

土壤中铜的质量分数w_i(mg/kg)，按照公式进行计算：

$$w_i=\frac{(\rho_i-\rho_{0i})V}{mW_{dm}}$$

式中　w_i——土壤中铜元素的质量分数，mg/kg；

ρ_i——试样中铜元素的质量浓度，mg/L；

ρ_{0i}——空白试样中铜元素的质量浓度，mg/L；

V——消解后试样的定容体积，mL；

m——土壤样品的称样量，g；

W_{dm}——土壤样品的干物质含量，%。

【任务总结】

1. 技术提示

(1) 样品消解时应注意各种酸的加入顺序；采用微波消解时，切记不可加入高氯酸。

(2) 空白试样制备时的加酸量要与试样制备时的加酸量保持一致。

(3) 若样品基体复杂，可适当提高试样酸度，同时应注意标准曲线的酸度与试样酸度保持一致。

2. 思考与讨论

见相应任务工单。

3. 技术总结与拓展

依据实验数据分析实验结果是否理想、存在的问题、改进措施（建议从土壤样品的制备、不同方法的土壤消解、试样测定和产生误差分析等方面进行总结与提升）。

【任务评价】

任务考核评价表

班级：		姓名：	学号：		
序号	考核项目	考核标准	权重	得分	备注
1	实验安全与健康	未按要求穿戴口罩/实验服/护目镜/手套等扣除该项所有分数	5		
2	实验卫生	工作场所全程干净整洁,无试剂洒落,若不满足,扣除所有分数	5		
3	环境保护	正确处理回收实验过程中用到的可能对环境造成不良影响的试剂耗材,如出现一次处理不当,扣1分,直至全部扣完	15		
4	实验操作	风干试样制备/样品消解/消解加酸顺序/消解终点判断/试样定容:每错1个扣3分,扣完为止 仪器操作/测定/数据处理/记录书写不正确:每错1个扣3分,扣完为止	30		
5	记录数据	正确读数,规范、及时记录数据每错1个扣1分,扣完为止	5		
6	处理数据	计算过程规范、正确,每错1个扣2分,扣完为止	5		
7	精密度	相对极差≤0.5%	10		
		0.5%<相对极差≤1.0%	5		
		相对极差>1.0%	0		
8	文明操作	将废液、废纸按要求回收至指定容器,实验台面收拾整洁,仪器摆放整齐,关闭水、电、火、门窗。未达到要求扣除该项所有分数	5		
9	重大失误	损坏实验仪器1件,根据仪器重要性倒扣5分或10分			
10	综合考核	考勤、纪律、课堂表现、实验参与度、思考讨论和完成情况等	20		
11	合计		100		

【拓展阅读】

原子吸收光谱仪：精准打击毒胶囊中的铬超标

2012 年，央视《每周质量报告》节目曝光了“非法厂商采用皮革下脚料制造药用胶囊”事件，简称“毒胶囊事件”。节目描述，“一些企业用生石灰处理皮革废料后熬制成明胶，卖给企业制成药用胶囊，这种胶囊中铬严重超标，毒胶囊流入药品生产企业，最终进入药品流通领域，售卖给消费者”。经过权威检测，铬金属最高超标 90 倍。国家明令禁止工业明胶用于食品和药品的原料，这主要是由于皮革在加工时，会使用到铬鞣剂进行鞣制处理，而使用皮革制成的胶囊，会造成铬超标。铬作为一种毒性较大的重金属，它进入人体后，容易蓄积，对肝肾等器官和 DNA 造成损伤，会造成四肢麻木、精神异常，经常大量服用甚至会引发癌症。

铬的测定方法可分为化学分析和仪器分析两大类方法。化学分析方法主要有硫酸亚铁铵滴定法，但此方法选择性低，受干扰元素的影响较大。仪器分析方法主要有电感耦合等离子体原子发射光谱法、分光光度法和原子吸收光谱法等。其中，药物中的重金属元素铬主要采用原子吸收光谱法，本案例中空心胶囊中铬元素的检查采用的就是原子吸收光谱法。2020 年版《中国药典》四部采用了原子吸收石墨炉法检测明胶空心胶囊铬含量，并规定铬含量不得超过百万分之二，即 2mg/kg。

附录

1. 弱电解质的解离常数

(1) 一些弱酸的解离常数

中文名称	英文名称	分子式	级数	温度/K	$K_a^\ominus$	$pK_a^\ominus$
砷酸[①]	arsenic acid	H_3AsO_4	1	298	5.50×10^{-3}	2.26
			2	298	1.74×10^{-7}	6.76
			3	298	5.13×10^{-12}	11.3
硼酸	boric acid	H_3BO_3	1	293	5.8×10^{-10}	9.24
碳酸	carbonic acid	H_2CO_3	1	298	4.45×10^{-7}	6.35
			2	298	4.69×10^{-11}	10.3
亚氯酸	chlorous acid	$HClO_2$		298	1.15×10^{-2}	1.94
氰酸	cyanic acid	HCNO		298	3.47×10^{-4}	3.46
叠氮酸	hydrazoic acid	HN_3		298	2.40×10^{-5}	4.62
氢氰酸	hydrocyanic acid	HCN		298	6.17×10^{-10}	9.21
氢氟酸	hydrofluoric acid	HF		298	6.31×10^{-4}	3.20
过氧化氢	hydrogen peroxide	H_2O_2	1	298	2.29×10^{-12}	11.6
次磷酸	hydrogen phosphinate	H_3PO_2		298	5.89×10^{-2}	1.23
硒化氢	hydrogen selenide	H_2Se	1	298	1.29×10^{-4}	3.89
			2	298	1.00×10^{-11}	11.0
硫化氢	hydrogen sulfide	H_2S	1	298	1.07×10^{-7}	6.97
			2	298	1.26×10^{-13}	12.9
碲化氢	hydrogen telluride	H_2Te	1	291	2.29×10^{-3}	2.64
			2	291	$10^{-11}\sim10^{-12}$	11.0～12.0
次溴酸	hypobromous acid	HBrO		298	2.82×10^{-9}	8.55
次氯酸	hypochlorous acid	HClO		298	2.90×10^{-8}	7.54
次碘酸	hypoiodous acid	HIO		298	3.16×10^{-11}	10.5
碘酸	iodic acid	HIO_3		298	1.57×10^{-1}	0.804
亚硝酸	nitrous acid	HNO_2		298	7.24×10^{-4}	3.14
高碘酸	periodic acid	HIO_4		298	2.29×10^{-2}	1.64
磷酸	phosphoric acid	H_3PO_4	1	298	7.11×10^{-3}	2.148
			2	298	6.34×10^{-8}	7.198
			3	298	4.79×10^{-13}	12.32

续表

中文名称	英文名称	分子式	级数	温度/K	$K_a^\ominus$	$pK_a^\ominus$
亚磷酸	phosphorous acid	H_3PO_3	1	293	3.72×10^{-2}	1.43
			2	293	2.09×10^{-7}	6.68
焦磷酸	pyrophosphoric acid	$H_4P_2O_7$	1	298	1.23×10^{-1}	0.91
			2	298	7.94×10^{-3}	2.10
			3	298	2.00×10^{-7}	6.70
			4	298	4.47×10^{-10}	9.35
硒酸	selenic acid	H_2SeO_4	2	298	2.19×10^{-2}	1.66
亚硒酸	selenious acid	H_2SeO_3	1	298	2.40×10^{-3}	2.62
			2	298	5.01×10^{-9}	8.30
硅酸	silicic acid	H_4SiO_4	1	303	2.51×10^{-10}	9.60
			2	303	1.58×10^{-12}	11.80
硫酸	sulfuric acid	H_2SO_4	2	298	1.02×10^{-2}	1.99
亚硫酸	sulfurous acid	H_2SO_3	1	298	1.29×10^{-2}	1.89
			2	298	6.24×10^{-8}	7.205
碲酸	telluric acid	H_6TeO_6	1	298	2.24×10^{-8}	7.65
			2	298	1.00×10^{-11}	11.00
亚碲酸	tellurous acid	H_2TeO_3	1	293	5.37×10^{-7}	6.27
			2	293	3.72×10^{-9}	8.43
四氟硼酸	tetrafluoroboric acid	HBF_4		298	3.16×10^{-1}	0.50
乙酸	acetic acid	CH_3COOH		298	1.75×10^{-5}	4.757
柠檬酸	citric acid	$C_6H_8O_7$	1	298	7.45×10^{-4}	3.128
			2	298	1.73×10^{-5}	4.762
			3	298	4.02×10^{-7}	6.396
乙二胺四乙酸	ethylenediamine *N*,*N*,*N'*,*N'*-tetraacetic acid	EDTA	1	298	1.02×10^{-2}	1.99
			2	298	2.14×10^{-3}	2.67
			3	298	6.92×10^{-7}	6.16
			4	298	5.50×10^{-11}	10.26
甲酸	formic acid	HCOOH		298	1.77×10^{-4}	3.752
乳酸	lactic acid	$C_3H_6O_3$		298	1.39×10^{-4}	3.857
草酸	oxalic acid	$H_2C_2O_4$	1	298	5.36×10^{-2}	1.271
			2	298	5.35×10^{-5}	4.272
苯酚	phenol	C_6H_5OH		298	1.02×10^{-10}	9.99
α-酒石酸	tartaric acid	$C_4H_6O_6$	1	298	9.20×10^{-4}	3.036
			2	298	4.31×10^{-5}	4.366

① 砷酸的数据摘自 W. M. Haynes. CRC Handbook of Chemistry and Physics，93rd ed. Boca Raton：CRC Press Inc，2012-2013.

（2）一些弱碱的解离常数

中文名称	英文名称	分子式	级数	温度/K	$K_b^\ominus$	$pK_b^\ominus$
氨	ammonia	NH_3		298	1.76×10^{-5}	4.754
苯胺	aniline	$C_6H_5NH_2$		298	3.98×10^{-10}	9.40
1,4-丁二胺	1,4-butane-diamine	$C_4H_{12}N_2$	1	298	6.61×10^{-4}	3.18
			2	298	2.24×10^{-5}	4.65
二甲胺	dimethylamine	$(CH_3)_2NH$		298	5.89×10^{-4}	3.23
二乙胺	diethylamine	$(C_2H_5)_2NH$		298	6.31×10^{-4}	3.20
乙胺	ethylamine	$C_2H_5NH_2$		298	4.27×10^{-4}	3.37
1,6-己二胺	1,6-hexanediamine	$C_6H_{16}N_2$	1	298	8.51×10^{-4}	3.070
			2	298	6.76×10^{-5}	4.170
肼	hydrazine	N_2H_4	1	298	8.71×10^{-7}	6.06
			2	298	1.86×10^{-14}	13.73
甲胺	methylamine	CH_3NH_2		298	4.17×10^{-4}	3.38
吡啶	pyidine	C_3H_5N		298	1.48×10^{-9}	8.83

注：本表数据摘自 James G. Speight. LANGE'S Handbook of Chemistry. 16th ed. New York；McGraw-Hill Companies Inc，2005：Table 1.74，Table 2.59. $pK_b^\ominus$ 数据依据表中相应的质子化了的化合物的 $pK_a^\ominus$ 数据计算出。

2. 常用缓冲溶液的配制

缓冲溶液组成	pK_a	缓冲溶液 pH 值	缓冲溶液配制方法
氨基乙酸-HCl	2.35(pK_{a1})	2.3	取氨基乙酸 150g 溶于 500mL 水中后，加浓 HCl 溶液 80mL，用蒸馏水稀释至 1L
H_3PO_4-柠檬酸盐		2.5	取 $Na_2HPO_4\cdot12H_2O$ 113g 溶于 200mL 水后，加柠檬酸 387g，溶解，过滤后，稀释至 1L
一氯乙酸-NaOH	2.86	2.8	取 200g 一氯乙酸溶于 200mL 水中，加 NaOH 40g，溶解后稀释至 IL
邻苯二甲酸氢钾-HCl	2.95(pK_{a1})	2.9	取 500g 邻苯二甲酸氢钾溶于 500mL 水中，加浓 HCl 溶液 80mL，稀释至 1L
甲酸-NaOH	3.76	3.7	取 95g 甲酸和 NaOH 40g 于 500mL 水中，溶解，稀释至 1L
NaAc-HAc	4.74	4.7	取无水 NaAc 83g 溶于水中，加冰醋酸 60mL，稀释至 1L
六亚甲基四胺-HCl	5.15	5.4	取六亚甲基四胺 40g 溶于 200mL 水中，加浓 HCl 溶液 10mL，稀释至 1L
Tris-HCK 三羟甲基氨甲烷	8.21	8.2	取 25g Tris 试剂溶于水中，加浓 HCl 溶液 8mL，稀释至 1L
NH_3-NH_4Cl	9.26	9.2	取 NH_4Cl 54g 溶于水中，加浓氨水 63mL，稀释至 1L

3. 常见沉淀物的 pH

(1) 金属氢氧化物沉淀时的 pH 值

氢氧化物	开始沉淀时的 pH 值 初浓度[M^{n+}]		沉淀完全时的 pH 值(残留离子浓度<10^{-5}mol·L^{-1})	沉淀开始溶解时的 pH 值	沉淀完全溶解时的 pH 值
	1mol·L^{-1}	0.01mol·L^{-1}			
$Sn(OH)_4$	0	0.5	1.0	13	15
$TiO(OH)_2$	0	0.5	2.0		
$Sn(OH)_2$	0.9	2.1	4.7	10	13.5
HgO	1.3	2.4	5.0	11.5	
$Fe(OH)_3$	1.5	2.3	4.1	14	
$Al(OH)_3$	3.3	4.0	5.2	7.8	10.8
$Cr(OH)_3$	4.0	4.9	6.8	12	15
$Be(OH)_2$	5.2	6.2	8.8		
$Zn(OH)_2$	5.4	6.4	8.0	10.5	12～13
Ag_2O	6.2	8.2	11.2	12.7	
$Fe(OH)_2$	6.5	7.5	9.7	13.5	
$Co(OH)_2$	6.6	7.6	9.2	14.1	
$Ni(OH)_2$	6.7	7.7	9.5		
$Cd(OH)_2$	7.2	8.2	9.7		
$Mn(OH)_2$	7.8	8.8	10.4	14	
$Mg(OH)_2$	9.4	10.4	12.4		
$Pb(OH)_2$		7.2	8.7	10	13
$Ce(OH)_4$		0.8	1.2		
$Tl(OH)_3$		0.6	约 1.6		
稀土		6.8～8.5	约 9.5		

(2) 金属硫化物沉淀时的 pH 值

pH 值	被 H_2S 沉淀的金属
1	Cu、Ag、Hg、Pb、Bi、Cd、Rh、Pd、Os、As、Au、Pt、Sb、Se、Mo、Ir、Ge、Te
2～3	Zn、Tl
5～6	Co、Ni
>7	Mn、Fe

(3) 在溶液中硫化物沉淀时的盐酸最高浓度

硫化物	HgS	CuS	Sb_2S_3	SnS_2	CdS	PbS
盐酸浓度/(mol·L^{-1})	7.5	7.0	3.7	2.3	0.7	0.35
硫化物	SnS	ZnS	CoS	NiS	FeS	MnS
盐酸浓度/(mol·L^{-1})	0.30	0.02	0.001	0.001	0.0001	0.00008

4. 常用酸碱溶液的相对密度和浓度

试剂名称	密度/($g\cdot cm^{-3}$)	质量分数/%	浓度/($mol\cdot L^{-1}$)
浓盐酸 HCl	1.18～1.19	36～38	11.6～12.4
浓硝酸 HNO_3	1.39～1.40	65.0～68.0	14.4～15.2
浓硫酸 H_2SO_4	1.83～1.84	95～98	17.8～18.4
浓磷酸 H_3PO_4	1.69	85	14.6
高氯酸 $HClO_4$	1.68	70.0～72.0	11.7～12.0
冰醋酸 CH_3COOH	1.05	99.8(优级纯) 99.0(分析纯)	17.4
乙酸 CH_3COOH	1.04	36.0～37.0	6.2～6.4
氢氟酸 HF	1.13	40	22.5
氢溴酸 HBr	1.49	47	8.6
氢碘酸 HI	1.70	57	7.5
浓氨水 $NH_3\cdot H_2O$	0.88～0.90	25.0～28.0	13.3～14.8

5. 常用试剂溶液的配制方法

名称	浓度	配制方法
镁试剂	0.01$g\cdot L^{-1}$	取0.01g镁试剂(对硝基苯偶氮间苯二酚)溶于1000mL 1$mol\cdot L^{-1}$ NaOH溶液中
碘液	0.01$mol\cdot L^{-1}$	溶解1.3g碘和5g KI,加入尽可能少的水中,搅拌至碘完全溶解,加水稀释至1000mL
淀粉溶液	5$g\cdot L^{-1}$	将1g可溶性淀粉加入100mL冷水调和均匀。将所得乳液在搅拌下倒入200mL沸水中,煮沸2～3min使溶液透明,冷却即可
KI-淀粉溶液		0.5%淀粉溶液中含有0.1$mol\cdot L^{-1}$ KI
铬酸洗液		将25g重铬酸钾溶于50mL水,加热溶解。冷却后,向该溶液缓慢加入450mL浓硫酸,边加边搅拌,冷却即可
氢氧化钠乙醇溶液	120$g\cdot L^{-1}$	将120g NaOH溶于150mL水中,用95%乙醇稀释至1000mL
硝酸亚汞	0.1$mol\cdot L^{-1}$	取56.1g $Hg_2(NO_3)_2\cdot 2H_2O$溶于250mL 6$mol\cdot L^{-1}$ HNO_3,加水稀释至1L,并加入少量金属汞
硫化钠	1$mol\cdot L^{-1}$	将240g $Na_2S\cdot 9H_2O$和40g NaOH溶于水,稀释至1L
硫化铵	3$mol\cdot L^{-1}$	在200mL浓氨水中通入H_2S气体至饱和,再加入200mL浓氨水稀释至1L
硫酸铵	饱和	将50g $(NH_4)_2SO_4$溶于100mL热水中,冷却后过滤
钼酸铵	0.1$mol\cdot L^{-1}$	将124g $(NH_4)_2MoO_4$溶于1L水,然后将所得溶液倒入1L 6$mol\cdot L^{-1}$ HNO_3中,放置24h,取其清液
碳酸铵	1$mol\cdot L^{-1}$	将96g研细的$(NH_4)_2CO_3$溶于1L的2$mol\cdot L^{-1}$的氨水中
氯水		水中通氯气直至饱和,使用时需现用现配
溴水		水中滴入液溴直至饱和

续表

名称	浓度	配制方法
三氯化铁	$1mol \cdot L^{-1}$	将 90g $FeCl_3 \cdot 6H_2O$ 溶于 80mL $6mol \cdot L^{-1}$ HCl,加水稀释至 1000mL
三氯化锑	$0.1mol \cdot L^{-1}$	将 22.8g $SbCl_3$ 溶于 330mL $6mol \cdot L^{-1}$ HCl,加水稀释至 1000mL
三氯化铋	$0.1mol \cdot L^{-1}$	将 31.6g $BiCl_3$ 溶于 330mL $6mol \cdot L^{-1}$ HCl,加水稀释至 1L
硫酸亚铁	$0.5mol \cdot L^{-1}$	取 69.5g $FeSO_4 \cdot 7H_2O$ 溶于适量的水,缓慢加入 5mL 浓硫酸,再用水稀释至 1L,并加入数枚小铁钉,以防氧化
氯化亚锡	$0.1mol \cdot L^{-1}$	将 22.6g $SnCl_2 \cdot 2H_2O$ 溶于 330mL $6mol \cdot L^{-1}$ HCl,加水稀释至 1L,加入数粒纯锡,以防氧化
镍试剂	$10g \cdot L^{-1}$	溶解 10g 镍试剂(二乙酰二肟)于 1L 95%的乙醇溶液中
硫氰酸汞铵	$0.15mol \cdot L^{-1}$	取 8g $HgCl_2$、9g NH_4SCN 溶于水中,储于棕色瓶中
对氨基苯磺酸	0.34%	将 0.5g 对氨基苯磺酸溶于 150mL $2mol \cdot L^{-1}$ HAc 中
二苯硫腙	0.01%	将 0.01g 二苯硫腙溶于 100mL CCl_4 中
硫脲	10%	将 10g 硫脲溶于 100mL $1mol \cdot L^{-1}$ HNO_3 中
二苯胺	1%	将 1g 二苯胺在搅拌下溶于 100mL 浓硫酸中
NH_3-NH_4Cl 缓冲溶液		取 2g NH_4Cl 溶于水中,加入 100mL 氨水混合,然后稀释至 1L,得到 pH 为 10 的缓冲溶液
铁氰化钾		取铁氰化钾($K_3[Fe(CN)_6]$)约 0.7~1g 溶解于水中,稀释至 100mL,需现用现配
硝酸铅	$0.25mol \cdot L^{-1}$	将 83g $Pb(NO_3)_2$ 溶于少量水,加入 15mL $6mol \cdot L^{-1}$ HNO_3,用水稀释至 1L

6. 常见基准试剂的干燥条件及标定对象

基准物质		干燥条件/℃	标定对象
名称	化学式		
碳酸钠	$Na_2CO_3 \cdot 10H_2O$	270~300	酸
硼砂	$Na_2B_4O_7 \cdot 10H_2O$	放在装有蔗糖和氯化钠饱和溶液的密闭容器中	酸
碳酸氢钾	$KHCO_3$	270~300	酸
草酸	$H_2C_2O_4 \cdot 2H_2O$	室温空气干燥	碱或 $KMnO_4$
邻苯二甲酸氢钾	$KHC_8H_4O_4$	110~120	碱
重铬酸钾	$K_2Cr_2O_7$	140~150	还原剂
溴酸钾	$KBrO_3$	130	还原剂
碘酸钾	KIO_3	130	还原剂
铜	Cu	室温干燥器中保存	还原剂
草酸钠	$Na_2C_2O_4$	130	氧化剂
碳酸钠	Na_2CO_3	110	EDTA
锌	Zn	室温干燥器中保存	EDTA

续表

基准物质		干燥条件/℃	标定对象
名称	化学式		
氧化锌	ZnO	900～1000	EDTA
氯化钠	NaCl	500～600	$AgNO_3$
氯化钾	KCl	500～600	$AgNO_3$
硝酸银	$AgNO_3$	220～250	氯化物

7. 常用指示剂

(1) 酸碱指示剂

指示剂名称	变色 pH 范围	颜色变化	$pK^{\ominus}_{HIn}$	配制方法
百里酚蓝	1.2～2.8	红→黄	1.65	0.1%的 20%乙醇溶液
甲基黄	2.9～4.0	红→黄	3.25	0.1%的 95%乙醇溶液
甲基橙	3.1～4.4	红→黄	3.45	0.1%的水溶液
溴酚蓝	3.0～4.6	黄→紫	4.1	0.1%的 20%乙醇溶液或其钠盐水溶液
溴甲酚绿	4.0～5.6	黄→蓝	4.9	0.1%的 20%乙醇溶液或其钠盐水溶液
甲基红	4.4～6.2	红→黄	5.0	0.1%的 95%乙醇溶液
溴百里酚蓝	6.2～7.6	黄→蓝	7.3	0.1%的 20%乙醇溶液或其钠盐水溶液
中性红	6.8～8.0	红→黄橙	7.4	0.1%的 60%乙醇溶液
酚红	6.8～8.4	黄→红	8.0	0.1%的 60%乙醇溶液或其钠盐水溶液
百里酚蓝	8.0～9.6	黄→蓝	8.9	0.1%的 20%乙醇溶液
酚酞	8.0～10.0	无→红	9.4	0.5%的 95%乙醇溶液
百里酚酞	9.4～10.6	无→蓝	10.0	0.1%的 90%乙醇溶液

(2) 混合指示剂

指示剂的组成	变色点 pH	颜色		备注
		酸色	碱色	
1 份 0.1%甲基橙水溶液 1 份 0.25%靛蓝二磺酸水溶液	4.1	紫	黄绿	
1 份 0.1%甲基黄乙醇溶液 1 份 0.1%次甲基蓝乙醇溶液	3.25	蓝紫	绿	pH3.2 蓝紫色 pH3.4 绿色
3 份 0.1%溴甲酚绿乙醇溶液 1 份 0.2%甲基红乙醇溶液	5.1	酒红	绿	
1 份 0.1%溴百里酚绿钠盐水溶液 1 份 0.2%甲基橙水溶液	4.3	黄	蓝绿	pH3.5 黄色 pH4.0 黄绿色 pH4.3 绿色
1 份 0.2%甲基红乙醇溶液 1 份 0.1%次甲基蓝乙醇溶液	5.4	红紫	绿	pH5.2 红紫色 pH5.4 暗蓝色 pH5.6 绿色
1 份 0.1%溴甲酚绿钠盐水溶液 1 份 0.1%氯酚红钠盐水溶液	6.1	黄绿	蓝紫	pH5.4 蓝绿色 pH5.8 蓝色 pH6.2 蓝紫色

续表

指示剂的组成	变色点 pH	颜色		备注
		酸色	碱色	
1 份 0.1%中性红乙醇溶液 1 份 0.1%次甲基蓝乙醇溶液	7.0	蓝紫	绿	pH7.0 蓝紫色
1 份 0.1%溴百里酚蓝钠盐水溶液 1 份 0.1%酚红钠盐水溶液	7.5	黄	绿	pH7.2 暗绿色 pH7.4 淡紫色 pH7.6 深紫色
1 份 0.1%甲酚红钠盐水溶液 3 份 0.1%百里酚蓝钠盐水溶液	8.3	黄	紫	pH8.2 玫瑰色 pH 8.4 紫色
1 份 0.1%百里酚蓝 50%乙醇溶液 3 份 0.1%酚酞 50%乙醇溶液	9.0	黄	紫	从黄色→绿色→紫色
2 份 0.1%百里酚酞乙醇溶液 1 份 0.1%茜素黄乙醇溶液	10.2	黄	紫	

(3) 氧化还原指示剂

指示剂名称	颜色变化		配制方法
	氧化态	还原态	
次甲基蓝	蓝	无色	0.05%水溶液
中性红	红	无色	0.05%的 60%乙醇溶液
邻二氮菲-Fe(Ⅱ)	浅蓝	红	1.485g 邻二氮菲加 0.965g $FeSO_4$ 溶于 100mL 水中
二苯胺	紫	无色	1g 溶于 100mL 2%硫酸中
二苯胺磺酸钠	紫红	无色	0.5%的水溶液
5-硝基邻二氮菲	浅蓝	紫红	1.008g 指示剂及 0.695g $FeSO_4$ 溶于 100mL 水中

(4) 金属指示剂

指示剂名称	适用 pH 范围	颜色		配制方法
		游离态	化合物	
铬黑 T	7～11	蓝	紫红	1g 铬黑 T 与 100g NaCl 研细、混匀
钙指示剂	8～13	蓝	酒红	1g 钙指示剂与 100g NaCl 研细、混匀
二甲酚橙	小于 6	黄	红紫	0.5g 指示剂溶于 100mL 蒸馏水中
磺基水杨酸	3～13	无	红	1%的水溶液
PAN 指示剂	2～12	黄	红	0.2g PAN 溶于 100mL 乙醇中
邻苯二酚紫	2～12	紫	蓝	0.1g 指示剂溶于 100mL 蒸馏水中
钙镁试剂	9～11	蓝	红	0.5%的水溶液,或 0.1%的 10%乙醇溶液

参考文献

[1] 李朴，古国榜．无机化学实验［M］．4版．北京：化学工业出版社，2014.

[2] 北京师范大学，等．无机化学实验［M］．3版．北京：高等教育出版社，2004.

[3] 商少明，汪云，刘瑛．无机及分析化学实验［M］．3版．北京：化学工业出版社，2018.

[4] 赵新华．无机化学实验［M］．4版．北京：高等教育出版社，2014.

[5] 石建新，巢晖．无机化学实验［M］．北京：高等教育出版社，2019.

[6] 王丽丽，郭丽，曹晶晶．无机化学实验［M］．北京：化学工业出版社，2022.

[7] 刘云霞，文家新，郑军委．无机化学实验［M］．成都：西南交通大学出版社，2017.

[8] 刘桂艳，李耀仓，秦中立．无机及分析化学实验［M］．武汉：华中师范大学出版社，2018.

[9] 中山大学，等．无机化学实验［M］．北京：高等教育出版社，2015.

[10] 武汉大学化学与分子科学学院实验中心．无机化学实验［M］．武汉：武汉大学出版社，2012.

[11] 天津大学无机化学教研室．无机化学实验［M］．北京：高等教育出版社，2012.

[12] 大连理工大学无机化学教研室．无机化学实验［M］．北京：高等教育出版社，2004.

[13] 北京大学化学与分子工程学院分析化学教学组．基础分析化学实验［M］．北京：北京大学出版社，2010.

[14] 傅深娜，陈红冲．无机及分析化学实验［M］．北京：九州出版社，2017.

[15] 南京大学《无机及分析化学实验》编写组．无机及分析化学实验［M］．4版．北京：高等教育出版社，2006.

[16] 徐家宁，门瑞芝，张寒琦．基础化学实验（上册）无机化学和化学分析实验［M］．北京：高等教育出版社，2006.

[17] 魏琴，盛永丽．无机及分析化学实验［M］．北京：科学出版社，2008.

[18] 苗凤琴，于世林，夏铁力．分析化学实验［M］．4版．北京：化学工业出版社，2015.

[19] 武汉大学．分析化学实验［M］．6版．北京：高等教育出版社，2021.

高等职业教育本科教材

无机及分析化学实验

任务工单

傅深娜　郭立达　主编　　曾玉香　副主编

杨永杰　主审

化学工业出版社

·北京·

目录

任务工单

称量试样

班级：__________ 学号：__________ 姓名：__________

任务名称：__________ 同组人：__________

指导教师：__________实验室温度：__________实验室压强：__________

一、任务目的要求

二、所用仪器与试剂

仪器及用具：电子天平（0.01g）、电子分析天平（0.0001g）、称量纸、称量瓶、干燥器、药匙等。

试剂：干沙子、邻苯二甲酸氢钾（烘干处理）。

三、任务实施步骤

1. 使用电子天平称量 8.0g 的沙子（固定质量称量法）

2. 使用电子分析天平精密称量 0.2000～0.2500g 的邻苯二甲酸氢钾样品（减量法）

3. 数据记录

称量工具	测定次数	1	2	3
电子天平（0.01g）	称量瓶（称量纸）的质量 m_1/g			
	称量瓶（称量纸）+沙子的质量 m_2/g			
	沙子的质量=(m_2-m_1)/g			
电子分析天平（0.0001g）	称量瓶（含样品）的质量 m_1/g			
	减量后称量瓶（含样品）的质量 m_2/g			
	样品的质量=(m_1-m_2)/g			

四、任务总结与思考

1. 任务总结

2. 思考与讨论

（1）在分析天平取、放被称量物，开关天平侧门和加减砝码时应注意什么？

（2）分析天平在称量时，若刻度标尺偏向左方，需要加砝码还是减砝码？若刻度标尺偏向右方呢？

任务工单

校准容量器皿

班级：________ 学号：________ 姓名：________

任务名称：________ 同组人：________

指导教师：________实验室温度：________实验室压强：________

一、任务目的要求

二、所用仪器与试剂

仪器及用具：酸式滴定管（50mL）、容量瓶（250mL）、移液管（25mL）、具塞锥形瓶（125mL）、称量瓶（15mL）、温度计（分度值 0.1℃）。

试剂：无水乙醇（供干燥容量瓶用）。

三、任务实施步骤

1. 相对校准法校准容量瓶和移液管

（1）主要步骤

（2）容量瓶和移液管配套性校准数据记录

量器规格/mL	是否为 1∶10	
	1	2
25mL 移液管		
250mL 容量瓶		

2. 校准滴定管

（1）主要步骤

（2）滴定管校准数据记录

校准分段/mL	瓶/g	瓶+m_t/g	m_t/g	温度/℃	ρ_t/g	滴定管标称值V_{20}/mL	滴定管校准值ΔV_1/mL	溶液补正值$V_{补正}$/mL	溶液校准值ΔV_2/mL	$\Delta V=(\Delta V_1+\Delta V_2)$/mL
0.00～10.00										
0.00～20.00										
0.00～30.00										
0.00～40.00										
0.00～50.00										

四、任务总结与思考

1. 任务结果分析

2. 思考与讨论

（1）容量仪器为什么要校准？

（2）称量纯水所用的具塞锥形瓶，为什么要避免磨口部分和瓶塞沾湿？

（3）分段校准滴定管时，为何每次都要从0.00mL开始？

任务工单

分类、保管、取用和配制试剂

班级：________ 学号：________ 姓名：________

任务名称：________ 同组人：________

指导教师：________实验室温度：________实验室压强：________

一、任务目的要求

二、所用仪器与试剂

仪器及用具：量筒、烧杯、电子分析天平、电子台秤、容量瓶等。

试剂：浓硫酸、草酸、冰醋酸、36%的乙酸、0.2000mol·L^{-1} 的醋酸溶液。

三、任务实施步骤

1. 粗略配制 6mol·L^{-1} 硫酸溶液 50mL

2. 粗略配制 6mol·L^{-1} NaOH 溶液 50mL

3. 配制 0.0100mol·L^{-1} 草酸标准溶液 100mL

4. 由 0.2000mol·L^{-1} 的醋酸溶液配制 0.0100mol·L^{-1} 醋酸溶液 100mL

5. 将 36%乙酸稀释成 2mol·L^{-1} HAc 溶液 50mL

四、任务总结与思考

1. 任务总结

2. 思考与讨论

（1）由浓硫酸溶液配制稀硫酸溶液过程中，应注意哪些问题？

（2）用容量瓶配制溶液时，要不要把容量瓶干燥？能否用量筒量取溶液？容量瓶、量筒能否利用加热的方法进行干燥？为什么？

（3）查询 2020、2021 和 2022 年三起我国大学发生的实验室安全事故，分析事故原因，并思考：进入实验室最重要的是什么？实验室的试剂保管和溶液配制等看似简单基本的操作，对以后的学习有什么影响？

任务工单

使用酸度计

班级：__________ 学号：__________ 姓名：__________

任务名称：__________ 同组人：__________

指导教师：__________实验室温度：__________实验室压强：__________

一、任务目的要求

二、所用仪器与试剂

仪器及用具：酸度计、复合电极、烧杯等。

试剂：3mol·L^{-1} KCl溶液，邻苯二甲酸氢钾标准缓冲液（pH 4.00）、磷酸盐标准缓冲液（pH 6.86）、硼砂标准缓冲液（pH 9.18）、pH未知溶液、广泛pH试纸、可乐或者食醋样品。

三、任务实施步骤

1. 使用前准备

2. 准备标准缓冲溶液

3. 标定

4. 测定 pH 值

待测样品	试纸测定的 pH	缓冲溶液的选择	酸度计测定的 pH
自来水			
可乐			
食醋			

四、任务总结与思考

1. 任务总结

2. 思考与讨论

（1）酸度计使用完之后该如何维护？

（2）如何对酸度计进行温度补偿？

（3）酸度计的测量结果准确还是 pH 试纸的测量结果准确？为什么？

任务工单

使用电导率仪

班级：＿＿＿＿＿＿＿＿ 学号：＿＿＿＿＿＿＿＿ 姓名：＿＿＿＿＿＿＿＿

任务名称：＿＿＿＿＿＿＿＿＿＿＿＿ 同组人：＿＿＿＿＿＿＿＿＿＿＿＿

指导教师：＿＿＿＿＿＿实验室温度：＿＿＿＿＿＿实验室压强：＿＿＿＿＿＿

一、任务目的要求

二、所用仪器与试剂

仪器及用具：电导率仪、电导电极、烧杯、温度计等。

试剂：三种水样（纯净水、自来水和湖水）。

三、任务实施步骤

1. 装配仪器

2. 开机

3. 测定样品

4. 数据记录

待测样品	电导率值 1	电导率值 2	电导率值 3	电导率平均值
自来水				
纯净水				
湖水				

四、任务总结与思考

1. 任务总结

2. 思考与讨论

（1）电导率仪使用完之后该如何维护？

（2）如何对电导率仪进行温度补偿？

（3）电导率值还应用于哪些最新科技领域？

任务工单

使用分光光度计

班级：__________ 学号：__________ 姓名：__________

任务名称：__________ 同组人：__________

指导教师：__________实验室温度：__________实验室压强：__________

一、任务目的要求

二、所用仪器与试剂

仪器及用具：UV-1800 型紫外-可见分光光度计、1cm 石英比色皿一套、容量瓶。

试剂：配制好的 10μg/mL、15μg/mL、20μg/mL 的甲基紫溶液、甲基红溶液。

三、任务实施步骤

1. 开机

2. 比色皿配套性检验

比色皿编号	$T\%$	$\Delta T\%$

3. 测定样品

4. 数据记录

待测样品	吸光度值 1	吸光度值 2	吸光度值 3	吸光度平均值

四、任务总结与思考

1. 任务总结

2. 思考与讨论

（1）如何对比色皿进行配套性检验？

（2）结合标准曲线，思考如何采用紫外-可见分光光度计进行定量分析。

任务工单

提纯氯化钠

班级：________ 学号：________ 姓名：________

任务名称：________ 同组人：________

指导教师：________实验室温度：________实验室压强：________

一、任务目的要求

二、所用仪器与试剂

仪器及用具：分析天平、烧杯（100mL）、量筒（50mL）、抽滤瓶（250mL）、玻璃棒、循环水真空泵、蒸发皿、试管、布氏漏斗、电炉、坩埚钳、滴管等。

试剂：粗盐、1mol・L^{-1} $BaCl_2$ 溶液、0.2mol・$L^{-1}$$BaCl_2$、2mol・$L^{-1}$ NaOH 溶液、6mol・L^{-1} NaOH 溶液、1mol・L^{-1} Na_2CO_3 溶液、2mol・L^{-1} HCl 溶液、2mol・L^{-1} HAc。

三、任务实施步骤

1. 称量、溶解样品

2. 不溶性杂质及 SO_4^{2-} 的去除

3. Mg^{2+}、Ca^{2+}、Ba^{2+} 的去除

4. CO_3^{2-} 的去除

5. 结晶

浓缩至稀糊状，但切不可将溶液蒸发至干。

6. 抽滤

7. 干燥，称重，记录数据

8. 计算产率

$$产率=\frac{制得的氯化钠质量}{粗盐质量}\times 100\%$$

9. 产品纯度的检验

取提纯前后的产品各0.5g，分别溶于约5mL蒸馏水中，然后用下列方法对离子进行定性检验并比较二者的纯度。

（1）硫酸根离子的检验

（2）钙离子的检验

（3）镁离子的检验

四、任务总结与思考

1. 任务总结

2. 思考与讨论

（1）蒸发浓缩时为什么不能蒸发至干？

（2）为什么实验过程中要将溶液pH值调至约为6？

任务工单

制备硫酸铜

班级：＿＿＿＿＿＿＿＿　学号：＿＿＿＿＿＿＿＿　姓名：＿＿＿＿＿＿＿＿

任务名称：＿＿＿＿＿＿＿＿＿＿＿＿　同组人：＿＿＿＿＿＿＿＿＿＿＿＿

指导教师：＿＿＿＿＿＿实验室温度：＿＿＿＿＿＿实验室压强：＿＿＿＿＿＿

一、任务目的要求

二、所用仪器与试剂

仪器及用具：分析天平、烧杯（100mL）、量筒（50mL）、抽滤瓶（250mL）、锥形瓶（150mL）、玻璃棒、循环水真空泵、蒸发皿、布氏漏斗、电炉、水浴锅、滴管等。

试剂：铜屑、10%碳酸钠、6mol·L^{-1} 硫酸、30%双氧水。

三、任务实施步骤

1. 称取 2.0g 铜屑样品

2. 铜屑的预处理

3. 铜与硫酸反应

4. 调节 pH 值

用 pH 试纸检测溶液是否为 1～2，如有必要调节 pH 值至 1～2。

5. 结晶

将溶液浓缩至表面出现晶膜，冷却结晶。

6. 结晶完成后抽滤，干燥，称量

7. 重结晶提纯（除去可溶性杂质）

8. 计算产率

$$产率=\frac{五水合硫酸铜产品质量}{理论产量}\times 100\%$$

$$理论产量=\frac{称取的铜屑质量\times M_{CuSO_4 \cdot 5H_2O}}{M_{Cu}}$$

四、任务总结与思考

1. 任务总结

2. 思考与讨论

（1）蒸发时为什么要将滤液 pH 值调整至 1～2？

（2）加热浓缩滤液时，为什么用水浴加热？为什么不能将溶液蒸发干？

（3）为什么要缓慢滴加 30％双氧水？

（4）导致产率低的原因有哪些？

任务工单

工业制备纯碱碳酸钠

班级：____________ 学号：____________ 姓名：____________

任务名称：____________ 同组人：____________

指导教师：____________ 实验室温度：____________ 实验室压强：____________

一、任务目的要求

二、所用仪器与试剂

仪器及用具：分析天平、烧杯（100mL）、量筒（50mL）、容量瓶（500mL、250mL）、锥形瓶（250mL）、抽滤瓶（250mL）、玻璃棒、滴定管、移液管、循环水真空泵、布氏漏斗、蒸发皿、电炉、滴管等。

试剂：25%氯化钠溶液、碳酸氢铵（s）、乙醇、0.1mol·L^{-1} 盐酸溶液、无水碳酸钠、甲基橙指示剂。

三、任务实施步骤

1. 制备中间产物碳酸氢钠

2. 制备碳酸钠，得到干燥细粉状的碳酸钠，冷却至室温，称量

3. 计算产率

$$产率=\frac{碳酸钠产品质量}{理论产量}\times 100\%$$

4. 碳酸钠（产品）含量测定

（1）0.1mol・L^{-1} 盐酸溶液配制

（2）0.1mol・L^{-1} 盐酸溶液的标定

$$c=\frac{m_{Na_2CO_3}}{(V_1-V_2)M_{\frac{1}{2}Na_2CO_3}}$$

盐酸浓度标定数据记录表

指标	样品 1	样品 2	样品 3
无水碳酸钠质量/g			
盐酸标准溶液初始体积/mL			
盐酸标准溶液终体积/mL			
消耗盐酸标准溶液的体积 V_1/mL			
空白消耗盐酸标准溶液的体积 V_2/mL			
盐酸标准溶液浓度/(mol・L^{-1})			
盐酸标准溶液平均浓度/(mol・L^{-1})			

（3）产品含量测定

产品含量测定数据记录表

指标	样品 1	样品 2	样品 3
称取产品(碳酸钠)质量/g			
盐酸标准溶液初始体积/mL			
盐酸标准溶液终体积/mL			
消耗盐酸标准溶液的体积 V_3/mL			
空白消耗盐酸标准溶液的体积 V_4/mL			
产品(碳酸钠)含量 x/%			
平均值			

四、任务总结与思考

1. 任务总结

2. 思考与讨论

（1）影响产品的产量主要有哪些因素？影响产品的纯度主要有哪些因素？

（2）一般酸式盐的溶解度比正盐要大，而碳酸氢钠的溶解度为什么比碳酸钠小？

任务工单

制备氢氧化铝

班级：______________ 学号：______________ 姓名：______________

任务名称：______________________ 同组人：______________________

指导教师：____________实验室温度：____________实验室压强：____________

一、任务目的要求

二、所用仪器与试剂

仪器及用具：烧杯（250mL、400mL）、锥形瓶（250mL）、抽滤瓶（250mL）、布氏漏斗、表面皿、分析天平、恒温水浴锅、恒温烘箱、循环水真空泵等。

试剂：废铝片、NaOH(s)、NH_4HCO_3(s)、饱和 NH_4HCO_3 溶液、pH 试纸。

三、任务实施步骤

1. 废铝预处理

2. 制备偏铝酸钠

3. 合成氢氧化铝

4. 氢氧化铝的洗涤、干燥。烘干，冷却后称量

5. 计算产率

$$产率=\frac{氢氧化铝产品质量}{理论产量}\times100\%$$

$$理论产量=\frac{称取的铜屑质量\times M_{Al(OH)_3}}{M_{Al}}$$

四、任务总结与思考

1. 任务总结

2. 思考与讨论

（1）滤液 pH 值为什么要为 7～8?

（2）欲得到纯净松散的氢氧化铝沉淀，合成过程中应注意哪些条件？

任务工单

制备硝酸钾

班级：________________ 学号：________________ 姓名：________________

任务名称：________________________ 同组人：________________________

指导教师：____________实验室温度：____________实验室压强：____________

一、任务目的要求

二、所用仪器与试剂

仪器及用具：分析天平、烧杯（100mL）、量筒（50mL）、抽滤瓶（250mL）、玻璃棒、循环水真空泵、布氏漏斗、电炉等。

试剂：氯化钾(s)、硝酸钠(s)、0.1mol·L^{-1} 硝酸银溶液。

三、任务实施步骤

1. 硝酸钾的制备

（1）称取样品溶解、加热

（2）蒸发浓缩

（3）抽滤、干燥

减压抽滤，得到硝酸钾粗品，称量。

（4）计算产率

量取最后滤液的体积，设为 V，假设室温为 10℃（在 10℃时硝酸钾溶解度为 20.9g · $100g^{-1}$ H_2O），则滤液中应该含有硝酸钾的质量 X 为：

$$X=20.9\div100\times V$$

$$理论产量=\frac{称取的氯化钾质量(8.5g)\times M_{(NaNO_3)}}{M_{(KCl)}}-X$$

$$产率=\frac{硝酸钾粗产品质量}{理论产量}\times100\%$$

2. 硝酸钾的重结晶提纯

留下绿豆大小的晶体供纯度检验。得到纯度较高的硝酸钾晶体，称量，计算重结晶率。

$$重结晶率=\frac{重结晶后的硝酸钾产品质量}{硝酸钾粗产品质量}\times100\%$$

3. 产品纯度检验

重结晶后的产品溶液应为澄清，否则说明产品溶液中还含有氯离子，应再次重结晶。

四、任务总结与思考

1. 任务总结

2. 思考与讨论

（1）产品的主要杂质是什么？怎样提纯？

（2）能否将除去氯化钠后的滤液直接冷却制取硝酸钾？

（3）为什么要趁热去除氯化钠晶体？

任务工单

测定摩尔气体常数

班级：________________ 学号：________________ 姓名：________________

任务名称：________________________ 同组人：________________________

指导教师：____________ 实验室温度：____________ 实验室压强：____________

一、任务目的要求

二、所用仪器与试剂

仪器及用具：分析天平、称量纸（蜡光纸或硫酸纸）、量筒（10mL）、漏斗、温度计（公用）、砂纸、测定摩尔气体常数的装置（量气管[1]、水准瓶[2]、试管、滴定管夹、铁架、铁夹、铁夹座、铁圈、橡皮塞、橡皮管、玻璃导气管）、气压计（公用）、烧杯（100mL、400mL）、细砂纸等。

试剂：硫酸 H_2SO_4（$3mol \cdot L^{-1}$）、镁条（纯）。

三、任务实施步骤

1. 称量镁条

2. 装置仪器

（1）主要步骤

（2）装置的检查

3. 金属与稀酸反应前的准备

---

❶ 量气管的容量不应小于 50mL，读数可估计到 0.01mL 或 0.02mL。可用碱式滴定管代替。

❷ 本实验中用短颈（或者长颈）漏斗代替水准瓶。

4. 氢气的发生、收集和体积的量度

5. 实验数据记录

实验编号	1	2	3	4
镁条质量 m_{Mg}/g				
反应前量气管内液面的读数 V_1/mL				
反应后量气管内液面的读数 V_2/mL				
反应置换出 H_2 的体积 $V=(V_2-V_1)$/mL				
室温 T/K				
大气压力 p/Pa				
室温时水的饱和蒸气压 p_{H_2O}/Pa				
氢气的分压 $p_{H_2}=(p-p_{H_2O})$/Pa				
氢气的物质的量 $n_{H_2}=\frac{m_{Mg}}{M_{Mg}}$/mol				
摩尔气体常数 $R=\frac{p_{H_2}V}{n_{H_2}T}$/(J·K^{-1}·mol^{-1})				
R 的实验平均值/(J·K^{-1}·mol^{-1})				
相对误差(RE)$=\frac{R_{实验值}-R_{文献值}}{R_{文献值}}\times100\%$				

四、任务总结与思考

1. 任务结果分析

2. 思考与讨论

(1) 本实验中置换出的氢气的体积是如何量度的？为什么读数时水准瓶内液面与量气管内液面必须保持在同一水平面？

(2) 量气管内气体的体积是否等于置换出氢气的体积？量气管内气体的压力是否等于氢气的压力？为什么？

(3) 试分析下列情况对实验结果有何影响：

① 量气管（包括量气管与水准瓶相连接的橡皮管）内气泡未赶尽；

② 镁条表面的氧化膜未擦净；

③ 固定镁条时，不小心让其与稀酸溶液有了接触；

④ 反应过程中，实验装置漏气；

⑤ 记录液面读数时，量气管内液面与水准瓶内液面不处于同一水平面；

⑥ 反应过程中，因量气管压入水准瓶中的水过多，造成水由水准瓶中溢出；

⑦ 反应完毕，未等试管冷却到室温就进行体积读数。

任务工单

凝固点降低法测定硫的摩尔质量

班级：__________ 学号：__________ 姓名：__________

任务名称：__________ 同组人：__________

指导教师：__________实验室温度：__________实验室压强：__________

一、任务目的要求

二、所用仪器与试剂

仪器及用具：分析天平、托盘天平、烧杯（高型，600mL）、温度计（1/10K 刻度，323～373K）、试管（50mL）、搅拌棒。

试剂：萘（AR）、硫黄粉（升华硫）、环己烷（CP）。

三、任务实施步骤

1. 纯萘凝固点的测定

（1）主要步骤

（2）温度-时间数据实验记录表

纯萘溶剂					
时间	温度	时间	温度	时间	温度

2. 硫萘溶液凝固点的测定

（1）主要步骤

（2）温度-时间数据实验记录表

硫萘溶液					
时间	温度	时间	温度	时间	温度

注意：纯萘溶剂、硫萘溶液单独测量，每 30s 测量一次，从 358K 至 348K 每隔 30s，记录一次时间和温度的数据。

（3）根据所记录的时间、温度数据，绘制溶剂和溶液的冷却曲线，并求出它们的凝固点以及 ΔT_f。

$$\Delta T_f = T_f^* - T_f = K_f b = K_f \frac{1000m_1}{Mm_2}$$

（4）根据纯萘和溶液的凝固点，计算硫的摩尔质量。

$$M = 1000K_f \frac{m_1}{m_2 \Delta T_f}$$

四、任务总结与思考

1. 任务结果分析

2. 思考与讨论

（1）为什么在本实验中萘可以用托盘天平称取而硫则要求用分析天平来称取？

（2）实验过程中如果萘或硫放入试管时损失一些，或硫中含有杂质，对结果有何影响？

（3）若溶质在溶液中产生解离、缔合等情况，对实验结果有何影响？

任务工单

测定中和热

班级：________ 学号：________ 姓名：________

任务名称：________ 同组人：________

指导教师：________实验室温度：________实验室压强：________

一、任务目的要求

二、所用仪器与试剂

仪器及用具：量热计、精密温度计、秒表、量筒、吸水纸等。

试剂：$1.0mol \cdot L^{-1}$ NaOH、$1.0mol \cdot L^{-1}$ HCl、$1.0mol \cdot L^{-1}$ HAc。

三、任务实施步骤

1. 测定量热计的热容

(1) 主要步骤

(2) 实验数据记录表

实验编号	1	2	3	4
量热计冷水温度 $T_{冷}$/K				
量热计热水温度 $T_{热}$/K				
外推法测 $T_{混合}$/K				
ΔT(ΔT=混合温度－冷水温度)/K				
量热计的热容 $C_{计}=\frac{[(T_{热}-T_{混合})-\Delta T]\times 70\times 10^{-3}}{\Delta T}\times 4.18$/(kJ/K)				

产生误差原因分析：

2. 测定 HCl 和 NaOH 反应的中和热

(1) 主要步骤

(2) 实验数据记录表

实验编号	1	2	3	4
NaOH 溶液温度 T_{NaOH}/K				
HCl 溶液温度 T_{HCl}/K				
外推法测 $T_{混合}$/K				
ΔT(ΔT=混合温度－冷水温度)/K				
溶液与量热计共得到的热量$(140+C_{计})\times\Delta T$/kJ				
NaOH 与 HCl 反应生成 H_2O 的物质的量/mol				
生成 1mol H_2O 所放出的热量/(kJ/mol)				
理论值为 13.8×4.18kJ/mol，相对误差(RE)=$\frac{R_{实验值}-R_{理论值}}{R_{理论值}}\times100\%$				

产生误差原因分析：

3. 测定 HAc 和 NaOH 反应的中和热

(1) 主要步骤

(2) 实验数据记录表

实验编号	1	2	3	4
NaOH 溶液温度 T_{NaOH}/K				
HAc 溶液温度 T_{HAc}/K				
外推法测 $T_{混合}$/K				
ΔT(ΔT=混合温度－冷水温度)/K				
溶液与量热计共得到的热量$(140+C_{计})\times\Delta T$/kJ				
NaOH 与 HAc 反应生成 H_2O 的物质的量/mol				
生成 1mol H_2O 所放出的热量/(kJ/mol)				
相对误差(RE)=$\frac{R_{实验值}-R_{理论值}}{R_{理论值}}\times100\%$				

产生误差原因分析：

四、任务总结与思考

1. 任务结果分析

2. 思考与讨论

(1) 1mol HCl 与 1mol H_2SO_4，被碱完全中和时放出的热量是否相同？

(2) 中和热除与温度有关外，与溶液浓度有无关系？

(3) 下列情况对实验结果有没有影响？

① 每次实验时，量热计温度与溶液起始浓度不一致；

② 量热计没洗干净或洗后没擦干；

③ 两支温度计未校正。

任务工单

测定化学反应速率和活化能

班级：________ 学号：________ 姓名：________

任务名称：________ 同组人：________

指导教师：________实验室温度：________实验室压强：________

一、任务目的要求

二、所用仪器与试剂

仪器及用具：烧杯（100mL）、试管、秒表、冰块、恒温水浴锅、移液管。

试剂：淀粉溶液（0.2%）、KI 溶液（0.40mol·L^{-1}）、$Na_2S_2O_3$ 溶液（0.0050mol·L^{-1}）、KNO_3 溶液（0.40mol·L^{-1}）、K_2SO_4 溶液（0.050mol·L^{-1}）、$K_2S_2O_8$ 溶液（0.050mol·L^{-1}）、$Cu(NO_3)_2$ 溶液（0.02mol·L^{-1}）。

三、任务实施步骤

1. 浓度对反应速率的影响

（1）主要步骤

（2）实验数据记录表

浓度对反应速率的影响

实验编号		1	2	3	4	5
试剂用量/mL	0.40mol·L^{-1}KI	2.0	2.0	2.0	1.5	1.0
	0.0050mol·L^{-1} $Na_2S_2O_3$	0.6	0.6	0.6	0.6	0.6
	0.40mol·$L^{-1}$$KNO_3$	0	0	0	0.5	1.0
	0.050mol·$L^{-1}$$K_2SO_4$	1.0	0.5	0	0	0
	0.2%淀粉	0.4	0.4	0.4	0.4	0.4
	0.050mol·L^{-1} $K_2S_2O_8$	1.0	1.5	2.0	2.0	2.0
反应时间/s						

反应级数和反应速率常数的计算

实验编号		1	2	3	4	5
5.0mL 混合溶液中反应物的起始浓度/(mol·L^{-1})	$K_2S_2O_8$					
	KI					
	$Na_2S_2O_3$					
反应时间 Δt/s						
$v=c_{Na_2S_2O_3}/2\Delta t$						
$\lg v$						
$\lg c_{S_2O_8^{2-}}$						
$\lg c_{I^-}$						
m						
n						
$k=v/(c^m_{S_2O_8^{2-}} c^n_{I^-})$						

2. 温度对化学反应速率的影响

（1）主要步骤

(2) 实验数据记录表

温度对反应速率的影响

实验编号	6	7	8
反应温度 T/℃	0	室温	30
反应时间 t/s			

反应速率常数和活化能的计算

实验编号	6	7	8
反应温度 T/℃			
反应时间 t/s			
反应速率 v/($mol \cdot L^{-1} \cdot s^{-1}$)			
速率常数 k			
$\lg k$			
$1/T$			
活化能 E_a/($kJ \cdot mol^{-1}$)			

3. 催化剂对化学反应速率的影响

(1) 主要步骤

(2) 实验数据记录表

实验编号		1	2	3	4	5
试剂用量/mL	0.40mol·L^{-1}KI	2.0	2.0	2.0	1.5	1.0
	0.0050mol·L^{-1} $Na_2S_2O_3$	0.6	0.6	0.6	0.6	0.6
	0.40mol·L^{-1} KNO_3	0	0	0	0.5	1.0
	0.050mol·$L^{-1}$$K_2SO_4$	1.0	0.5	0	0	0
	0.2%淀粉	0.4	0.4	0.4	0.4	0.4
	0.02mol·$L^{-1}$$Cu(NO_3)_2$	2滴	2滴	2滴	2滴	2滴
	0.050mol·L^{-1} $K_2S_2O_8$	1.0	1.5	2.0	2.0	2.0
反应时间/s						

4. 与实验1中5号实验的反应时间相比可得到什么结论?

四、任务总结与思考

1. 任务结果分析

2. 思考与讨论

（1）实验中为什么可以由反应溶液出现蓝色时间的快慢来计算反应速率？反应溶液出现蓝色后，$S_2O_8^{2-}$ 和 I^- 的反应是否终止了？

（2）下述情况对实验有何影响？

① 移液管混用；

② 先加 $K_2S_2O_8$ 溶液，最后加 KI 溶液；

③ 往 KI 等混合溶液中缓慢加入 $K_2S_2O_8$ 溶液做温度对反应速率的影响实验时，加入 $K_2S_2O_8$ 后将盛装反应溶液的容器移出恒温水浴反应。

任务工单

测定醋酸的解离度和解离常数

班级：________ 学号：________ 姓名：________

任务名称：________ 同组人：________

指导教师：________实验室温度：________实验室压强：________

一、任务目的要求

二、所用仪器与试剂

仪器及用具：pHs-25 型 pH 计或其他类型的 pH 计、电磁搅拌器、滴定管（50mL，酸式、碱式）、烧杯（100mL）。

试剂：标准缓冲溶液（pH＝6.86，pH＝4.01，25℃）、0.1mol・L^{-1} HAc 溶液、NaOH 标准溶液（需标定后给出准确浓度）、酚酞指示剂。

三、任务实施步骤

1. 校准酸度计

（1）主要步骤

（2）酸度计校准数据记录

序号	缓冲溶液 pH	校准 pH 值				pH 误差
		1	2	3	平均值	
1						
2						
3						

2. 从酸式滴定管准确放出 30.00mL 0.1mol·L^{-1} HAc 溶液于 100mL 烧杯中，滴加 1～2 滴酚酞指示剂，用碱式滴定管盛装的 0.1mol·L^{-1} NaOH 标准溶液滴定至酚酞刚出现微粉红色为止，记录滴定终点时消耗 NaOH 的体积（mL）。

3. 在 100mL 烧杯中，从酸式滴定管准确加入 30.00mL 0.1mol·L^{-1} HAc 溶液，放入磁力搅拌子，将烧杯放在电磁搅拌器上，然后从碱式滴定管中准确加入 5.00mL 0.1mol·L^{-1} NaOH 标准溶液，开启电磁搅拌器混合均匀后，用酸度计测定其 pH。

4. 用上面同样方法，逐滴加入一定体积 NaOH 溶液后，测定溶液的 pH，每次加入 NaOH 溶液的体积可参照任务实施中的用量。

滴定消耗的 NaOH 溶液的体积（mL）和对应的 pH 数据记录

每次加入 NaOH 溶液的体积/mL							
NaOH 溶液的体积/mL							
pH							

5. 以 NaOH 溶液的体积 V(mL) 为横坐标，pH 为纵坐标，绘制 pH-V 曲线。

6. 从 pH-V 曲线图中，找出完全中和时 NaOH 溶液的体积 V(mL)，计算醋酸的浓度。

7. 从 pH-V 曲线图中，找出 $1/2V_e$(mL) 相对应的 pH，计算 HAc 的解离常数 $K_a^{\ominus}$。并与文献值比较（$K_a^{\ominus}=1.75\times10^{-5}$，25℃），分析产生误差的原因。

四、任务总结与思考

1. 任务结果分析

2. 思考与讨论

（1）用电位滴定法确定终点与指示剂法相比有何优缺点？

（2）当醋酸完全被氢氧化钠中和时，反应终点的 pH 是否等于 7？为什么？

任务工单

配制缓冲溶液

班级：__________ 学号：__________ 姓名：__________

任务名称：__________ 同组人：__________

指导教师：__________实验室温度：__________实验室压强：__________

一、任务目的要求

二、所用仪器与试剂

仪器及用具：小烧杯（50mL）、量筒（10mL）、吸量管（10mL）、移液管（25mL）、洗耳球、容量瓶（100mL）、试管、试管夹、酒精灯、滴管、酸度计、滤纸。

试剂：HCl(0.10mol·L^{-1}，1.0mol·L^{-1})、HAc(0.10mol·L^{-1}，0.5mol·L^{-1})、NaAc(0.10mol·L^{-1}，0.5mol·L^{-1})、$NH_3 \cdot H_2O$(2.0mol·L^{-1}，0.10mol·L^{-1})、NaOH(0.10mol·L^{-1}，1.0mol·L^{-1})、NH_4Cl(s)、NaAc(s)、PbI_2（饱和）、KI(0.2mol·L^{-1})、广泛pH试纸、Zn粒、酚酞指示剂、甲基橙指示剂。

三、任务实施步骤

1. 测定酸碱溶液的pH

（1）主要步骤

（2）电解质强弱数据比较

项目	pH		项目	pH	
	理论值	测定值		理论值	测定值
0.10mol·L^{-1}HAc			0.10mol·$L^{-1}$$NH_3 \cdot H_2O$		
0.10mol·L^{-1}HCl			0.10mol·L^{-1}NaOH		

2. 同离子效应

（1）主要步骤

（2）实验现象记录

3. 缓冲溶液的配制

（1）主要步骤

（2）实验数据记录

实验编号	0.5mol·L^{-1}HAc溶液的体积/mL	0.5mol·L^{-1}NaAc溶液的体积/mL	0.1mol·L^{-1}HAc溶液的体积/mL	0.1mol·L^{-1}NaAc溶液的体积/mL
1	2.50	7.50		
2	5.00	5.00		
3			7.50	2.50
4			3.00	1.00

4. 测量新配制的缓冲溶液的pH

（1）主要步骤

（2）pH测定结果数据记录

实验编号	溶液组成	pH	
		计算值	测量值
1	缓冲溶液中加0.050mL 1.0mol·L^{-1}HCl		
	缓冲溶液中加0.050mL 1.0mol·L^{-1}NaOH		
	缓冲溶液中加1mL去离子水		
2	缓冲溶液中加0.050mL 1.0mol·L^{-1}HCl		
	缓冲溶液中加0.050mL 1.0mol·L^{-1}NaOH		
	缓冲溶液中加1mL去离子水		
3	缓冲溶液中加0.050mL 1.0mol·L^{-1}HCl		
	缓冲溶液中加0.050mL 1.0mol·L^{-1}NaOH		
	缓冲溶液中加1mL去离子水		
4	缓冲溶液中加0.050mL 1.0mol·L^{-1}HCl		
	缓冲溶液中加0.050mL 1.0mol·L^{-1}NaOH		
	缓冲溶液中加1mL去离子水		

四、任务总结与思考

1. 任务结果分析

2. 思考与讨论

（1）欲配制pH=4.2的缓冲溶液10mL，现有0.1mol·L^{-1}HAc和0.1mol·L^{-1}NaAc溶液，通过计算说明应如何配制。如何验证其缓冲能力？

（2）缓冲溶液缓冲能力的大小主要取决于哪些因素？

（3）同离子效应对弱电解质的解离度有何影响？

任务工单

验证氧化还原反应

班级：__________ 学号：__________ 姓名：__________

任务名称：__________ 同组人：__________

指导教师：__________实验室温度：__________实验室压强：__________

一、任务目的要求

二、所用仪器与试剂

仪器及用具：烧杯、万用表、试管、移液管、胶头滴管、锌片电极、铜片电极、铁片电极、碳棒电极、砂纸、KI-淀粉试纸、盐桥。

试剂：HCl 溶液（$1.0mol \cdot L^{-1}$）、浓 H_2SO_4 溶液（$2.00mol \cdot L^{-1}$、$3.0mol \cdot L^{-1}$）、HAc 溶液（$6.0mol \cdot L^{-1}$）、NaOH 溶液（$6.0mol \cdot L^{-1}$）、氨水（$6.0mol \cdot L^{-1}$）、$Pb(NO_3)_2$ 溶液（$0.50mol \cdot L^{-1}$）、$CuSO_4$ 溶液（$0.10mol \cdot L^{-1}$、$0.50mol \cdot L^{-1}$）、$ZnSO_4$ 溶液（$0.100mol \cdot L^{-1}$、$0.50mol \cdot L^{-1}$）、$FeCl_3$ 溶液（$0.10mol \cdot L^{-1}$）、$FeSO_4$ 溶液（$0.10mol \cdot L^{-1}$）、$K_2Cr_2O_7$（$0.10mol \cdot L^{-1}$）、$KMnO_4$ 溶液（$0.01mol \cdot L^{-1}$）、KBr 溶液（$0.10mol \cdot L^{-1}$）、$AgNO_3$ 溶液（$0.10mol \cdot L^{-1}$）、$MnSO_4$ 溶液（$0.002mol \cdot L^{-1}$）、$K_2S_2O_8$ 溶液、$MnO_2(s)$、KCl 溶液（饱和）、$KIO_3(s)$、$MnSO_4 \cdot 2H_2O(s)$、溴水、碘水、CCl_4、$H_2O_2(30\%)$、丙二酸、淀粉、琼脂、铅粒、锌片、蒸馏水。

三、任务实施步骤

1. 电极电位与氧化还原反应的关系

（1）主要步骤

（2）记录实验现象

（3）说明电极电势与氧化还原反应方向的关系

2. 浓度和酸度对电极电势及氧化还原反应的影响

（1）主要步骤

（2）记录实验现象，并进行说明

3. 催化剂对氧化还原反应速率的影响

（1）主要步骤

（2）记录实验现象，并进行说明

4. 测定过氧化氢的氧化还原性

（1）主要步骤

（2）记录实验现象，并进行说明

（3）实验数据记录表

<table>
<tr><td colspan="2">实验编号</td><td>1</td><td>2</td><td>3</td><td>4</td></tr>
<tr><td colspan="2">Zn^{2+}/Zn 电极电势/V</td><td></td><td></td><td></td><td></td></tr>
<tr><td colspan="2">Pb^{2+}/Pb 电极电势/V</td><td></td><td></td><td></td><td></td></tr>
<tr><td colspan="2">Cu^{2+}/Cu 电极电势/V</td><td></td><td></td><td></td><td></td></tr>
<tr><td colspan="2">Br_2/Br^- 电极电势/V</td><td></td><td></td><td></td><td></td></tr>
<tr><td colspan="2">I_2/I^- 电极电势/V</td><td></td><td></td><td></td><td></td></tr>
<tr><td colspan="2">Fe^{2+}/Fe^{3+} 电极电势/V</td><td></td><td></td><td></td><td></td></tr>
<tr><td rowspan="3">两级电势差/V</td><td>$ZnSO_4$ 和 $CuSO_4$ 溶液</td><td></td><td></td><td></td><td></td></tr>
<tr><td>$ZnSO_4$ 和氨水溶液</td><td></td><td></td><td></td><td></td></tr>
<tr><td>$FeSO_4$ 和 $K_2Cr_2O_7$ 溶液</td><td></td><td></td><td></td><td></td></tr>
<tr><td>总结实验规律现象</td><td colspan="5"></td></tr>
</table>

产生误差原因分析：

四、任务总结与思考

1. 任务结果分析

2. 思考与讨论

（1）如何根据电极电势的大小确定氧化剂或还原剂的相对强弱？

（2）在 $CuSO_4$ 溶液中加入过量氨水，其电极电势将怎样改变？试解释说明。

（3）从电极电势角度解释制备氯气为什么要用二氧化锰与浓 HCl。

（4）加入 CCl_4 的作用是什么？

（5）为什么 H_2O_2 既可作氧化剂又可以作还原剂？在何种情况下作氧化剂？在何种情况下作还原剂？

任务工单

测定硫酸钡的溶度积

班级：________ 学号：________ 姓名：________

任务名称：________ 同组人：________

指导教师：________实验室温度：________实验室压强：________

一、任务目的要求

二、所用仪器与试剂

仪器及用具：DDS-6700 型电导率仪及铂黑电极、烧杯（50mL 2 个，200mL 1 个，500mL 1 个，1000mL 1 个，两组共用）、量筒、离心机、离心试管（10mL 1 支）。

试剂：Na_2SO_4 溶液（0.5mol·L^{-1}）、$BaCl_2$（0.5mol·L^{-1}）、饱和 $AgNO_3$ 溶液。

三、任务实施步骤

1. $BaSO_4$ 饱和溶液制备

（1）主要步骤

（2）记录实验现象

2. 测定电导率

（1）主要步骤

（2）数据记录与处理

$BaSO_4$ 饱和溶液的电导率和溶度积实验数据收集表

实验编号		1	2	3	4
电导率	$\sigma(H_2O)/(S \cdot m^{-1})$				
电导率	σ($BaSO_4$ 溶液)/$(S \cdot m^{-1})$				
浓度	$c(BaSO_4)/(mol \cdot L^{-1})$				
溶度积	$K_{sp}(BaSO_4)$				

产生误差原因分析：

四、任务总结与思考

1. 任务结果分析

2. 思考与讨论

（1）为什么要测纯水电导率？

（2）何谓极限摩尔电导率？

（3）在什么条件下可用电导率计算溶液浓度？

>>>> 任务工单

测定磺基水杨酸合铁（Ⅲ）配合物的稳定常数

班级：__________ 学号：__________ 姓名：__________

任务名称：__________ 同组人：__________

指导教师：__________实验室温度：__________实验室压强：__________

一、任务目的要求

二、所用仪器与试剂

仪器及用具：72 型分光光度计、50mL 容量瓶 11 个、刻度吸管、量筒、100mL 容量瓶 3 个。

试剂：$HClO_4$ 溶液（0.1mol·L^{-1}）、Fe^{3+} 溶液（0.01mol·L^{-1}）、磺基水杨酸溶液（0.01mol·L^{-1}）、蒸馏水。

三、任务实施步骤

1. 配制系列溶液

（1）主要步骤

（2）$1^{\#}$～$11^{\#}$ 容量瓶中溶液配好备用

2. 测定系列溶液的吸光度

（1）主要步骤

(2) 实验数据记录

序号	$HClO_4$ 溶液的体积/mL	Fe^{3+} 溶液的体积/mL	H_3R 溶液的体积/mL	$\frac{C_R}{C_M+C_R}$	吸光度
1	5.00	5.00	0.00		
2	5.00	4.50	0.50		
3	5.00	4.00	1.00		
4	5.00	3.50	1.50		
5	5.00	3.00	2.00		
6	5.00	2.50	2.50		
7	5.00	2.00	3.00		
8	5.00	1.50	3.50		
9	5.00	1.00	4.00		
10	5.00	0.50	4.50		
11	5.00	0.00	5.00		

3. 以吸光度 A 为纵坐标，$\frac{C_R}{C_M+C_R}$为横坐标作图，求出磺基水杨酸铁（Ⅲ）的组成和计算表观稳定常数 K。

四、任务总结与思考

1. 任务结果分析

2. 思考与讨论

(1) 在测定吸光度时，如果温度有较大变化对测定的稳定常数有何影响?

(2) 实验中，每个溶液的 pH 值是否一样? 如不一样对结果有何影响?

任务工单

认识 s 区元素碱金属与碱土金属

班级：________ 学号：________ 姓名：________

任务名称：________ 同组人：________

指导教师：________实验室温度：________实验室压强：________

一、任务目的要求

二、所用仪器与试剂

仪器及用具：镊子、坩埚、酒精灯、烧杯（100mL）、表面皿等。

试剂：钠（s）、钾（s）、镁（s）、钙（s）；0.2mol·L^{-1} H_2SO_4、0.01mol·L^{-1} $KMnO_4$、0.1mol·L^{-1} $MgCl_2$、0.1mol·L^{-1} $BaCl_2$、0.5mol·L^{-1} $BaCl_2$、0.1mol·L^{-1} $CaCl_2$、0.5mol·L^{-1} $CaCl_2$、饱和 Na_2CO_3、2mol·L^{-1} HAc、0.5mol·L^{-1} K_2CrO_4、2mol·L^{-1} HCl、浓盐酸、2mol·L^{-1} LiCl、1mol·L^{-1} NaF、0.01mol·L^{-1} NaCl、1mol·L^{-1} NaCl、1mol·L^{-1} KCl、0.5mol·L^{-1} $SrCl_2$、酚酞试液等。

三、任务实施步骤

1. 钠、钾、镁、钙在空气中的燃烧反应

操作步骤：

现象及总结：

2. 钠、钾、镁、钙与水的反应

操作步骤：

现象及总结：

3. 焰色反应

操作步骤：

现象及总结：

4. 盐类的溶解性

操作步骤：

现象及总结：

四、任务总结与思考

1. 任务结果分析

2. 思考与讨论

（1）为什么碱金属和碱土金属单质一般应放在煤油中保存？

（2）为什么焰色是由金属离子而不是非金属离子引起的？

任务工单

认识p区非金属元素——卤素、氧、硫

班级：________ 学号：________ 姓名：________

任务名称：________ 同组人：________

指导教师：________实验室温度：________实验室压强：________

一、任务目的要求

二、所用仪器与试剂

仪器及用具：点滴板、离心机、量筒、试管、离心试管等。

试剂：HNO_3（2.0mol·L^{-1}、6mol·L^{-1}、浓）、H_2SO_4（1.0mol·L^{-1}、浓）、HCl（2.0mol·L^{-1}、6.0mol·L^{-1}、浓）、KBr（0.2mol·L^{-1}）、KI（0.2mol·L^{-1}）、NaCl（0.2mol·L^{-1}、0.1mol·L^{-1}）、$AgNO_3$（0.2mol·L^{-1}）、氨水（6mol·L^{-1}）、KI（0.1mol·L^{-1}）、H_2O_2（30g·L^{-1}）、$KMnO_4$（0.1mol·L^{-1}）、$FeCl_3$（0.1mol·L^{-1}）、$ZnSO_4$（0.1mol·L^{-1}）、$CuSO_4$（0.1mol·L^{-1}）、$Hg(NO_3)_2$（0.1mol·L^{-1}）、Na_2S（0.1mol·L^{-1}）、$Na_2[Fe(CN)_5NO]$（10g·L^{-1}）、CCl_4、NaCl(s)、KBr(s)、KI(s)、饱和氯水、饱和溴水、pH试纸、KI-淀粉试纸、$Pb(Ac)_2$试纸。

三、任务实施步骤

1. 验证卤素单质的氧化性及卤素离子的还原性实验

主要操作：

现象及总结：

2. 鉴定卤素离子实验

主要操作：

现象及总结：

3. 验证过氧化氢的性质

主要操作：

现象及总结：

4. 验证硫化氢和硫化物的性质

主要操作：

现象及总结：

四、任务总结与思考

1. 任务结果总结分析

2. 思考与讨论

(1) 卤化氢的还原性有什么递变规律？实验中怎样验证？

(2) 淀粉-碘化钾试纸一般用来检验氯气，氯化钠和氯酸钾中的氯能否用这种试纸来检验？

(3) 有三瓶失去标签的白色固体物质，只知道它们分别是氯化物、溴化物、碘化物，如何用化学方法将它们区别开来？

(4) 实验室安全重于泰山，请结合本次实验，查询资料，总结氯、溴和氯酸钾的安全操作注意事项有哪些？

任务工单

认识 d 区元素及化合物

班级：________ 学号：________ 姓名：________

任务名称：________ 同组人：________

指导教师：________实验室温度：________实验室压强：________

一、任务目的要求

二、所用仪器与试剂

仪器及用具：试管、离心试管、烧杯、胶头滴管、酒精灯、铁架台、淀粉-KI 试纸、容量瓶、离心机。

试剂：30% H_2O_2、淀粉(s)、$NaBiO_3$(s)、$FeSO_4 \cdot 7H_2O$ 晶体、KI(s)、NaOH(s)、14.8mol·L^{-1} $NH_3 \cdot H_2O$、12mol·L^{-1} HCl、16mol·L^{-1} HNO_3、18mol·L^{-1} H_2SO_4、36% HAc、$KMnO_4$(s)、$CrCl_3$(s)、$Pb(NO_3)_2$(s)、$K_2Cr_2O_7$(s)、Na_2SO_3(s)、$MnSO_4$(s)、$K_3[Fe(CN)_6]$、$K_4[Fe(CN)_6]$、$FeCl_3$(s)、$CuSO_4$(s)、$ZnSO_4$(s)。

三、任务实施步骤

1. 氢氧化物制备和性质实验

主要操作：

现象及总结：

2. 铬的化合物实验

主要操作：

现象及总结：

3. 锰的化合物实验

主要操作：

现象及总结：

4. 铁的化合物实验

主要操作：

现象及总结：

5. 铜的化合物实验

主要操作：

现象及总结：

四、任务总结与思考

1. 任务结果分析

2. 思考与讨论

(1) 总结铬、锰的各种氧化态之间相互转化的条件，注明反应介质的酸碱性与产物的关系，何者是氧化剂，何者是还原剂。

(2) 如何区分 Hg^{2+} 和 Hg_2^{2+} 、Fe^{2+} 和 Fe^{3+} 、Cu^{2+} 和 Zn^{2+} ？

(3) 制备 $Fe(OH)_2$ 沉淀时，为什么 $FeSO_4$ 溶液和 NaOH 溶液必须煮沸？

>>> 任务工单

配制和标定氢氧化钠标准溶液

班级：________ 学号：________ 姓名：________

任务名称：________ 同组人：________

指导教师：________实验室温度：________实验室压强：________

一、任务目的要求

二、所用仪器与试剂

仪器及用具：分析天平、碱式滴定管、锥形瓶、烧杯、容量瓶、玻璃棒。

试剂：邻苯二甲酸氢钾、NaOH 固体、酚酞、蒸馏水。

三、任务实施步骤

1. 0.1mol·L^{-1}NaOH 溶液的配制

称取（　　）固体 NaOH 于小烧杯中，用（　　）mL 蒸馏水搅拌使之溶解，稍冷却后转入（　　）mL 容量瓶中定容，充分摇匀，贴上标签注明“0.1mol·L^{-1} NaOH 溶液”，放置备用。

2. 0.1mol·L^{-1}NaOH 溶液的标定

用减量法精确称取于 105～110℃电烘箱中干燥至恒重的邻苯二甲酸氢钾基准试剂三份，每份（　　）g，分别置于三个锥形瓶中，加蒸馏水（　　）mL 溶解，加（　　）滴酚酞指示液。用欲标定 NaOH 溶液滴定。滴定至终点呈浅粉色，静置 30s 不褪色，即为终点。记录消耗 NaOH 溶液的体积 V_1。做三次平行实验。

3. 空白实验

4. 数据记录与处理

日期		天平编号	
样品编号	1#	2#	3#
(瓶+$KHC_8H_4O_4$ 质量)$_{前}$/g			
(瓶+$KHC_8H_4O_4$ 质量)$_{后}$/g			
$KHC_8H_4O_4$ 质量/g			
NaOH 溶液初读数/mL			
NaOH 溶液终读数/mL			
NaOH 溶液体积/mL			
$c_{NaOH}/(mol \cdot L^{-1})$			
平均 $c_{NaOH}/(mol \cdot L^{-1})$			
相对平均偏差/%			

四、任务总结与思考

1. 任务总结

2. 思考与讨论

(1) 溶解基准物时加入 50mL 水，是否需要准确量取？

(2) 用邻苯二甲酸氢钾标定氢氧化钠溶液时，为什么用酚酞而不用甲基橙作指示剂？

(3) 氢氧化钠溶液为什么要盛在带有橡皮塞的试剂瓶里？

(4) 滴定结束后，溶液放置一段时间后为什么会褪为无色？

任务工单

测定工业盐酸的含量

班级：________________ 学号：________________ 姓名：________________

任务名称：________________________ 同组人：________________________

指导教师：____________ 实验室温度：____________ 实验室压强：____________

一、任务目的要求

二、所用仪器与试剂

仪器及用具：滴定管（50mL）、锥形瓶（250mL）等。

试剂：工业盐酸；NaOH 标准溶液，$c(NaOH)=1mol \cdot L^{-1}$；溴甲酚绿指示液，$1g \cdot L^{-1}$；酚酞指示剂（0.2%乙醇溶液）。

三、任务实施步骤

1. 量取约（　　）mL 待测样品，置于内装约（　　）mL 水并已称量的锥形瓶中，混匀并称量，向样品中加入（　　）滴溴甲酚绿指示液，用氢氧化钠标准溶液滴定至溶液由（　　）色变为（　　）色即为终点，做三个平行样，记录消耗滴定液的体积 V。

2. 量取约（　　）mL 待测样品，置于内装约（　　）mL 水并已称量的锥形瓶中，混匀并称量，向样品中加入（　　）滴酚酞指示剂，用氢氧化钠标准溶液滴定至溶液呈（　　）色，并且 30s 不褪色即为终点，做三个平行样，记录消耗滴定液的体积 V。

3. 数据记录与处理

日期		天平编号	
样品编号	1#	2#	3#
指示剂 1：溴甲酚绿			
消耗 $0.10mol \cdot L^{-1}$ NaOH 体积 V/mL			
盐酸含量 x/%			

续表

样品编号	1#	2#	3#
平均值/%			
相对平均偏差			
指示剂 2:酚酞			
消耗 0.10mol·L^{-1}NaOH 的体积 V/mL			
盐酸含量 x/%			
平均值/%			
相对平均偏差/%			

四、任务总结与思考

1. 任务总结

2. 思考与讨论

（1）测定盐酸含量时，选用酚酞和溴甲酚绿作为指示剂对结果有何影响？能否选用甲基红？

（2）强碱滴定强酸，滴定过程中 pH 有哪些变化？

任务工单

测定食醋中的总酸量

班级：__________ 学号：__________ 姓名：__________

任务名称：__________ 同组人：__________

指导教师：__________实验室温度：__________实验室压强：__________

一、任务目的要求

二、所用仪器与试剂

仪器及用具：分析天平、碱式滴定管、锥形瓶、容量瓶、移液管。

试剂：食醋、NaOH 标准溶液、酚酞。

三、任务实施步骤

1. 配制待测食醋溶液

用（ ）mL 移液管移取（ ）mL 食醋，于 250mL 容量瓶中稀释至刻度，摇匀。

2. 将 $0.1mol \cdot L^{-1}$ NaOH 溶液转入滴定管中

将滴定管洗净后，用氢氧化钠溶液润洗滴定管（ ）次。排出气泡，调节液面位于“0”刻度线以下。静置，读取滴定管读数，记为氢氧化钠溶液体积初读数 V_1。

3. 待测食醋溶液的测定

用（ ）移取 25.00mL 待测食醋溶液于锥形瓶中，加入（ ）滴酚酞指示剂溶液，用 $0.1mol \cdot L^{-1}$ NaOH 溶液滴定至显粉红色（30s 内不褪色），即为滴定终点。静置后读取滴定管读数，记为氢氧化钠溶液体积终读数 V_2。做三次平行实验。

4. 数据记录及处理

日期		天平编号	
样品编号	1#	2#	3#
氢氧化钠溶液的浓度 $c/(mol \cdot L^{-1})$			

续表

样品编号	1#	2#	3#
待测食醋溶液体积/mL			
NaOH 溶液体积初读数/mL			
NaOH 溶液体积终读数/mL			
NaOH 溶液体积/mL			
食醋总酸含量/(g/25mL)			
食醋总酸含量平均值/(g/25mL)			
相对平均偏差/%			

四、任务总结与思考

1. 任务总结

2. 思考与讨论

(1) 稀释食醋所用的去离子水为什么要除 CO_2？如何去除？

(2) 测定食醋含量时，为什么选用酚酞为指示剂？能否选用甲基橙或甲基红为指示剂？

(3) 实验中为何选用白醋为测定样品？若选用有颜色的食醋，应当如何测定？

任务工单

配制和标定盐酸标准溶液

班级：____________ 学号：____________ 姓名：____________

任务名称：________________ 同组人：________________

指导教师：__________实验室温度：__________实验室压强：__________

一、任务目的要求

二、所用仪器与试剂

仪器及用具：分析天平、酸式滴定管、锥形瓶、烧杯、容量瓶、玻璃棒。

试剂：浓盐酸（ρ=1.19g/mL，w=0.37）、蒸馏水、无水碳酸钠、甲基橙指示剂（1g/L水溶液，0.1g甲基橙加100mL水）。

三、任务实施步骤

1. 0.1mol·L^{-1}盐酸溶液的配制

计算出配制500mL 0.1mol·L^{-1}溶液所需浓盐酸的体积。然后用小量筒量取（　　）mL浓盐酸，倒入预先盛有约（　　）mL蒸馏水的大烧杯中，加水稀释至（　　）mL，转入容量瓶中，充分摇匀定容，贴上标签注明“0.1mol·L^{-1}盐酸溶液”，放置备用。

2. 0.1mol·L^{-1}盐酸溶液的标定

用减量法精确称取于270～300℃电烘箱中干燥至恒重的无水Na_2CO_3基准试剂三份，每份（　　）g，分别置于三个锥形瓶中，加蒸馏水（　　）mL溶解，每个锥形瓶在滴定前加（　　）指示液（不可同时加指示剂）。用待标定的HCl溶液滴定至溶液的（　　）色恰好变为（　　）色即为终点，记录消耗HCl的体积V_1。做三次平行实验。

3. 空白实验

加蒸馏水（　　）mL于250mL锥形瓶中，加（　　）指示液2滴，用HCl溶液滴至溶液由（　　）色变为（　　）色，剧烈摇动锥形瓶赶出CO_2滴定后，再次滴至（　　）色即为终点。记下消耗HCl溶液的体积V_2。

4. 数据记录与处理

日期		天平编号	
样品编号	1#	2#	3#
(瓶+无水 Na_2CO_3 质量)$_{前}$/g			
(瓶+无水 Na_2CO_3 质量)$_{后}$/g			
无水 Na_2CO_3 质量/g			
盐酸溶液体积初读数/mL			
盐酸溶液体积终读数/mL			
盐酸溶液体积/mL			
c_1/(mol·L^{-1})			
平均 c_1/(mol·L^{-1})			
相对平均偏差/%			

四、任务总结与思考

1. 任务总结

2. 思考与讨论

(1) 本实验中 HCl 的标定浓度应取几位有效数字？为什么？

(2) 配制盐酸标准溶液是否能采用直接配制法？为什么？

(3) 为什么无水 Na_2CO_3 要灼烧至恒重？

任务工单

测定氨水中的氨含量

班级：______________ 学号：______________ 姓名：______________

任务名称：____________________ 同组人：____________________

指导教师：__________ 实验室温度：__________ 实验室压强：__________

一、任务目的要求

二、所用仪器与试剂

仪器及用具：滴定管（50mL）、锥形瓶（250mL）、烧杯等。

试剂：盐酸标准溶液、甲基红、亚甲基蓝、氨水试剂、95%乙醇等。

三、任务实施步骤

1. 配制混合指示剂

在 100mL 的烧杯中溶解 0.1g 甲基红于 50mL 乙醇中，再加亚甲基蓝 0.05g，溶解后转入 100mL 容量瓶中，用乙醇稀释定容至 100mL，混匀后转入 100mL 带滴管的棕色瓶中储存。

2. 量取约 1mL 待测样品，置于内装约 15mL 水并已称量（精确到 0.0001g）的锥形瓶中，混匀并称量（精确到 0.0001g），再加入 40mL 水，向样品中加入 2～3 滴甲基红-亚甲基蓝混合指示剂，用盐酸标准溶液滴定至溶液呈红色即为终点，测定三个平行样，记录所消耗盐酸标准溶液的体积 V。

3. 数据计算

氨水中氨的含量以 w 表示，按下式计算：

$$w=\frac{VcM}{m\times 1000}\times 100\%$$

式中，c 为盐酸标准溶液的浓度，$mol \cdot L^{-1}$；V 为滴定待测试液所消耗盐酸标准溶液的体积，mL；M 为氨的摩尔质量，$M=17.03\text{g}\cdot\text{mol}^{-1}$；$m$ 为试样质量，g。

4. 数据记录与处理

日期		天平编号	
样品编号	1#	2#	3#
试样的质量 m/g			
消耗 $0.10\text{mol}\cdot\text{L}^{-1}$ 盐酸的体积 V/mL			
氨含量 w/%			
平均值/%			
相对平均偏差/%			

四、任务总结与思考

1. 任务总结

2. 思考与讨论

(1) 测定氨含量时，选用酚酞作为指示剂对结果有何影响？能否选用别的指示剂？

(2) 用强碱滴定一元弱酸时，滴定过程中 pH 有哪些变化？

任务工单

测定混合碱 NaOH 及 Na_2CO_3 的含量

班级：________ 学号：________ 姓名：________

任务名称：________ 同组人：________

指导教师：________实验室温度：________实验室压强：________

一、任务目的要求

二、所用仪器与试剂

仪器及用具：分析天平、酸式滴定管、锥形瓶、容量瓶、移液管。

试剂：混合碱试样、HCl 标准溶液、酚酞指示剂、甲基橙指示剂。

三、任务实施步骤

1. 混合碱 NaOH 及 Na_2CO_3 的含量测定

在分析天平上准确称取混合碱样品 1.5～2.0g 于 250mL 烧杯中，加水（无二氧化碳）溶解后，定量转入 250mL 容量瓶中，用水稀释至刻度、摇匀。准确移取 25mL，加酚酞指示剂 5 滴，用 0.10mol・L^{-1} HCl 标准溶液滴定。终点前用锥形瓶内壁靠在滴定管尖嘴处得半滴，再用洗瓶冲洗瓶壁，反复操作至浅粉色刚刚褪色，静置 30s 不变化，即为终点，记录消耗盐酸标准溶液的体积 V_1。再加甲基橙指示剂 2 滴，继续用盐酸标准溶液滴定至橙色，记录消耗盐酸标准溶液的体积 V_2。做三次平行实验。

2. 数据计算

氢氧化钠含量以 NaOH 的质量分数 w_{NaOH} 计，数值以%表示：

$$w_{NaOH}=\frac{c_{HCl}(V_1-V_2)\times 10^{-3}M_{NaOH}}{m\times\frac{25}{250}}\times 100\%$$

Na_2CO_3 含量以 Na_2CO_3 的质量分数 $w_{Na_2CO_3}$ 计，数值以%表示：

$$w_{Na_2CO_3}=\frac{c_{HCl}\times 2V_2\times 10^{-3}M_{\frac{1}{2}Na_2CO_3}}{m\times\frac{25}{250}}\times 100\%$$

式中，c_{HCl} 是 HCl 溶液的浓度，$mol \cdot L^{-1}$；V_1 是酚酞终点消耗 HCl 标准溶液体积，mL；V_2 是甲基橙终点消耗 HCl 标准溶液体积，mL；M_{NaOH} 是 NaOH 的摩尔质量，g/mol；$M_{\frac{1}{2}Na_2CO_3}$ 是$\frac{1}{2}Na_2CO_3$ 的摩尔质量，g/mol；m 是试样质量，g。

3. 数据记录及处理

日期		天平编号	
样品编号	1#	2#	3#
HCl 溶液的浓度 $c_{HCl}/(mol \cdot L^{-1})$			
称取试样质量初读数/g			
称取试样质量终读数/g			
称取试样质量/g			
酚酞终点消耗盐酸标液体积初读数/mL			
酚酞终点消耗盐酸标液体积终读数/mL			
酚酞终点消耗盐酸标液体积/mL			
甲基橙终点消耗盐酸标液体积初读数/mL			
甲基橙终点消耗盐酸标液体积终读数/mL			
甲基橙终点消耗盐酸标液体积/mL			
w_{NaOH}/%			
平均值/%			
相对平均偏差/%			
$w_{Na_2CO_3}$/%			
平均值/%			
相对平均偏差/%			

四、任务总结与思考

1. 任务总结

2. 思考与讨论

（1）实验中第一个化学计量点溶液的 pH 值如何计算？用酚酞作指示剂变色不敏锐，为避免这个问题，还可选用何种指示剂？

（2）为什么可以用双指示剂法测定混合碱的含量？

任务工单

配制与标定高锰酸钾标准溶液

班级：________ 学号：________ 姓名：________

任务名称：________ 同组人：________

指导教师：________实验室温度：________实验室压强：________

一、任务目的要求

二、所用仪器与试剂

仪器及用具：G_4 微孔玻璃漏斗、棕色滴定管（50mL）、锥形瓶（250mL）等。

试剂：固体 $KMnO_4$、$Na_2C_2O_4$（基准物）、H_2SO_4 溶液（8+92）。

三、任务实施步骤

1. $KMnO_4$ 标准溶液的配制

2. $KMnO_4$ 标准溶液的标定

3. 数据记录与处理

日期		天平编号	
样品编号	1#	2#	3#
m(倾样前)/g			
m(倾样后)/g			
m(草酸钠)/g			
滴定管初读数/mL			
滴定管终读数/mL			
滴定消耗 $KMnO_4$ 体积/mL			
空白 V_0/mL			
$c\left(\frac{1}{5}KMnO_4\right)/(mol \cdot L^{-1})$			
$\bar{c}\left(\frac{1}{5}KMnO_4\right)/(mol \cdot L^{-1})$			
相对平均偏差/%			

四、任务总结与思考

1. 任务总结

2. 思考与讨论

(1) 配制 $KMnO_4$ 溶液时，为什么要煮沸一定时间，再放置几天？能否用滤纸过滤？

(2) 用 $Na_2C_2O_4$ 标定 $KMnO_4$ 溶液，为什么用硫酸调节酸度？可否用 HCl 或 HNO_3？

(3) 滴定过程中开始紫色褪去较慢，后来褪色较快，为什么？

任务工单

测定双氧水中过氧化氢的含量

班级：________________ 学号：________________ 姓名：________________

任务名称：________________________ 同组人：________________________

指导教师：____________ 实验室温度：____________ 实验室压强：____________

一、任务目的要求

二、所用仪器与试剂

仪器及用具：棕色滴定管（50mL）、容量瓶（250mL）、移液管（25mL）、锥形瓶（250mL）等。

试剂：双氧水试样（含量约35%）、$c\left(\frac{1}{5}KMnO_4\right)=0.1mol\cdot L^{-1}$ $KMnO_4$ 标准溶液，H_2SO_4（1+15）。

三、任务实施步骤

1. 以减量法准确称取（　　）g 双氧水试样，放入装有（　　）mL 水的 250mL 容量瓶中，用水稀释至刻度，摇匀。

2. 用移液管吸取上述试液（　　）mL，置于已加有（　　）mL H_2SO_4（1+15）的锥形瓶中，用 $c\left(\frac{1}{5}KMnO_4\right)=0.1mol\cdot L^{-1}$ $KMnO_4$ 标准溶液滴定至溶液呈（　　）色，保持

30s不褪色即为终点。平行测定三次。

3. 数据记录与处理

日期		天平编号	
样品编号	1#	2#	3#
m(减量前)/g			
m(减量后)/g			
m(过氧化氢)/g			
滴定管初读数/mL			
滴定管终读数/mL			
滴定消耗 $KMnO_4$ 体积/mL			
$w(H_2O_2)$/%			
$\overline{w}(H_2O_2)$/%			
相对平均偏差/%			

四、任务总结与思考

1. 任务总结

2. 思考与讨论

(1) 滴定开始反应慢，能否通过加热来加快反应速率？

(2) 用 $KMnO_4$ 滴定过氧化氢时，能否用硝酸、盐酸或醋酸溶液调节酸度？

(3) 若试样中 H_2O_2 的质量分数为3%，应如何进行测定？

任务工单

配制与标定碘和硫代硫酸钠标准溶液

班级：________ 学号：________ 姓名：________

任务名称：________ 同组人：________

指导教师：________实验室温度：________实验室压强：________

一、任务目的要求

二、所用仪器与试剂

仪器及用具：滴定管（50mL）、碘量瓶（500mL）等。

试剂：固体 $Na_2S_2O_3 \cdot 5H_2O$、固体 I_2、固体 KI、基准 $K_2Cr_2O_7$、H_2SO_4 溶液（20%）、HCl 溶液（$0.1mol \cdot L^{-1}$）、淀粉指示液（$5g \cdot L^{-1}$）。

三、任务实施步骤

1. 硫代硫酸钠标准溶液的配制和标定

（1）实验步骤

（2）数据记录与处理

日期		天平编号	
样品编号	1#	2#	3#
m(倾样前)/g			
m(倾样后)/g			

续表

样品编号	1#	2#	3#
$m(K_2Cr_2O_7)$/g			
滴定管初读数/mL			
滴定管终读数/mL			
滴定消耗 $Na_2S_2O_3$ 体积/mL			
空白 V_0/mL			
$c(Na_2S_2O_3)/(mol \cdot L^{-1})$			
$\bar{c}(Na_2S_2O_3)/(mol \cdot L^{-1})$			
相对平均偏差/%			

2. 碘标准溶液的配制和标定

(1) 实验步骤

(2) 数据记录与处理

样品编号	1#	2#	3#
I_2 标准溶液的体积/mL			
滴定管初读数/mL			
滴定管终读数/mL			
滴定消耗 $Na_2S_2O_3$ 体积/mL			
$c\left(\frac{1}{2}I_2\right)/(mol \cdot L^{-1})$			
$\bar{c}\left(\frac{1}{2}I_2\right)/(mol \cdot L^{-1})$			
相对平均偏差/%			

四、任务总结与思考

1. 任务总结

2. 思考与讨论

(1) 基准 $K_2Cr_2O_7$ 加入 KI 后为何要在暗处放置 10min?

(2) 为什么不能在滴定一开始就加入淀粉指示液，而要在溶液呈黄绿色时加入？指示剂加入过早对标定结果有何影响？黄绿色是什么物质的颜色？

任务工单

测定胆矾试样中硫酸铜的含量

班级：________ 学号：________ 姓名：________

任务名称：________ 同组人：________

指导教师：________实验室温度：________实验室压强：________

一、任务目的要求

二、所用仪器与试剂

仪器：滴定管（50mL）、碘量瓶（500mL）等。

试剂：胆矾试样、$Na_2S_2O_3$ 标准溶液（$0.1mol \cdot L^{-1}$）、H_2SO_4 溶液（$1mol \cdot L^{-1}$）、KI 溶液（$100g \cdot L^{-1}$）、KSCN 溶液（$100g \cdot L^{-1}$）、淀粉指示液（$5g \cdot L^{-1}$）。

三、任务实施步骤

准确称取胆矾试样（　　）g，置于碘量瓶中，加（　　）mL 蒸馏水和（　　）mL H_2SO_4 溶液（$1mol \cdot L^{-1}$）使其溶解，加 KI 溶液（　　）mL，摇匀后放置（　　）min，出现（　　）沉淀。打开瓶塞，用少量水冲洗瓶塞和瓶壁，立即用 $Na_2S_2O_3$ 标准溶液滴定至溶液显（　　）色，加（　　）mL 淀粉指示液，继续滴定至（　　）色，再加 KSCN 溶液（　　）mL，继续用 $Na_2S_2O_3$ 标准溶液滴定至（　　）恰好消失即为终点。平行测定三次。

日期		天平编号	
样品编号	1#	2#	3#
m(倾样前)/g			
m(倾样后)/g			

续表

样品编号	1#	2#	3#
m(胆矾试样)/g			
滴定管初读数/mL			
滴定管终读数/mL			
滴定消耗 $Na_2S_2O_3$ 体积/mL			
$w(CuSO_4 \cdot 5H_2O)/\%$			
$\overline{w}(CuSO_4 \cdot 5H_2O)/\%$			
相对平均偏差/%			

四、任务总结与思考

1. 任务总结

2. 思考与讨论

(1) 已知 $\varphi(Cu^{2+}/Cu^{+})=0.159V$，$\varphi(I_3^-/I^-)=0.545V$，为何本实验中 Cu^{2+} 却能氧化 I^- 成 I_2？

(2) 测定铜含量时加入 KI 为何要过量？

(3) 加入 KSCN 的作用是什么？应在何时加入？

任务工单

配制与标定 EDTA 标准溶液

班级：＿＿＿＿＿＿＿＿ 学号：＿＿＿＿＿＿＿＿ 姓名：＿＿＿＿＿＿＿＿

任务名称：＿＿＿＿＿＿＿＿＿＿＿＿ 同组人：＿＿＿＿＿＿＿＿＿＿＿＿

指导教师：＿＿＿＿＿＿实验室温度：＿＿＿＿＿＿实验室压强：＿＿＿＿＿＿

一、任务目的要求

二、所用仪器与试剂

仪器及用具：滴定管（50mL）、容量瓶（250mL）、移液管（25mL）、锥形瓶（250mL）。

试剂：EDTA 二钠盐、氧化锌（基准物）、浓 HCl、氨水（1＋1）、NH_3-NH_4Cl 缓冲溶液（pH＝10）、铬黑 T 指示液（$5g \cdot L^{-1}$）。

三、任务实施步骤

1. EDTA 标准溶液[$c(EDTA)=0.02mol \cdot L^{-1}$]的配制

2. EDTA 标准溶液的标定

日期		天平编号	
样品编号	1#	2#	3#
m(倾样前)/g			
m(倾样后)/g			
m(ZnO)/g			
滴定管初读数/mL			
滴定管终读数/mL			
滴定消耗 EDTA 体积/mL			
空白 V_0/mL			
c(EDTA)/(mol·L^{-1})			
$\bar{c}$(EDTA)/mol·L^{-1}			
相对平均偏差/%			

四、任务总结与思考

1. 任务总结

2. 思考与讨论

(1) 用氨水调节 pH 值时，先出现白色沉淀，而后又溶解，解释现象并写出反应式。

(2) 加氨缓冲溶液的目的是什么？为什么在调节溶液 pH＝7～8 之后再加入 NH_3-NH_4Cl 缓冲溶液？

(3) 铬黑 T 指示液最适用的 pH 范围是什么？

任务工单

测定自来水的总硬度

班级：__________ 学号：__________ 姓名：__________

任务名称：__________ 同组人：__________

指导教师：__________实验室温度：__________实验室压强：__________

一、任务目的要求

二、所用仪器与试剂

仪器及用具：滴定管（50mL）、移液管（50mL）、锥形瓶（250mL）等。

试剂：EDTA 标准溶液（0.02mol・L^{-1}）、铬黑 T 指示液（5g・L^{-1}）、钙指示剂、NH_3-NH_4Cl 缓冲溶液（pH=10）、HCl(1+1)、NaOH 溶液（4mol・L^{-1}）、刚果红试纸、三乙醇胺（200g・L^{-1}）、Na_2S 溶液（20g・L^{-1}）。

三、任务实施步骤

1. 总硬度的测定

（1）实验步骤

（2）数据记录与处理

日期			
样品编号	1#	2#	3#
滴定管初读数/mL			
滴定管终读数/mL			
滴定消耗 EDTA 体积/mL			

续表

样品编号	1#	2#	3#
$\rho_{总}(CaCO_3)/(mg \cdot L^{-1})$			
$\bar{\rho}_{总}(CaCO_3)/(mg \cdot L^{-1})$			
相对平均偏差/%			

2. 钙硬度的测定

(1) 实验步骤

(2) 数据记录与处理

日期			
样品编号	1#	2#	3#
滴定管初读数/mL			
滴定管终读数/mL			
滴定消耗 EDTA 体积/mL			
$\rho_{钙}(CaCO_3)/(mg \cdot L^{-1})$			
$\bar{\rho}_{钙}(CaCO_3)/(mg \cdot L^{-1})$			
相对平均偏差/%			

四、任务总结与思考

1. 任务总结

2. 思考与讨论

(1) EDTA 滴定法测定水的硬度时为什么加盐酸？加盐酸应注意什么？

(2) 测定水的硬度时，哪些离子存在干扰？如何清除？

(3) 测定水的总硬度时，何种情况下需加三乙醇胺溶液和 Na_2S 溶液？起何作用？

任务工单

连续测定铅、铋混合液中铅、铋的含量

班级：＿＿＿＿＿＿＿＿ 学号：＿＿＿＿＿＿＿＿ 姓名：＿＿＿＿＿＿＿＿

任务名称：＿＿＿＿＿＿＿＿＿＿＿＿ 同组人：＿＿＿＿＿＿＿＿＿＿＿＿

指导教师：＿＿＿＿＿＿实验室温度：＿＿＿＿＿＿实验室压强：＿＿＿＿＿＿

一、任务目的要求

二、所用仪器与试剂

仪器及用具：滴定管（50mL）、移液管（25mL）、锥形瓶（250mL）等。

试剂：EDTA 标准溶液（0.02mol·L^{-1}），二甲酚橙指示剂（2g·L^{-1}），六亚甲基四胺缓冲溶液（200g·L^{-1}），HNO_3(2mol·L^{-1})，HCl(1+1)，NaOH 溶液（2mol·L^{-1}），Bi^{3+}、Pb^{2+}混合液（各约 0.02mol·L^{-1}），精密 pH 试纸。

三、任务实施步骤

1. Bi^{3+}的测定

2. Pb^{2+}的测定

3. 数据记录与处理

日期			
样品编号	1#	2#	3#
滴定管初读数/mL			
第一终点滴定管终读数/mL			
第二终点滴定管终读数/mL			
滴定 Bi^{3+} 消耗 EDTA 体积 V_1/mL			
滴定 Pb^{2+} 消耗 EDTA 体积 V_2/mL			
$\rho(Bi)/(g \cdot L^{-1})$			
$\overline{\rho}(Bi)/(g \cdot L^{-1})$			
相对平均偏差/%			
$\rho(Pb)/(g \cdot L^{-1})$			
$\overline{\rho}(Pb)/(g \cdot L^{-1})$			
相对平均偏差/%			

四、任务总结与思考

1. 任务总结

2. 思考与讨论

(1) 用 EDTA 连续滴定多种金属离子的条件是什么?

(2) 在 Bi^{3+}、Pb^{2+} 混合液中滴定 Bi^{3+}，为什么要控制试液 pH=1? 酸度过高或过低有什么影响?

(3) 本实验中，能否先在 pH=5～6 的溶液中滴定 Pb^{2+} 的含量，然后调节溶液 pH=1 时，滴定 Bi^{3+} 的含量?

任务工单

配制与标定硝酸银标准溶液

班级：________ 学号：________ 姓名：________

任务名称：________ 同组人：________

指导教师：________实验室温度：________实验室压强：________

一、任务目的要求

二、所用仪器与试剂

仪器及用具：棕色滴定管（50mL）、锥形瓶（250mL）、移液管（25mL）、容量瓶（250mL）等。

试剂：固体 $AgNO_3$、基准 NaCl、K_2CrO_4 指示液（50g·L^{-1}）。

三、任务实施步骤

1. $AgNO_3$ 溶液[$c(AgNO_3)=0.1mol\cdot L^{-1}$]的配制

2. $AgNO_3$ 溶液的标定

3. 数据记录与处理

日期		天平编号	
样品编号	1#	2#	3#
m(倾样前)/g			
m(倾样后)/g			
m(NaCl)/g			
滴定管初读数/mL			
滴定管终读数/mL			
滴定消耗 $AgNO_3$ 体积/mL			
$c(AgNO_3)/(mol \cdot L^{-1})$			
$\overline{c}(AgNO_3)/(mol \cdot L^{-1})$			
相对平均偏差/%			

四、任务总结与思考

1. 任务总结

2. 思考与讨论

(1) 用 $AgNO_3$ 滴定 NaCl 时，在滴定过程中，为什么要充分摇动溶液？否则，会对测定结果有什么影响？

(2) K_2CrO_4 指示剂的浓度为什么要控制？浓度过大或过小对测定有什么影响？

任务工单

配制与标定硫氰酸铵标准溶液

班级：__________ 学号：__________ 姓名：__________

任务名称：__________ 同组人：__________

指导教师：__________实验室温度：__________实验室压强：__________

一、任务目的要求

二、所用仪器与试剂

仪器及用具：滴定管（50mL）、锥形瓶（250mL）、移液管（25mL）等。

试剂：固体硫氰酸铵、$AgNO_3$ 基准物质、HNO_3 溶液（1＋3）、铁铵矾指示液（400g·L^{-1}）、$AgNO_3$ 标准溶液（0.1mol·L^{-1}）。

三、任务实施步骤

1. NH_4SCN 溶液[$c(NH_4SCN)=0.1mol\cdot L^{-1}$]的配制

2. 用基准试剂 $AgNO_3$ 标定

3. 数据记录与处理

日期		天平编号	
样品编号	1#	2#	3#
m(倾样前)/g			
m(倾样后)/g			
$m(AgNO_3)$/g			
滴定管初读数/mL			
滴定管终读数/mL			
滴定消耗 NH_4SCN 体积/mL			
$c(NH_4SCN)/(mol \cdot L^{-1})$			
$\overline{c}(NH_4SCN)/(mol \cdot L^{-1})$			
相对平均偏差/%			
$AgNO_3$ 标液的体积 V/mL			
滴定管初读数/mL			
滴定管终读数/mL			
滴定消耗 NH_4SCN 体积/mL			
$c(NH_4SCN)/(mol \cdot L^{-1})$			
$\overline{c}(NH_4SCN)/(mol \cdot L^{-1})$			
相对平均偏差/%			

四、任务总结与思考

1. 任务总结

2. 思考与讨论

（1）滴定时，为什么用硝酸酸化？可否用盐酸或硫酸？

（2）终点前，为什么要摇动锥形瓶至溶液完全清亮，再继续滴定？

任务工单

测定氯化钡中钡的含量

班级：________ 学号：________ 姓名：________

任务名称：________ 同组人：________

指导教师：________实验室温度：________实验室压强：________

一、任务目的要求

二、所用仪器与试剂

仪器及用具：高温炉、瓷坩埚、250mL 烧杯、定量滤纸、漏斗。

试剂：$BaCl_2 \cdot 2H_2O$ 样品、H_2SO_4（$1mol \cdot L^{-1}$）、H_2SO_4（$0.01mol \cdot L^{-1}$）、HCl（$2mol \cdot L^{-1}$）、HNO_3（$2mol \cdot L^{-1}$）、$AgNO_3$（$0.1mol \cdot L^{-1}$）。

三、任务实施步骤

（1）实验步骤

（2）数据记录与处理

日期		天平编号	
样品编号	1#	2#	备用
m(样品)/g			
m(空坩埚)/g			
m(坩埚＋灼烧后沉淀)/g			
$m(BaSO_4)$/g			
w(Ba)/%			
$\overline{w}$(Ba)/%			
相对平均偏差/%			

四、任务总结与思考

1. 任务总结

2. 思考与讨论

（1）用硫酸为沉淀剂来沉淀 Ba^{2+} 时，过量多少？为什么？

（2）为什么试液和沉淀剂都要预先稀释，而且试液要预先加热？

任务工单

测定复合肥料中钾的含量

班级：＿＿＿＿＿＿＿＿ 学号：＿＿＿＿＿＿＿＿ 姓名：＿＿＿＿＿＿＿＿

任务名称：＿＿＿＿＿＿＿＿＿＿＿＿ 同组人：＿＿＿＿＿＿＿＿＿＿＿＿

指导教师：＿＿＿＿＿＿实验室温度：＿＿＿＿＿＿实验室压强：＿＿＿＿＿＿

一、任务目的要求

二、所用仪器与试剂

仪器及用具：坩埚式滤器（G_4 玻璃砂芯坩埚，30mL）、减压抽气过滤装置、电热干燥箱。

试剂：甲醛溶液（37%）、盐酸、EDTA 二钠盐溶液（$40g \cdot L^{-1}$）、饱和溴水（$50g \cdot L^{-1}$）、氢氧化钠溶液（$200g \cdot L^{-1}$）、四苯硼钠溶液（$15g \cdot L^{-1}$）、四苯硼钠洗涤液（$1.5g \cdot L^{-1}$）、酚酞溶液（$5g \cdot L^{-1}$）、活性炭。

三、任务实施步骤

（1）实验步骤

(2) 数据记录与处理

日期		天平编号	
样品编号	1#	2#	空白
m(样品)/g			—
m(空坩埚)/g			
m(坩埚+干燥后沉淀)/g			
m(沉淀)/g			
$w(K_2O)$/%			
$\overline{w}(K_2O)$/%			—
相对平均偏差/%			—

四、任务总结与思考

1. 任务总结

2. 思考与讨论

(1) EDTA 二钠盐可以掩蔽哪些离子?

(2) 沉淀剂四苯硼钠为什么要滴加?如果一次性加入会出现什么现象?

(3) 四苯硼钾沉淀怎样进行洗涤?为什么?

任务工单

电位滴定法测定酱油中氨基酸态氮的含量

班级：____________ 学号：____________ 姓名：____________

任务名称：____________________ 同组人：____________________

指导教师：__________实验室温度：__________实验室压强：__________

一、任务目的要求

二、所用仪器与试剂

仪器及用具：酸度计，电磁搅拌器，100mL 容量瓶，5mL、20mL 吸量管，10mL 酸式滴定管，100mL 量筒，100mL、250mL 烧杯，分析天平，洗耳球，500mL 橡胶塞或软木塞细口试剂瓶，250mL 锥形瓶（3 个），50mL 滴定管，铁架台，酒精灯，石棉网，温度计，玻璃棒等。

试剂：NaOH 固体（AR）、邻苯二甲酸氢钾（AR）、酚酞指示剂、甲醛溶液（36%）、标准缓冲溶液（pH=6.86 和 pH=9.18）、样品酱油、蒸馏水。

三、任务实施步骤

（1）实验步骤

（2）数据记录与处理

酱油中氨基酸态氮的测定数据记录表　　$c_{(NaOH)}=$ ______ $mol \cdot L^{-1}$

实验次数	1	2	3	4
加入甲醛前滴定管读数/mL				
加入甲醛后滴定管读数/mL				
空白/mL				
滴定消耗 NaOH 的体积/mL				
实际消耗体积/mL				
氨基酸态氮含量/$(g \cdot 100mL^{-1})$				
氨基酸态氮含量平均值/$(g \cdot 100mL^{-1})$				
相对平均偏差/%				

参考公式：

$$\rho=\frac{(V-V_0)c\times 0.014}{5\times\frac{V_1}{100}}\times 100$$

四、任务总结与思考

1. 任务总结

2. 思考与讨论

（1）甲醛溶液在实验中起什么作用？

（2）电位滴定法与普通滴定法相比较有哪些优点？

任务工单

紫外-可见分光光度法测定铁的含量

班级：__________ 学号：__________ 姓名：__________

任务名称：__________ 同组人：__________

指导教师：__________实验室温度：__________实验室压强：__________

一、任务目的要求

二、所用仪器与试剂

仪器及用具：紫外-可见分光光度计（配备 1cm 比色皿），50mL 容量瓶若干，1mL、5mL、10mL 的刻度吸量管各 1 支。

试剂：10%盐酸羟胺溶液（因其不稳定，需临时配制）、0.15%的邻二氮菲溶液、NaAc 溶液（$1.0mol \cdot L^{-1}$）、盐酸（$6.0mol \cdot L^{-1}$）、待测样品。

三、任务实施步骤

（1）实验步骤

（2）数据记录与处理

① 测量波长的选择

波长/nm	440	460	480	500	510	520	540	560	580
吸光度 A									

对上表中数据作 A-λ 图，如下：

由上图知，最适宜波长λ_{max}＝__________nm。

② 显色剂用量的选择

显色剂体积 V/mL	0.10	0.30	0.50	1.00	2.00	3.00	4.00
吸光度 A							

对上表中数据作 A-V 图，如下：

由上图知，最适宜指示剂用量 V=__________mL。

③ 显色时间的选择

显色时间 t/min	2	5	10	30	60	90
吸光度/A						

对上表中数据作 A-t 图，如下：

由上图知，显色时间对吸光度的影响__________________。

④ 标准曲线的绘制与结果计算

铁标准溶液体积 V/mL	0.00	2.00	4.00	6.00	8.00	10.00	待测 1	待测 2	待测 3
铁标准溶液浓度 $\rho/(\mu g \cdot mL^{-1})$	0.00	0.40	0.80	1.20	1.60	2.00			
吸光度 A									

$$\rho=\frac{V\times 10\mu g \cdot mL^{-1}}{50mL}$$

四、任务总结与思考

1. 任务总结

2. 思考与讨论

（1）制作标准曲线和进行其他条件实验时，加入试剂的顺序能否任意改变？为什么？

（2）如用配制已久的盐酸羟胺溶液，对分析结果将带来什么影响？

任务工单

原子吸收光谱法测定水中微量铜的含量

班级：______ 学号：______ 姓名：______

任务名称：______ 同组人：______

指导教师：______实验室温度：______实验室压强：______

一、任务目的要求

二、所用仪器与试剂

仪器及用具：TAS-986型原子吸收分光光度计、Cu空心阴极灯、容量瓶（100mL）、吸量管（2mL）、烧杯。

试剂：稀硝酸（$1mol \cdot L^{-1}$）、铜标准溶液（$100.0\mu g \cdot mL^{-1}$）、水样。

三、任务实施步骤

（1）实验步骤

（2）数据记录与处理

① 铜标准溶液测定数据记录表

测量对象	铜标准溶液	铜标准溶液	铜标准溶液	铜标准溶液	铜标准溶液	铜标准溶液
样品编号	Cu-1	Cu-2	Cu-3	Cu-4	Cu-5	Cu-6
铜标准溶液体积/mL	0.00	0.50	1.00	1.50	2.00	3.00
铜标准溶液浓度/($\mu g \cdot mL^{-1}$)						
吸光度 A						

② 绘制标准曲线

以浓度为横坐标，吸光度为纵坐标，绘制标准曲线，得出线性曲线方程及相关系数。(可以打印出粘贴)

③ 待测样品含量计算

测定次数	1	2	3
吸光度 A			
铜浓度 ρ/($\mu g \cdot mL^{-1}$)			
铜浓度 $\bar{\rho}$/($\mu g \cdot mL^{-1}$)			
RSD/%			

四、任务总结与思考

1. 任务总结

2. 思考与讨论

（1）在配制铜标准系列溶液时，为什么用稀硝酸作为溶剂稀释溶液？

（2）原子吸收分光光度分析为何要有待测元素的空心阴极灯做光源？能否用氢灯或钨灯代替？为什么？

（3）通过试验，你认为原子吸收光谱分析的优点是什么？

任务工单

气相色谱法测定工业乙酸乙酯的含量

班级：____________ 学号：____________ 姓名：____________

任务名称：________________ 同组人：________________

指导教师：__________实验室温度：__________实验室压强：__________

一、任务目的要求

二、所用仪器与试剂

仪器及用具：电子天平（0.0001g）、气相色谱系统（火焰离子化检测器 FID）、色谱柱[PEG（聚乙二醇）毛细管柱]。

试剂：乙酸乙酯（分级纯），作标样用；乙酸正丙酯（分析纯），作内标物用；乙酸乙酯待测样品。

三、任务实施步骤

（1）实验步骤

(2) 数据记录与处理

① 保留时间测定

组分名称	保留时间/min
乙酸乙酯	
内标物	

② 相对质量校正因子测定的相关数据

指标	标准样品 1	标准样品 2	标准样品 3
乙酸乙酯峰面积			
乙酸乙酯质量/g			
内标物峰面积			
内标物质量/g			
相对质量校正因子			
相对质量校正因子平均值			
RSD/%			

③ 样品测定的相关数据

指标	待测样品 1	待测样品 2	待测样品 3
乙酸乙酯峰面积			
样品质量/g			
内标物峰面积			
内标物质量/g			
质量分数/%			
质量分数平均值/%			
RSD/%			

四、任务总结与思考

1. 任务总结

2. 思考与讨论

(1) 色谱定量分析中，为什么要用相对校正因子？在什么条件下可以不用相对校正因子？

(2) 内标法定量有何优点，它对内标物有何要求？

(3) 什么情况下可以采用归一化法定量？归一化法对进样量的准确性有无严格要求？

任务工单

高效液相色谱法测定阿司匹林肠溶片的含量

班级：____________ 学号：____________ 姓名：____________

任务名称：____________________ 同组人：____________________

指导教师：__________实验室温度：__________实验室压强：__________

一、任务目的要求

二、所用仪器与试剂

仪器及用具：研钵、分析天平、高效液相色谱仪、容量瓶（规格 100mL、250mL）、移液管（10mL）、漏斗、定量滤纸（直径 10cm）、超声仪等。

试剂：阿司匹林肠溶片（100mg/片）、乙酰水杨酸（分析纯）、乙腈（色谱纯）、甲醇（色谱纯）、四氢呋喃（色谱纯）、冰醋酸（色谱纯）。

三、任务实施步骤

（1）实验步骤

(2) 数据记录与处理

① 阿司匹林标准溶液测定数据记录表

测量对象	对照品溶液 1	对照品溶液 2	对照品溶液 3	对照品溶液 4	对照品溶液 5	对照品溶液 6	对照品溶液 7
对照品溶液体积/mL	2.00	4.00	6.00	8.00	10.00	12.00	15.00
实际浓度/(μg/mL)	2.00	4.00	6.00	8.00	10.00	12.00	15.00
峰面积(A)							

② 绘制标准曲线

以浓度为横坐标，峰面积为纵坐标，绘制标准曲线，得出线性曲线方程及相关系数。(可以打印出粘贴)

③ 待测样品色谱图（打印、粘贴）

④ 待测样品含量计算

测量对象	试样溶液 1	试样溶液 2	试样溶液 3
峰面积(A)			
峰面积平均($\overline{A}$)			
浓度/(μg/mL)			
阿司匹林含量(w_i)			
RSD/%			

四、任务总结与思考

1. 任务总结

2. 思考与讨论

(1) 待测样品溶液制备时，为什么要选用1%冰醋酸甲醇溶液作为溶剂？

(2) 为什么供试品溶液需要过滤，取续滤液使用？

(3) 为什么流动相需要过滤和超声波脱气？

(4) 高效液相色谱仪操作的注意事项有哪些？

任务工单

制备并测定硫酸亚铁铵的含量

班级：__________ 学号：__________ 姓名：__________

任务名称：__________ 同组人：__________

指导教师：__________ 实验室温度：__________ 实验室压强：__________

一、任务目的要求

二、所用仪器与试剂

仪器及用具：电子台秤、循环水真空泵、抽滤瓶、布氏漏斗、蒸发皿、水浴锅、滤纸、表面皿、烧杯、量筒、比色管等。

试剂：铁颗粒、$(NH_4)_2SO_4$(s)、Na_2CO_3（质量分数为10%）、H_2SO_4(2.5mol·L^{-1})、乙醇、HCl（浓）、KSCN(1mol·L^{-1})。

三、任务实施步骤

1. 原料净化

主要操作：

现象：

2. 制备硫酸亚铁

主要操作：

现象：

3. 制备硫酸亚铁铵

主要操作：

现象：

计算产率，保留三位有效数字：

$$产率=\frac{m_{产品}}{m_{理论}}\times100\%$$

4. 产品等级分析

编号	称量纸质量/g	加入产品后质量/g	产品质量/g	等级
1				
2				
3				

5. 测定的最大吸收波长为510nm，标准储备浓度为__________，标准曲线测定：$R=$________，标准曲线方程为________________

编号	移取体积/mL	浓度/(μg/mL)	吸光度
1			
2			
3			
4			
5			
6			
7			

6. 产品测定

编号	1	2	3
称量纸的质量/g			
加入产品后质量/g			
产品质量/g			
吸光度			
查得浓度/(μg/mL)			
纯度/%			
平均纯度/%			
相对平均偏差%			

纯度按下式进行计算：

$$纯度=\frac{c_{查得浓度}VnM_{硫酸亚铁铵}}{m_{产品}M_{铁}}$$

四、任务总结与思考

1. 任务结果分析

2. 思考与讨论

(1) 如何利用目视法来判断产品中杂质 Fe^{3+} 的含量？

(2) Fe颗粒中加入硫酸溶液，水浴加热至不再有气泡放出时，为什么要趁热减压过滤？

(3) 硫酸亚铁溶液中加入硫酸铵，全部溶解后，为什么要调节pH值不大于1？

(4) 蒸发浓缩至表面出现结晶薄膜后，为什么要缓慢冷却后再减压抽滤？

(5) 洗涤晶体时为什么用95%乙醇而不用水洗涤晶体？

任务工单

制备并测定过氧化钙的含量

班级：________________ 学号：________________ 姓名：________________

任务名称：________________________ 同组人：________________________

指导教师：____________实验室温度：____________实验室压强：____________

一、任务目的要求

二、所用仪器与试剂

仪器及用具：分析天平、托盘天平、冰箱、玻璃砂芯漏斗、磁力加热搅拌器、减压过滤装置、真空干燥箱、称量瓶、试管、烧杯、锥形瓶、温度计（－10～100℃）、电炉或酒精灯、量筒（10mL，50mL）、聚四氟乙烯滴定管。

试剂：$CaCl_2 \cdot 6H_2O(s)$、$Ca(OH)_2(s)$、$NH_4Cl(s)$、$Ca_3(PO_4)_2(s)$、NaH_2PO_4、H_2O_2 溶液（30%）、浓氨水、HCl 溶液（$2mol \cdot L^{-1}$）、$MnSO_4$ 溶液（$0.1mol \cdot L^{-1}$）、$KMnO_4$ 标准溶液[$c(1/5KMnO_4)=0.1mol \cdot L^{-1}$]。

三、任务实施步骤

1. CaO_2 的制备

主要操作：

现象及总结：

计算产率：

2. CaO_2 含量的测定

主要操作：

现象及总结：

结果处理：

项目	1	2	3
$m(CaO_2)/g$			
消耗 $c(1/5KMnO_4)=0.1mol \cdot L^{-1}$ 体积(mL)			
$w(CaO_2)/\%$			
$\overline{w}(CaO_2)/\%$			
相对平均偏差/%			

四、任务总结与思考

1. 任务结果分析

2. 思考与讨论

(1) 请分析实验中影响产率的因素有哪些？

(2) 测定含量时哪些因素影响结果的精密度？

任务工单

合成并分析葡萄糖酸锌的组成

班级：＿＿＿＿＿＿＿＿ 学号：＿＿＿＿＿＿＿＿ 姓名：＿＿＿＿＿＿＿＿

任务名称：＿＿＿＿＿＿＿＿＿＿ 同组人：＿＿＿＿＿＿＿＿＿＿

指导教师：＿＿＿＿＿＿实验室温度：＿＿＿＿＿＿实验室压强：＿＿＿＿＿＿

一、任务目的要求

二、所用仪器与试剂

仪器及用具：分析天平、托盘天平、烧杯、锥形瓶、蒸发皿、减压过滤装置、量筒（10mL、50mL）、聚四氟乙烯滴定管、移液管（25mL）、吸量管（5mL）等。

试剂：葡萄糖酸钙（AR）、硫酸锌（AR）、活性炭、无水乙醇、NH_3-NH_4Cl 缓冲溶液、EDTA 标准溶液（$0.05mol \cdot L^{-1}$）、铬黑 T 指示剂。

三、任务实施步骤

1. 葡萄糖酸锌的制备

主要操作：

现象及总结：

计算产率：

2. 葡萄糖酸锌含量的测定

主要操作：

现象及总结：

结果处理：

项目	1	2	3
m(葡萄糖酸锌)/g			
消耗 0.005mol·L^{-1}EDTA 标准溶液体积/mL			
$w(C_{12}H_{22}O_{14}Zn)$/%			
$\overline{w}(C_{12}H_{22}O_{14}Zn)$/%			
相对平均偏差/%			

含量的计算公式如下：

$$c(C_{12}H_{22}O_{14}Zn)=\frac{c_{EDTA}V_{EDTA}M_{C_{12}H_{22}O_{14}Zn}}{\frac{1}{4}m_s\times 1000}\times 100\%$$

四、任务总结与思考

1. 任务结果分析

2. 思考与讨论

(1) 请分析哪些方式可以提升产品的产率？

(2) 查询相关资料，比较两种以上制备葡萄糖酸锌的工艺方法，分析其优缺点。

任务工单

测定鸡蛋壳中碳酸钙的含量

班级：________ 学号：________ 姓名：________

任务名称：________ 同组人：________

指导教师：________实验室温度：________实验室压强：________

一、任务目的要求

二、所用仪器与试剂

仪器及用具：烘箱、烧杯、称量瓶、锥形瓶、移液管、容量瓶、研钵、电子天平、分析天平、镊子、滤纸等。

试剂：鸡蛋壳、浓盐酸、NaOH(s，分析纯)、酚酞指示剂、甲基橙指示剂、苯二甲酸氢钾（分析纯)、Na_2CO_3(s，分析纯)、蒸馏水等。

三、任务实施步骤

1. 鸡蛋壳的处理

2. NaOH 溶液浓度的标定

(1) 主要步骤

(2) 记录 NaOH 溶液的用量

项目	1	2	3
$m(KHC_8H_4O_4)$/g	0.5466	0.5100	0.5065
V(NaOH)终读数/mL			
V(NaOH)初读数/mL			
V(NaOH)/mL			
c(NaOH)/(mol·L^{-1})			
$\bar{c}$(NaOH)/(mol·L^{-1})			
相对平均偏差/%			

3. HCl 溶液浓度的标定

(1) 主要步骤

(2) 记录 HCl 溶液的消耗体积

项目	1	2	3
$m(Na_2CO_3)$/g	1.3479		
V(HCl)终读数/mL			
V(HCl)初读数/mL			
V(HCl)/mL			
$c(HCl)/(mol \cdot L^{-1})$			
$\overline{c}(HCl)/(mol \cdot L^{-1})$			
c($NaCO_3$ 标准溶液)/$(mol \cdot L^{-1})$			
相对平均偏差/%			

4. 鸡蛋壳中碳酸钙含量的测定

(1) 主要步骤

(2) 测定鸡蛋壳中碳酸钙含量

项目	1	2	3
蛋壳的质量/g			
V(NaOH)/mL			
NaOH 溶液的物质的量/mmol			
V(HCl)/mL			
反应的 HCl 的物质的量/mol			
$CaCO_3$ 的物质的量/mol			
$CaCO_3$ 的质量/g			
$w(CaCO_3)$/%			
$\overline{w}(CaCO_3)$/%			
相对平均偏差/%			

四、任务总结与思考

1. 任务结果分析

2. 思考与讨论

(1) 鸡蛋壳溶解时应注意什么?

(2) 为什么说 w(CaO) 表示的是 Ca 和 Mg 的总量?

任务工单

提取并分析海带中碘的含量

班级：________ 学号：________ 姓名：________

任务名称：________ 同组人：________

指导教师：________实验室温度：________实验室压强：________

一、任务目的要求

二、所用仪器与试剂

仪器及用具：蒸发皿、酒精灯、烧杯、漏斗、布氏漏斗、真空水泵。

试剂：海带、$K_2Cr_2O_7$、H_2SO_4 溶液（$3mol \cdot L^{-1}$）、pH 试纸。

三、任务实施步骤

1. 主要步骤

2. 提取并分析海带中碘的含量数据记录

实验数据	结果
海带完全灰化时间/min	
抽滤后滤液的体积/mL	
加入硫酸溶液的体积/mL	
滤液至糊状，pH≈1 的时间/min	
加热蒸发皿的温度/℃	
紫色碘蒸气从产生到无，加热时间/min	
新得到的碘的质量/g	
碘的分离制备产率/%	

四、任务总结与思考

1. 任务结果分析

2. 思考与讨论

（1）影响碘分离制备产率的因素有哪些？

（2）如何设计实验来验证产物？

任务工单

消解并测定土壤中铜的含量

班级：__________________ 学号：__________________ 姓名：__________________

任务名称：____________________________ 同组人：____________________________

指导教师：______________ 实验室温度：______________ 实验室压强：______________

一、任务目的要求

二、所用仪器与试剂

仪器及用具：火焰原子吸收分光光度计、光源（铜元素锐线光源）、电热消解装置（温控电热板或石墨电热消解仪，温控精度±5℃）、微波消解装置（功率为600～1500W，配备微波消解罐）、聚四氟乙烯坩埚或聚四氟乙烯消解罐（50mL）、分析天平（感量为0.1mg）、玻璃器皿（25mL容量瓶或比色管）。

试剂：盐酸[ρ(HCl)=1.19g/mL,优级纯]、硝酸[ρ(HNO_3)=1.42g/mL,优级纯]、氢氟酸[ρ(HF)=1.49g/mL,优级纯]、高氯酸[ρ($HClO_4$)=1.68g/mL,优级纯]、铜标准溶液(1000mg/L)。

三、任务实施步骤

1. 主要步骤

2. 检测数据记录

检测项目			采(来)样日期		分析日期	
检测标准				实验室温度		℃
仪器型号		仪器编号		实验室湿度		%RH
标准溶液名称				方法检出限		
标准溶液编号				浓度		

校准曲线

编号	1	2	3	4	5	6	7	a:
浓度/(　)								b:
吸光度 A								R:

加标回收

原样品编号	原样品测定值/(　)	加标量/(　)	加标后吸光度 A	加标后测定值/(　)	回收率/%	标准要求回收率/%	是否合格

质控样

质控样编号	标准值及不确定度/(　)	测定值/(　)	是否合格

曲线校核

校核浓度/(　)	吸光度 A_1	测定值/(　)	相对误差/%	是否合格

仪器条件

灯电流/mA	负高压/V	波长/mm	光谱带宽/nm	燃烧头高度/mm	乙炔流量/(mL/min)

计算公式:	
备注	ND表示未检出

样品编号	取样量 m/g	干物质 w_{dm}/%	定容体积 V/mL	稀释倍数 d	吸光度 A_1	浓度 ρ_1 /(　　)	浓度 ρ_2 /(　　)	平均值 /(　　)	相对偏差 /%
空白	空白 01						平均值/(mg/L)		
	空白 02						结果/(mg/kg)		
备注									

四、任务总结与思考

1. 任务结果分析

2. 思考与讨论

（1）微波消解时，不加高氯酸会对测定结果产生影响吗？

（2）结合三种不同消解方法，探讨哪种方法对结果的准确度更好？